INTRODUÇÃO AO CÁLCULO

Blucher

Paulo Boulos
Professor Livre-Docente do Instituto de Matemática
e Estatística da Universidade de São Paulo

INTRODUÇÃO AO CÁLCULO

Cálculo diferencial: várias variáveis

Volume III

2ª edição revista

Introdução ao cálculo - cálculo diferencial: várias variáveis
© 1983 Paulo Boulos
17ª reimpressão - 2021
Editora Edgard Blücher Ltda.

Blucher

Rua Pedroso Alvarenga, 1245, 4° andar
04531-934 - São Paulo - SP - Brasil
Tel.: 55 11 3078-5366
contato@blucher.com.br
www.blucher.com.br

Dados Internacionais de Catalogação
na Publicação (CIP)
(Câmara Brasileira do Livro, SP, Brasil)

Boulos, Paulo
Introdução ao cálculo/Paulo Boulos
- 2ª edição - São Paulo : Blucher, 1983.

v. ilust.

Conteúdo - v. 1 Cálculo diferencial - v. 2 Cálculo integral : Séries - v. 3 Cálculo diferencial; várias variáveis.

Bibliografia
ISBN 978-85-212-0203-5

1. Cálculo 2. Cálculo diferencial 3. Cálculo integral I. Título. II. Título : Várias variáveis.

78-0397 17. CDD-517
18. -515
17. CDD-517.2 18. -515.33
17. -517.3 18. -515.43

Índices para catálogo sistemático:
1. Cálculo : Matemática 517 (17.) 518 (18.)
2. Cálculo diferencial : Matemática 517.2 (17.) 515.33 (18.)3.
3. Cálculo integral : Matemática 517.3 (17.) 515.43 (18.)

Ao Marcelo

Conteúdo

Prefácio

Dada à acolhida que tiveram os Volumes 1 e 2 de nossa Introdução ao Cálculo, animamo-nos a apresentar este Volume 3, que trata do cálculo diferencial de aplicações de várias variáveis.

No Capítulo 0, *Preliminares*, damos, na medida justa das necessidades, conceitos e resultados que serão utilizados nos restantes capítulos.

No Capítulo 1, *Aplicações de uma variável real com valores em* $\mathbb{R}^n$, estudamos limite, continuidade e diferenciabilidade desse tipo de aplicação, a ênfase sendo para $n = 2$ e $n = 3$.

No Capítulo 2, *Funções de n variáveis reais*, focalizamos, além dos temas do Capítulo 1, questões típicas desse tipo de aplicação, Fórmula de Taylor, máximos e mínimos, a ênfase sendo para $n = 2$ e $n = 3$.

No Capítulo 3, *Aplicações de subconjuntos de* $\mathbb{R}^m$ *em* $\mathbb{R}^n$, estudamos limite, continuidade e diferenciabilidade desse tipo de aplicação. É claro que as aplicações estudadas nos Capítulos 1 e 2 são casos particulares das que se estudam no Capítulo 3. Isto é feito com objetivos didáticos, uma vez que certos conceitos já vistos servem de motivação e compreensão para o caso das aplicações estudadas neste capítulo.

Finalmente, fazemos constar um Apêndice, bastante breve, em contraposição ao caso dos Volumes 1 e 2. Isto quer dizer que praticamente todas as demonstrações são feitas no corpo do livro.

Quanto aos exemplos e exercícios, procuramos colocá-los em número suficiente para a compreensão da matéria.

A maneira de usar o livro é importante para um eventual sucesso. A ideia de prover o texto das demonstrações não quer dizer que achamos que todas devam ser feitas. Mesmo algumas partes podem ser omitidas. Por exemplo, no estudo de máximos e mínimos demos duas alternativas para a demonstração do teorema principal, uma usando a Fórmula de Taylor, e a outra não a utilizando, de modo que se, por qualquer motivo, se quiser estudar rapidamente esta Fórmula (ou omitir, ou postergar seu estudo), isto é possível sem quebra da continuidade do curso. Cabe ao professor decidir, tendo em vista o tempo e o tipo de enfoque que deve dar, quais itens devem ser abordados. Eu me coloco à disposição para quaisquer trocas de ideias, tanto pessoalmente como por carta aos cuidados desta Editora.

Quero agradecer, pela leitura do manuscrito,
aos colegas professor Galdino César da Rocha Filho,
professor Paulo Domingos Cordaro, e professora Zara Issa Abud,
cujas sugestões e indicações de erros me foram de grande valia.

Paulo Boulos

0 Preliminares

0.1 CONJUNTOS E APLICAÇÕES

Você vem ouvindo falar, desde a sua infância, em conjuntos, reunião de conjuntos etc. Não vamos repetir essas coisas, mas apenas dizer o essencial para a gente se entender.

• Se A e B são conjuntos, seja f uma correspondência que, a cada elemento $x \in A$, associa um único elemento $f(x) \in$ B. Diz-se que f é uma *aplicação* de A em B. Esse fato é indicado por $f: A \to B$. A é chamado *domínio* ou *campo de definição* de f, e será frequentemente indicado por D_f; e B é chamado um *contradomínio* de f.

• Se $f: D_f \to B$, $g: D_g \to D$, consideraremos $f = g$ se, e somente se, $D_f = D_g$, e $f(x) = g(x)$ para todo $x \in D_f$.

• Convém introduzir a seguinte definição: se $S \subset D_f$, então $f(s) = \{y \in \text{B} |$ existe $x \in D_f$ com $y = f(x)\}$. Em particular, podemos ter $S = D_f$ e, nesse caso, diz-se que $f(D_f)$ é a *imagem ou campo de variação* de f. A Fig. 0-1 é ilustrativa.

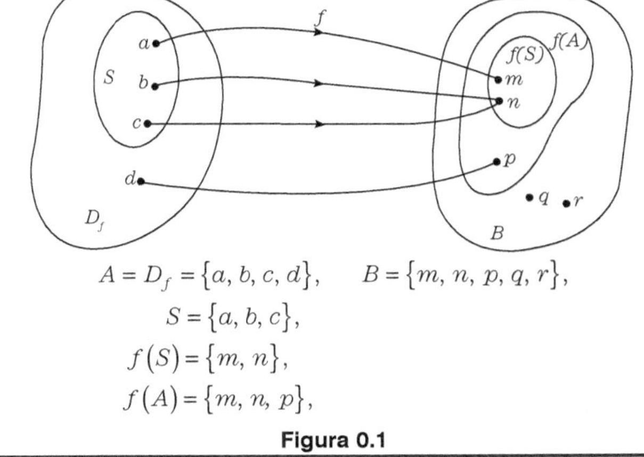

$$A = D_f = \{a, b, c, d\}, \quad B = \{m, n, p, q, r\},$$
$$S = \{a, b, c\},$$
$$f(S) = \{m, n\},$$
$$f(A) = \{m, n, p\},$$

Figura 0.1

• Se $f: A \to B$, considere $S \subset A$. Então podemos considerar a correspondência que a cada elemento x de S associa o elemento $f(x) \in$ B. Essa correspondência é indicada por $f|_S$, e chamada restrição de f a S. Cuidado: $f|_S \neq f$ se $S \neq A$, pois

$$f|_S : S \to B$$

e

$$f : A \to B.$$

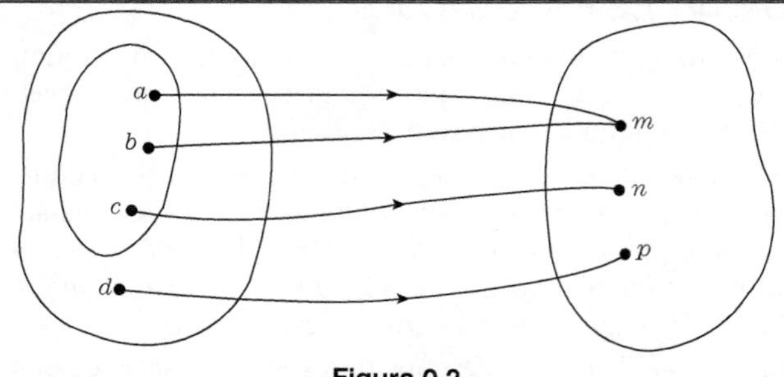

Figura 0.2

Segundo nossa definição de igualdade de funções, se $f|_S = f$, então, necessariamente, S = A!

Nota. Há quem use o termo função como sinônimo de aplicação. Há outros que gostam de reservar o nome função para aplicações tais que $B \subset \mathbb{R}$. Adotaremos este último ponto de vista.

Estudaremos separadamente, em nosso curso, três casos, enumerados a seguir

1. $f: A \subset \mathbb{R} \to \mathbb{R}^n$[1] é dita *aplicação de uma variável real com valores em* $\mathbb{R}^n$. Por exemplo,

$$f : [0, 2\pi] \to \mathbb{R}^2, \quad f(t) = (2 \cos t, 2 \text{ sen } t);$$

$$f : \mathbb{R} \to \mathbb{R}^3, \quad f(t) = (\cos t, \text{sen } t, t);$$

$$f : \mathbb{R} \to \mathbb{R}^5, \quad f(t) = (1, t, t^2, t^3, t^4).$$

Fisicamente, podemos interpretá-las como movimentos pontuais.

---

[1] Forma cômoda de indicar $f: A \to \mathbb{R}^n$, onde $A \subset \mathbb{R}$.

2. $f\colon A \subset \mathbb{R}^n \to \mathbb{R}$. Nesse caso, diz-se que f é uma *função real de n variáveis reais*. Por exemplo,

$$f:\mathbb{R}^2 \to \mathbb{R},\ f(x, y) = x^2 + y^2;$$

$$f:\mathbb{R}^3 \to \mathbb{R},\ f(x, y, z) = \operatorname{sen}(xy^2 + 1) + \ln(z^2 + 1);$$

$$f:\mathbb{R}^6 \to \mathbb{R},\ f(x_1, x_2, x_3, x_4, x_5, x_6) = x_1 + x_2x_3x_4 + x_5 \operatorname{sen} x_6.$$

A fórmula que dá a área de um retângulo de dimensões x e y é $A = xy$, e dá origem à função f, $f\colon A \to \mathbb{R}$, onde $A = \{(x, y) \in \mathbb{R}^2 \mid x > 0,\ y > 0\}$, definida por $f(x, y) = xy$.

A fórmula $v = kT/P$, que dá o volume de um gás ideal, mantido sob pressão P e temperatura T, sendo k uma constante, dá origem à função f, $f\colon A \to \mathbb{R}$, onde $A = \{(x, y) \in \mathbb{R}^2 \mid x > 0,\ y > 0\}$ definida por $f(x, y) = k(x/y)$.

3. $f\colon A \subset \mathbb{R}^m \to \mathbb{R}^n$. Esse caso engloba os dois vistos. Nesse caso, diz-se que f é *aplicação de m variáveis reais com valores em $\mathbb{R}^n$*. Por exemplo,

$$f:\mathbb{R}^2 \to \mathbb{R}^3,\ f(x, y) = (x^2, y^2, x + y);$$

$$f:\mathbb{R}^3 \to \mathbb{R}^2,\ f(x, y, z) = (xy,\ x \operatorname{sen}(x + y));$$

$$f:\mathbb{R}^5 \to \mathbb{R}^5, f(x_1, x_2, x_3, x_4, x_5) = \left(x_1, x_5, x_4, x_1, x_2, \sqrt{x_1^2 + 1}\right).$$

Um exemplo da Física: um campo de forças

$$\vec{F}(x, y, z) = (f_1(x, y, z),\ f_2(x, y, z), f_3(x, y, z))$$

é uma aplicação de três variáveis reais com valores em $\mathbb{R}^3$. Especificamente, o campo de forças gerado por uma carga elétrica q é

$$\vec{F}(x, y, z) = \frac{kq}{(x^2 + y^2 + z^2)^{3/2}}(x, y, z)$$

(k é uma constante).

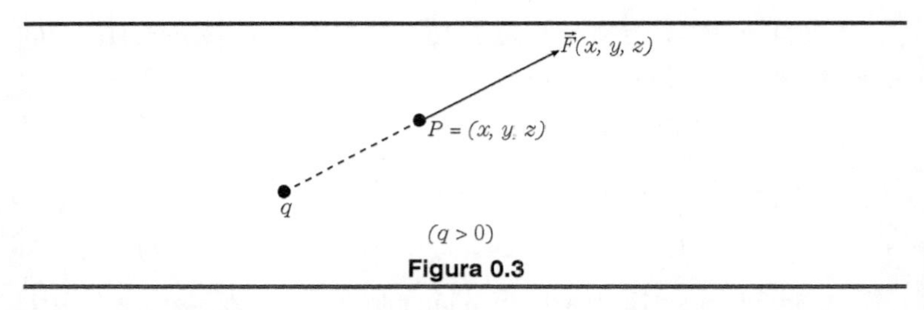

Figura 0.3

Nota. A noção de aplicação dada, é claro, não se limita aos casos apontados. Por exemplo, se A é o conjunto dos retângulos do plano, e $B = \mathbb{R}$, podemos considerar $f: A \to B$, sendo f a correspondência que associa a cada retângulo sua área. Ou, então, sendo A como acima, e B o referido plano, define-se $g: A \to B$, com g associando a cada retângulo de B o seu centro.

EXERCÍCIOS

0.1.1. Dê o domínio e a imagem das aplicações:

a) $f: \{2, 5, 7, 1\} \to \{3, 4, 100\}$,
$f(2) = 3, f(5) = 3, f(7) = 100, f(1) = 100$;

b) $f: \mathbb{R} \to \mathbb{R}, f(x) = x^2$;

c) $f: \mathbb{R}^2 \to \mathbb{R}, f(x, y) = x^2 + y^2$;

d) $f: A \to \mathbb{R}$;

A é o conjunto dos triângulos do plano, e f associa a cada triângulo sua área.

0.1.2. A imagem de uma função é sempre igual ao contradomínio da mesma?

0.2 $\mathbb{R}^n$ COMO ESPAÇO VETORIAL EUCLIDIANO

• *Por que considerar $\mathbb{R}^n$?*

As temperaturas (estacionárias)[2] dos pontos de uma placa (de espessura desprezível) podem ser descritas por uma correspondência T que, a cada ponto P da placa, associa um número real, a saber, sua temperatura. Tomando um sistema cartesiano conveniente de coordenadas, e pondo $P = (x, y)$, temos que T depende de x e y. Se fosse o caso de um sólido, então

[2] Independentes do tempo.

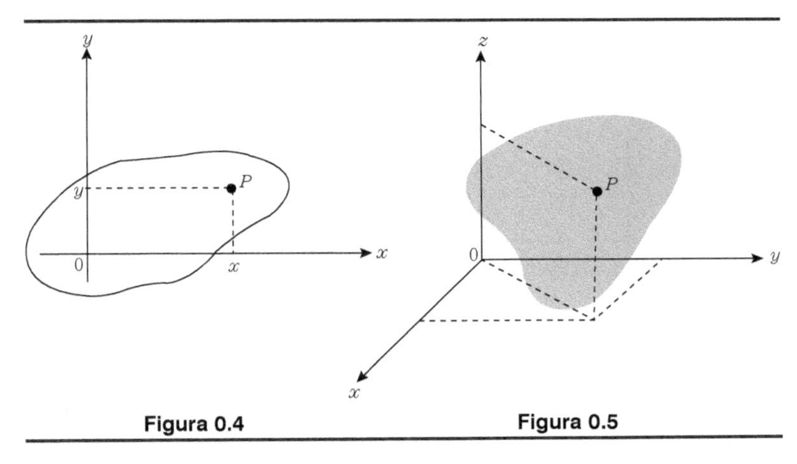

Figura 0.4 **Figura 0.5**

$P = (x, y, z)$, e T dependeria de x, y, z. Se a temperatura não é estacionária, então T depende de quatro variáveis, x, y, z, t, sendo t o tempo. Nesses exemplos fomos levados a considerar pares ordenados (x, y), ternas ordenadas (x, y, z) e quádruplas ordenadas (x, y, z, t). É fácil imaginar um exemplo no qual intervém n-plas $(x_1, x_2, ..., x_n)$ ordenadas de números reais. Basta imaginar um circuito como mostra a Fig. 0-6, com n resistores variáveis, onde a corrente I num certo ponto é função das resistências $r_1, r_2, ..., r_n$.

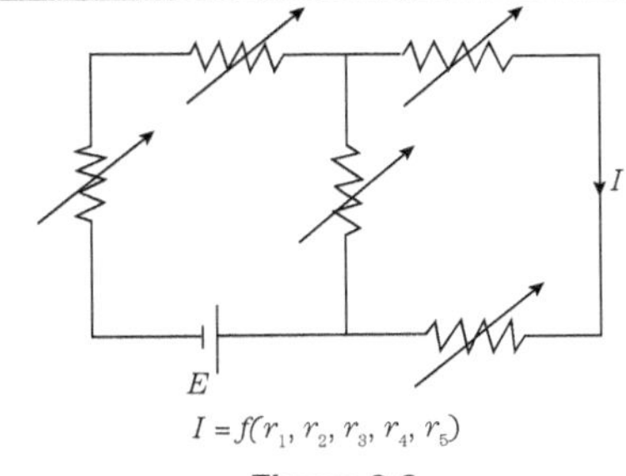

Figura 0.6

Indicaremos por $\mathbb{R}^n$ o conjunto de as n-plas ordenadas de números reais. Em símbolos,

$$\mathbb{R}^n = \{(x_1, x_2, \ldots, x_n) | \ x_i \in \mathbb{R}, \ i = 1, 2, \ldots, n\}.$$

Convencionaremos que

$$(x_1, x_2, \ldots, x_n) = (y_1, y_2, \ldots, y_n) \Leftrightarrow x_i = y_i, \quad i = 1, 2, \ldots, n.$$

Nota. Se n = 1, ($\mathbb{R}^1 = \mathbb{R}$ e $(x) = x$, por convenção.

- ***Estrutura de espaço vetorial sobre*** $\mathbb{R}^n$

Certamente você já estudou os vetores em Física, e em Geometria Analítica, e viu sua utilidade. Com vetores podemos descrever conjuntos do plano, tais como retas, esferas etc., o mesmo sucedendo no espaço; podemos representar entes físicos como força, campo elétrico, campo magnético, e efetuar somas e multiplicações por números reais. É interessante estender esses conceitos a $\mathbb{R}^n$.

I. Adição

Se $P = (x_1, x_2, \ldots, x_n)$, $Q = (y_1, y_2, \ldots, y_n)$, definimos

$$P + Q = (x_1 + y_1, x_2 + y_2, \ldots, x_n + y_n),$$

$$-P = (-x_1, -x_2, \ldots, -x_n).$$

Temos as seguintes propriedades de fácil verificação (P, Q, $\in \mathbb{R}^n$):

A1 $(P + Q) + R = P + (Q + R)$;

A2 $P + O = O + P = P$, onde $O = (0, 0, \ldots, 0)$;

A3 $P + (-P) = O$;

A4 $P + Q = Q + P$.

Colocamos $P - Q = P + (-Q)$ por definição.

II. Multiplicação por escalar

Se $\lambda \in \mathbb{R}$, e $P = (x_1, x_2, \ldots, x_n)$, definimos

$$\lambda P = (\lambda x_1, \lambda x_2, \ldots, \lambda x_n).$$

Temos as propriedades de fácil verificação (P, $Q \in \mathbb{R}^n$, λ, $\mu \in \mathbb{R}$):

M1 $\lambda(P+Q) = \lambda P + \lambda Q$;

M2 $(\lambda + \mu)P = \lambda P + \mu P$;

M3 $\lambda(\mu P) = (\lambda\mu)P$;

M4 $1 \cdot P = P$.

Nota. Seja V um conjunto qualquer e suponhamos que:

exista uma correspondência que, a cada par (P, Q) de elementos de V, associa um único elemento $P + Q \in V$, gozando de **A1 – A4**; exista uma correspondência que, a cada par (λ, P), $\lambda \in \mathbb{R}$ e $p \in V$, associa um único elemento $\lambda P \in V$ gozando de **M1 – M4**.

Então V com essas correspondências é dito um *espaço vetorial* sobre $\mathbb{R}$, e um elemento de V é chamado *vetor*. Assim, $\mathbb{R}^n$, munido das correspondências acima, é um espaço vetorial sobre $\mathbb{R}$, e um elemento seu pode ser referido como um vetor.

• *Interpretação geométrica da adição e do produto por escalar*

Vamos dar interpretação geométrica de um vetor e das operações vistas no caso $n = 3$. Seja E^3 o conjunto de pontos da Geometria Espacial. Escolha um sistema ortogonal de coordenadas em E^3, fixo, OXYZ.

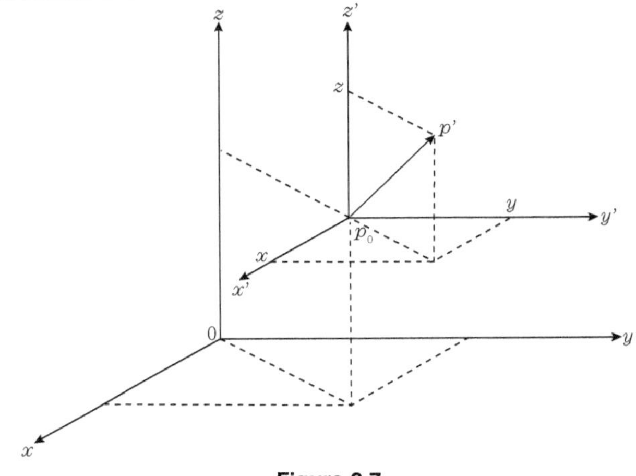

Figura 0.7

Dado $(x, y, z) \in \mathbb{R}^3$, escolha um ponto $p_0 \in E^3$; considere um sistema de coordenadas "paralelo" ao fixado de origem p_0. Marque nesse sistema o ponto p' de coordenadas (x, y, z), ou seja, como se costuma fazer em Geometria Analítica, $p' = (x, y, z)$ (Fig. 0-7). O segmento *orientado* ("flecha") p_0p' representa o elemento (x, y, z). O ponto p_0 é designado como ponto-base de representação de (x, y, z). Pela nossa construção, se você escolher outro ponto-base p_1 e repetir a construção, obterá outro segmento orientado que representa o mesmo elemento (x, y, z) (Fig. 0-8).

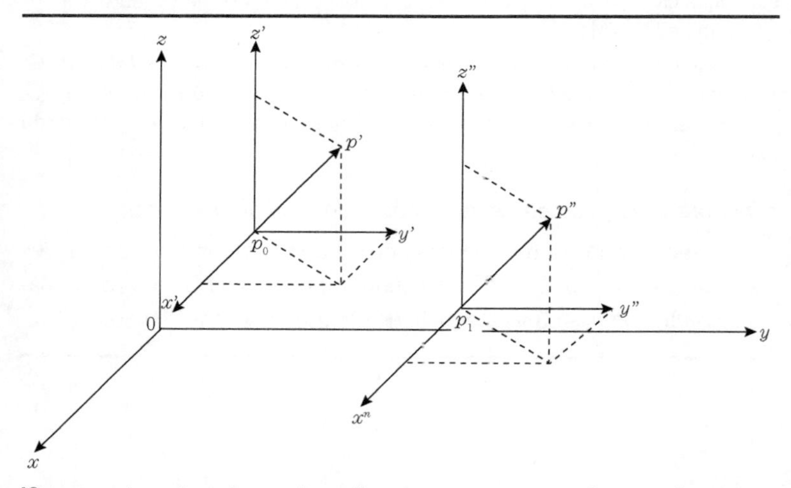

[Os segmentos orientados p_0p' e p_1p'' representam o mesmo elemento (x, y, z).]

Figura 0.8

Vejamos agora como fica geometricamente representado o vetor soma: se $P = (x_1, x_2, x_3)$ e $Q = (y_1, y_2, y_3)$, então

$$P + Q = (x_1, x_2, x_3) + (y_1, y_2, y_3) = (x_1 + y_1, x_2 + y_2, x_3 + y_3).$$

Observe a Fig. 0-9.

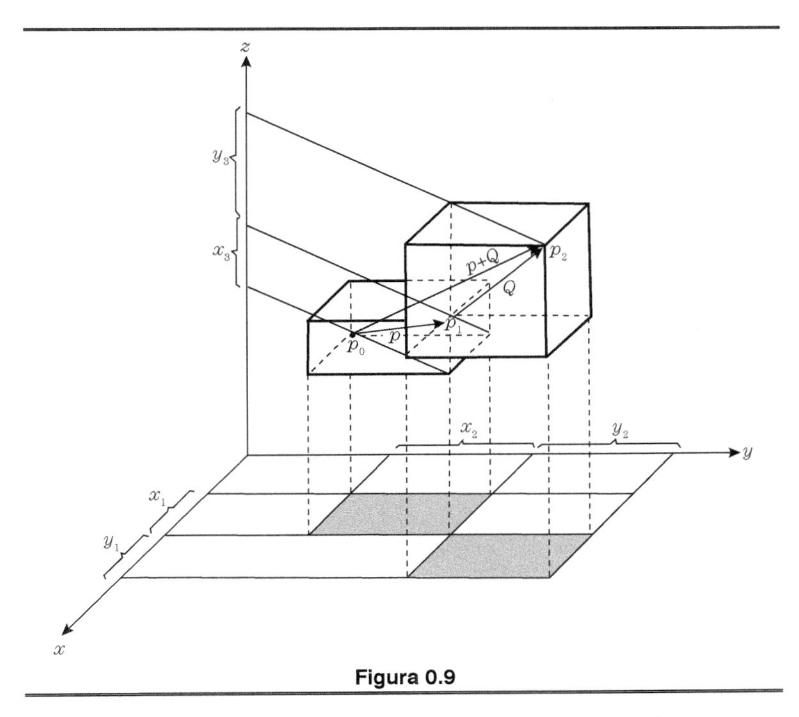

Figura 0.9

Tomamos p_0 como ponto-base para representar P: sendo p_0p_1, segmento orientado que representa P, tomamos p_1 como ponto-base para representar Q. Sendo p_1p_2 segmento orientado que representa Q, então é fácil ver que p_0p_2 é segmento orientado que representa $P + Q$.

A interpretação da multiplicação por escalar em termos geométricos é óbvia, e dispensaremos comentários a respeito (Fig. 0-10).

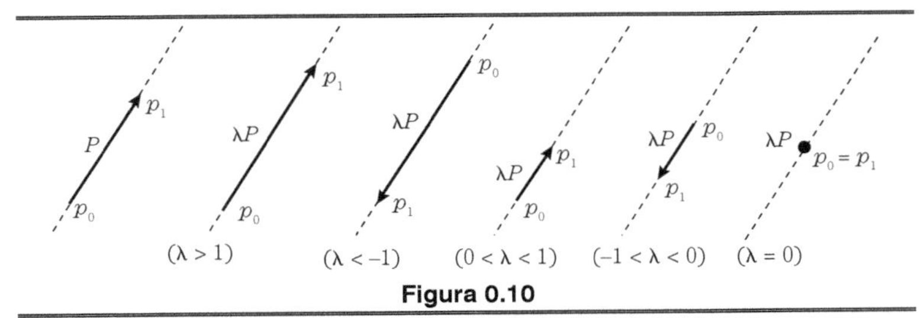

Figura 0.10

• ***Base canônica de*** $\mathbb{R}^n$

Considere em $\mathbb{R}^3$ os vetores $E_1 = (1, 0, 0)$ $E_2 = (0, 1, 0)$ e $E_3 =$ $= (0, 0, 1)$. Dado $P = (x, y, z) \in \mathbb{R}^3$, podemos escrever

$$P = (x, y, z) = (x, 0, 0) + (0, y, 0) + (0, 0, z) =$$
$$= x(1, 0, 0) + y(0, 1, 0) + z(0, 0, 1) = xE_1 + yE_2 + 2E_3.$$

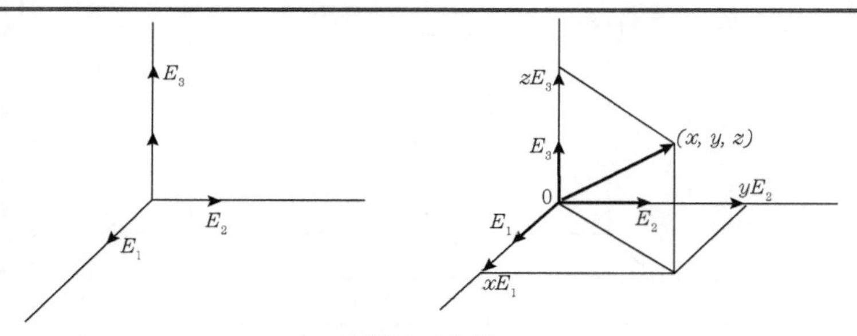

Figura 0.11

Observe que, se

$$(x, y, z) = x'E_1 + y'E_2 + z'E_3,$$

então

$$(x, y, z) = x'(1, 0, 0) + y'(0, 1, 0) + z'(0, 0, 1) =$$
$$= (x', 0, 0) + (0, y', 0) + (0, 0, z) = (x', y', z'),$$

logo, $x' = x$, $y' = y$, $z' = z$. A tripla ordenada (E_1, E_2, E_3) é chamada *base canônica* de $\mathbb{R}^3$. Então, tem-se, como vimos, que qualquer vetor se exprime, de modo único, na forma $xE_1 + yE_2 + zE_3$.

Em geral, se $E_1 = (1, 0, ..., 0)$, $E_2 = (0, 1, ..., 0)$, ..., $E_n = (0, 0, ..., 1)$ são elementos de $\mathbb{R}^n$, onde E_i tem 1 como i-ésima coordenada e 0 nas demais, diz-se que a ênupla de vetores $(E_1, E_2, ..., E_n)$ é a *base canônica* de $\mathbb{R}^n$, e vale o seguinte: qualquer $P \in \mathbb{R}^n$ se escreve na forma $P = \Sigma_{i=1}^n x_i E_i$ de modo único.

Nota. Se $P = \Sigma_{n=1}^n \alpha_i Z_i$, onde os Z_i, $\in \mathbb{R}^n$, $\alpha_i \in \mathbb{R}$, costuma-se dizer que P é combinação linear dos Z_i.

- *Produto escalar. Norma. Distância*

Se $P = (x_1, x_2, ..., x_n) \in \mathbb{R}^n$, $Q = (y_1, y_2, ..., y_n) \in \mathbb{R}^n$, define-se

$$P \cdot Q = x_1 y_1 + x_2 y_2 + \ldots + x_n y_n,$$

chamado *produto escalar* de P e Q.

Valem as seguintes propriedades ($P, Q, R \in \mathbb{R}^n$, $\lambda \in \mathbb{R}$):

PE1 $(P + Q) \cdot R = P \cdot R + Q \cdot R$;

PE2 $(\lambda P) \cdot Q = \lambda (P \cdot Q)$;

PE3 $P \cdot Q = Q \cdot P$;

PE4 $P \cdot P \geq 0$; $P \cdot P = 0 \Leftrightarrow P = 0$ $(0 = (0, 0, \ldots, 0))$.

A prova dessas propriedades é trivial; é só questão de escrever. Por exemplo, **PE1**: sendo

$$P = (x_1, x_2, \ldots, x_n),\ Q = (y_1, y_2, \ldots, y_n),\ R = (z_1, z_2, \ldots, z_n),$$

então

$$\begin{aligned}
&(P + Q) \cdot R = (x_1 + y_1, x_2 + y_2, \ldots, x_n + y_n) \cdot (z_1, z_2, \ldots, z_n) = \\
&= (x_1 + y_1) z_1 + (x_2 + y_2) z_2 + \ldots + (x_n + y_n) z_n = \\
&= (x_1 z_1 + x_2 z_2 + \ldots + x_n z_n) + (y_1 z_1 + y_2 z_2 + \ldots + y_n z_n) = \\
&= P \cdot R + Q \cdot R.
\end{aligned}$$

Outro exemplo, **PE4**:

$$P \cdot P = (x_1, x_2, \ldots, x_n) \cdot (x_1, x_2, \ldots, x_n) = x_1^2 + x_2^2 + \ldots + x_n^2 \geq 0;\ e$$

$$P \cdot P = 0 \Leftrightarrow x_1^2 + x_2^2 + \ldots + x_n^2 = 0 \Leftrightarrow x_1 = x_2 = \ldots = x_n = 0 \Leftrightarrow P = 0.$$

Se $P \in \mathbb{R}^n$, definimos *norma* (euclidiana) de P como sendo o número

$$|P| = (P \cdot P)^{1/2} = \left(x_1^2 + x_2^2 + \ldots + x_n^2\right)^{1/2}.$$

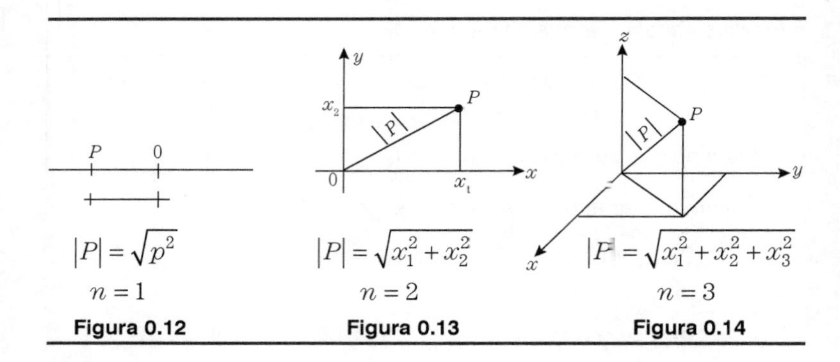

$|P| = \sqrt{p^2}$ $n = 1$ — **Figura 0.12**

$|P| = \sqrt{x_1^2 + x_2^2}$ $n = 2$ — **Figura 0.13**

$|P| = \sqrt{x_1^2 + x_2^2 + x_3^2}$ $n = 3$ — **Figura 0.14**

Desigualdade de Cauchy-Schwarz

Se P, $Q \in \mathbb{R}^n$, então $P \cdot Q \leq |P|\,|Q|$.

Prova. Se $P = 0$ ou $Q = 0$ é imediato. Suponhamos então P $\neq 0$, $Q \neq 0$. Por **PE4**, sendo λ, $\mu \in \mathbb{R}$,

$$(\lambda P - \mu Q) \cdot (\lambda P - \mu Q) \geq 0.$$

Usando **PE1**, **PE2**, **PE3**, podemos desenvolver o primeiro membro:

$$\lambda P \cdot \lambda P - \lambda P \cdot \mu Q - \mu Q \cdot \lambda P + \mu Q \cdot \mu Q \geq 0,$$

e, daí,

$$\lambda^2 |P|^2 - 2\lambda\mu P \cdot Q + \mu^2 |Q|^2 \geq 0.$$

Fazendo $\lambda = |Q|$, $\mu = |P|$, vem

$$|Q|^2 |P|^2 - 2|Q|\,|P|\,P \cdot Q + |P|^2 |Q|^2 \geq 0.$$

isto é,

$$2|Q|\,|P|\big(|P|\,|Q| - P \cdot Q\big) \geq 0,$$

e, daí (como $P \neq 0$, $Q \neq 0$, $\therefore |P| > 0, |Q| > 0$).

$$|P|\,|Q| \geq P \cdot Q.$$

Propriedades da norma (P, $Q \in \mathbb{R}^n$, $\lambda \in \mathbb{R}$):

N1 $|P| \geq 0$; $|P| = 0 \Leftrightarrow P = 0$;

N2 $|\lambda P| = |\lambda||P|$;

N3 $|P + Q| \leq |P| + |Q|$ (propriedade triangular).

Prova. Apenas de **N3**, sendo as outras triviais:

$$|P+Q|^2 = (P+Q)\cdot(P+Q) = P\cdot P + P\cdot Q + Q\cdot P + Q\cdot Q =$$
$$= |P|^2 + 2P\cdot Q + |Q|^2 \leq |P|^2 + 2|P|\,|Q| + |Q|^2 = (|P| + |Q|)^2$$

(usamos a desigualdade de Cauchy-Schwarz na última desigualdade); logo, por ser a função raiz quadrada crescente,

$$|P+Q| \leq |P| + |Q|.$$

Se P, $Q \in \mathbb{R}^n$, definimos *distância entre P e Q* como o número

$$d(P,\, Q) = |P - Q| = \left[(x_1 - y_1)^2 + (x_2 - y_2)^2 + \ldots + (x_n - y_n)^2\right]^{1/2},$$

$$(P = (x_1,\, x_2,\, \ldots,\, x_n),\ Q = (y_1,\, y_2,\, \ldots,\, y_n)).$$

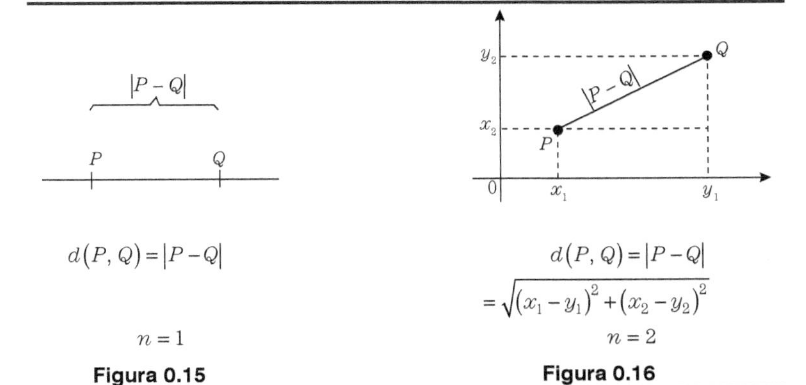

Figura 0.15 **Figura 0.16**

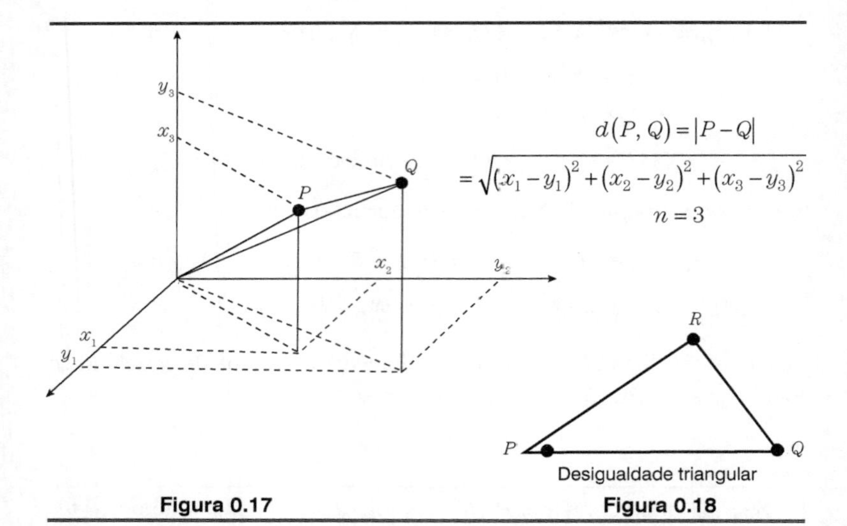

Figura 0.17 **Figura 0.18**

Propriedades da distância (P, Q, R $\in \mathbb{R}^n$):

D1 $d(P, Q) \geq 0$; $d(P, Q) = 0 \Leftrightarrow P = Q$;

D2 $d(P, Q) = d(Q, P)$;

D3 $d(P, Q) \leq d(P, R) + d(R, Q)$.

Prova. Apenas de D3, sendo as outras triviais:

$$d(P, Q) = |P - Q| = |(P - R) + (R - Q)| \leq |P - R| + |R - Q| =$$
$$= d(P, R) + d(R, Q)$$

(usamos a propriedade triangular N3).

Exemplo 0.2.1. Sejam $P = (1, 3, -1, 2) \in \mathbb{R}^4$ e $Q = (0, 1, -4, 1) \in \mathbb{R}^4$. Então

$$P \cdot Q = (1, 3, -1, 2) \cdot (0, 1, -4, 1) = 1 \cdot 0 + 3 \cdot 1 + (-1) \cdot (-4) + 2 \cdot 1 = 9,$$

$$|P| = \left(1^2 + 3^2 + (-1)^2 + 2^2\right)^{1/2} = \sqrt{15},$$

$$d(P, Q) = |P - Q| = |(1 - 0, 3 - 1, -1 - (-4), 2 - 1)| =$$

$$= |(1, 2, 3, 1)| = \left(1^2 + 2^2 + 3^2 + 1^2\right)^{1/2} = \sqrt{15}.$$

Exemplo 0.2.2. Se $P = (x_1, x_2, ..., x_n) \in \mathbb{R}^n$, então, por ser

$$x_i^2 \le x_1^2 + x_2^2 + \cdots + x_i^2 + \cdots + x_n^2 \quad (1 \le i \le n),$$

resulta, extraindo-se a raiz quadrada de ambos os membros, que

$$|x_i| \le |P| \quad (1 \le i \le n).$$

Em consequência, se $Q = (y_1, y_2, ..., y_n)$, então

$$P - Q = (x_1 - y_1, x_2 - y_2, \ldots, x_n - y_n),$$

e, usando o resultado precedente, podemos escrever

$$|x_i - y_i| \le |P - Q|$$

(veja a Fig. 0-19 para observar o significado disso).

Exemplo 0.2.3. Se $P = (x_1, x_2, ..., x_n) \in \mathbb{R}^n$, e $(E_1, E_2, ..., E_n)$ é a base canônica de $\mathbb{R}^n$, sabemos que

$$P = \sum_{i=1}^{n} x_i E_i.$$

Então,

$$|P| = \left|\sum_{i=1}^{n} x_i E_i\right| \le \sum_{i=1}^{n} |x_i E_i| = \sum_{i=1}^{n} |x_i|\,|E_i| = \sum_{i=1}^{n} |x_i|,$$

onde usamos, na desigualdade, a triangular para n vetores, na igualdade seguinte, a propriedade **N2** de norma e, na última igualdade, o fato óbvio de que $|E_i| = 1$.

Como consequência, se $Q = (y_1, y_2, ..., y_n)$, resulta

$$|P - Q| \le \sum_{i=1}^{n} |x_i - y_i|$$

(veja a Fig. 0-20 para observar o significado disso).

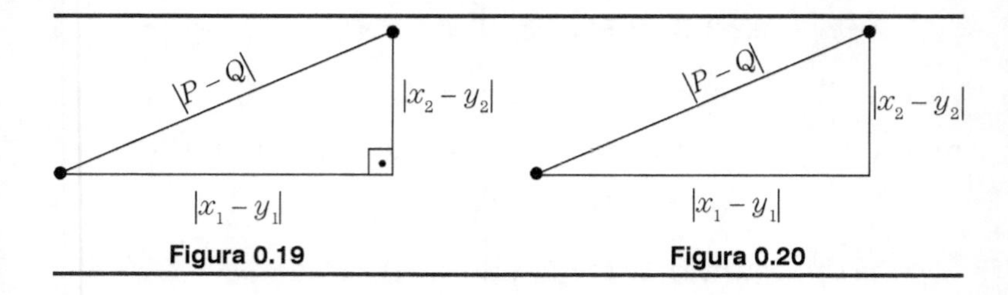

Figura 0.19 **Figura 0.20**

EXERCÍCIOS

0.2.1. Calcule, sendo $P = (1, 0, 1, 1)$, $Q = (-3, 4, 1, 5)$, $R = (0, 0, 1, -1)$:

a) $P + Q$, d) $P - Q + R$;

b) $P - Q$; e) $P + 2Q$;

c) $P + Q + R$; f) $2P - 2Q + 3R$;

0.2.2. Prove as propriedades **A1 – A4**.

0.2.3. Prove as propriedades **M1 – M4**.

0.2.4. Escreva $P = (-2, 3, 5, 0, 1)$ em termos da base canônica de $\mathbb{R}^5$.

0.2.5. Sendo $P = (2, 3, 1, -1)$, $Q = (0, 1, 0, 1)$, $R = (1, 7, 2, 0)$, calcule

a) $P \cdot Q$; b) $2P \cdot Q$; c) $(P + Q) \cdot R$.

0.2.6. Prove **PE2** e **PE3**.

0.2.7. Calcule $|P|$ sendo

a) $P = (1, 2)$; b) $P = (-1, -2, 1)$; c) $P = (1, 1, 1, 1)$.

0.2.8. Prove que

a) $a_1b_1 + a_2b_2 + a_3b_3 \leq \sqrt{a_1^2 + a_2^2 + a_3^2}\ \sqrt{b_1^2 + b_2^2 + b_3^2}$

b) $\left(\sum_{i=1}^{k} a_ib_i\right)^2 \leq \left(\sum_{i=1}^{k} a_i^2\right)\left(\sum_{i=1}^{k} b_i^2\right)$

Sugestão. Use a desigualdade de Schwarz.

0.2.9. Prove que $P \cdot Q = |P|\ |Q| \Leftrightarrow$ existem $\lambda, \mu \in \mathbb{R}$ tais que $\lambda P = \mu Q$.

Sugestão. Se $P = 0$ ou $Q = 0$ é imediato. Senão, observe cuidadosamente a prova da desigualdade de Cauchy-Schwarz e o seguinte:

$$|P|\ |Q| - P \cdot Q = 0 \Leftrightarrow 2|P|\ |Q|\big(|P|\ |Q| - P \cdot Q\big) = 0 \Leftrightarrow$$

$$\Leftrightarrow |Q|^2\ |P|^2 - 2|P|\ |Q|\ P \cdot Q + |P|^2\ |Q|^2 = 0 \Leftrightarrow \big(|Q|P - |P|Q\big) \cdot \big(|Q|P - |P|Q\big) = 0 \overset{\text{N1}}{\Leftrightarrow} \cdots$$

0.2.10. Prove **N1** e **N2**.

0.2.11. Calcule $d(P, Q)$ sendo

a) $P = (1, 1, 0, 1)$, $Q = (-1, -1, -1, 2)$,

b) $P = (1, 2, 3)$, $Q = (3, 2, 1)$,

c) $P = (1, 1)$, $Q = (3, -1)$.

0.2.12. Prove **D1** e **D2**.

0.2.13. Prove que $|P| - |Q| \leq |P - Q|$ e que $||P| - |Q|| \leq |P - Q|$.

Sugestão. $P = (P - Q) + Q$; portanto $|P| = |(P - Q) + Q| \leq |P - Q| + |Q|$. Quanto à segunda, ela é equivalente a $-|P - Q| \leq |P| + |Q| \leq |P - Q|$.

0.2.14. Pela desigualdade de Cauchy-Schwarz, pode-se provar que $|P \cdot Q| \leq |P|\ |Q|$.

a) Prove isso.

Sugestão. Falta provar que $-|P|\ |Q| \leq P \cdot Q$, ou seja, $-P \cdot Q \leq |P|\ |Q|$, ou seja, $(-P) \cdot Q \leq |-P|\ |Q|$.

b) Então,

$$-1 \leq \frac{P \cdot Q}{|P|\ |Q|} \leq 1, \text{ se } P \neq 0, Q \neq 0.$$

c) Seja $\theta \in [0, \pi]$ tal que

$$\cos \theta = \frac{P \cdot Q}{|P|\ |Q|}.$$

Define-se θ como sendo a medida, em radianos, do ângulo entre P e Q. Calcule $\cos \theta$ nos casos:

$$P = (1, 1, 0),\ Q = (-1, -3, -4);$$

$$P = (2, 0),\ Q = (0, 2);$$

$$P = (-1, 0, 1, 1),\ Q = (3, 3, 1, 7).$$

0.3 ALGUNS SUBCONJUNTOS DE $\mathbb{R}^n$

- ***Reta, segmento, conjunto convexo***

Sejam $P, Q \in \mathbb{R}^n$, $P \neq Q$. Chama-se *reta determinada* por P e Q ao conjunto

$$\{P + \lambda(Q - P) = \lambda Q + (1 - \lambda)P \mid \lambda \in \mathbb{R}\}.$$

Chama-se *segmento (fechado) de extremos P e Q* ao conjunto

$$[P, Q] = \{P + \lambda(Q - P) | \lambda \in [0, 1]\}.$$

Se $\lambda \in]0, 1[$, teremos o *segmento (aberto) de extremos P e Q*, indicado por]P, Q[.

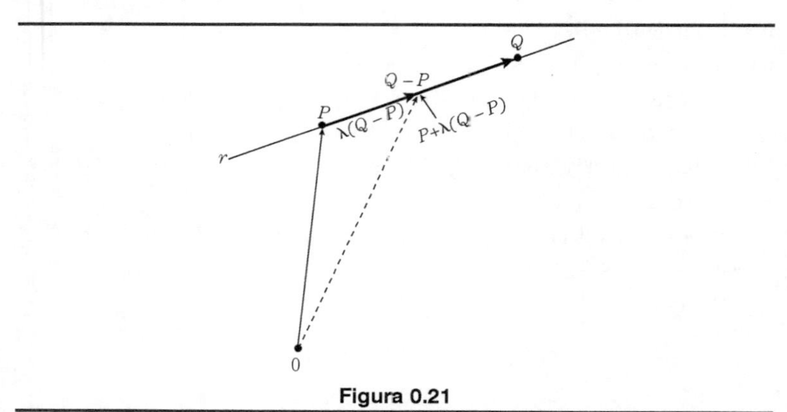

Figura 0.21

Um subconjunto A de $\mathbb{R}^n$ é dito *convexo* se, quaisquer que sejam P, $Q \in A$, ocorre $[P, Q] \subset A$; em outras palavras: A é convexo se o segmento que une *quaisquer* dois de seus pontos está inteiramente contido em A (Figs. 0-22 e 0-24).

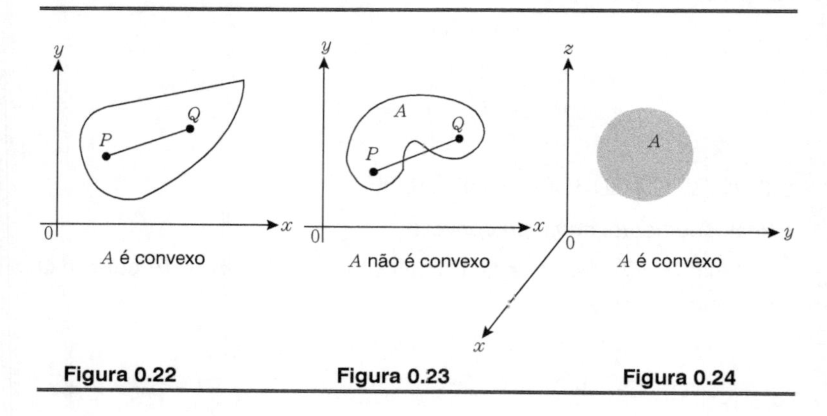

Figura 0.22 **Figura 0.23** **Figura 0.24**

Exemplos 0.3.1

1. $\mathbb{R}^n$ é convexo.

2. Todo segmento (aberto ou fechado) é convexo.

3. Toda reta é convexa.

4. A intersecção de dois conjuntos convexos é um conjunto convexo.

De fato, se A, B são conjuntos convexos, tomados $P, Q \in A \cap B$, então $[P, Q] \subset A$, $[P, Q] \subset B$, pelas convexidades de A e de B; logo, $[P, Q] \subset A \cap B$ (Fig. 0-25).

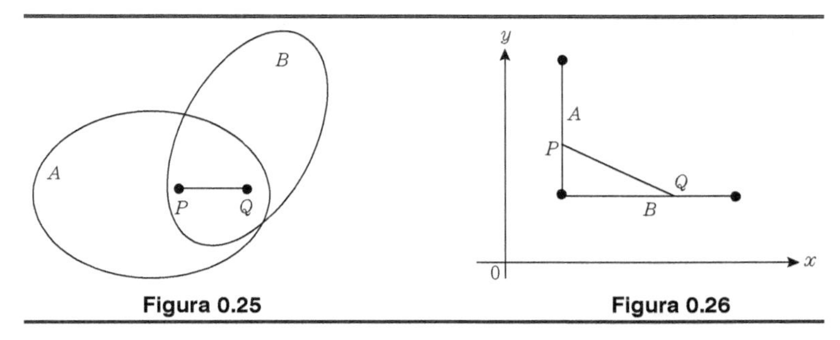

Figura 0.25 **Figura 0.26**

5. A reunião de conjuntos convexos nem sempre é um conjunto convexo. Veja a Fig. 0-26: A e B são convexos, mas $A \cup B$ não é.

• ***Bola, aberto, fechado***

Sejam $P_0 \in \mathbb{R}^n$, $r \in \mathbb{R}$, $r > 0$. Chama-se *bola (aberta), de centro* P_0 *e raio* r, ao conjunto

$$B(P_0, r) = \{P \in \mathbb{R}^n \mid |P - P_0| < r\}.$$

Chama-se *bola fechada, de centro* P_0 *e raio* r, ao conjunto

$$\overline{B}(P_0, r) = \{P \in \mathbb{R}^n \mid |P - P_0| \leq r\}$$

(basta acrescentar as "cascas" aos desenhos anteriores).

Chama-se *bola (aberta) perfurada, de centro* P_0 *e raio* r, ao conjunto

$$B^*(P_0, r) = \{P \in \mathbb{R}^n \mid 0 < |P - P_0| < r\}$$

(é pois uma bola aberta sem o seu centro).

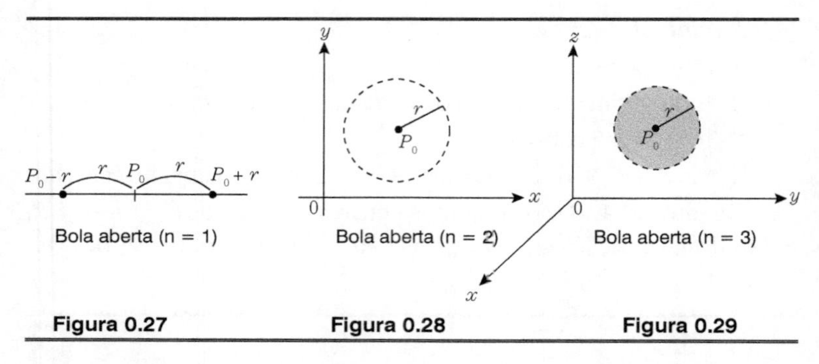

Figura 0.27 **Figura 0.28** **Figura 0.29**

Os conjuntos abertos, que definiremos a seguir, desempenham um papel importante na Análise Matemática, e serão fundamentais no desenvolvimento de nosso curso.

> Sejam $A \subset \mathbb{R}^n$, $P \in \mathbb{R}^n$; diz-se que P é *ponto interior de* A se existe $r > 0$ tal que $B(P, r) \subset A$.
>
> Diz-se que A (um conjunto) é *aberto* (em $\mathbb{R}^n$) se todos os pontos de A são interiores de A.

Nota. Convém considerar o conjunto vazio $\varnothing$ como aberto.

Exemplo 0.3.2. Toda bola aberta é um conjunto aberto. (Em particular, o intervalo $]a, b[$ é aberto em $\mathbb{R}$).

De fato, seja $P \in B(P_0, r)$. Devemos produzir $r_1 > 0$ tal que $B(P, r_1) \subset B(P_0, r)$; seja

$$r_1 = \frac{r - |P - P_0|}{2}$$

(veja a Fig. 0-30). Então $r_1 > 0$ (pois $|P - P_0| < r$) e, se $Q \in B(P, r_1)$ (veja a Fig. 0-31),

$$|Q - P_0| = |(Q - P) + (P - P_0)| \leq |Q - P| + |P - P_0|$$

$$< r_1 + |P - P_0| = \frac{r - |P - P_0|}{2} + |P - P_0| =$$

$$= \frac{r + |P - P_0|}{2} < \frac{r + r}{2} = r;$$

logo, $Q \in B(P_0, r)$.

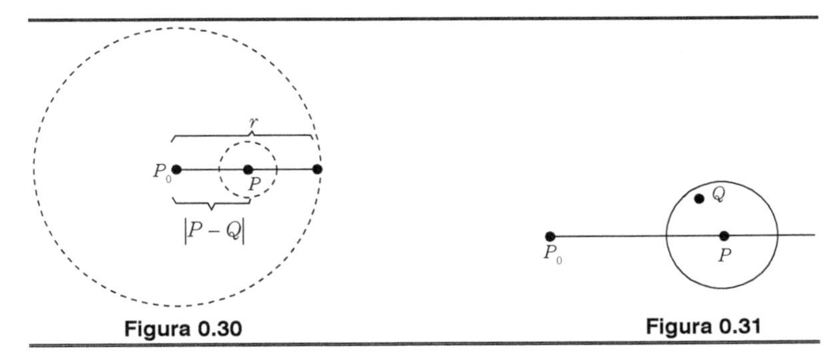

Figura 0.30 **Figura 0.31**

Exemplo 0.3.3. A interseeção de duas bolas abertas é um conjunto aberto.

Provemos que $B(P_1, r_1) \cap B(P_2, r_2)$ é aberto. Se for vazio, será aberto. Senão, seja P um seu elemento.

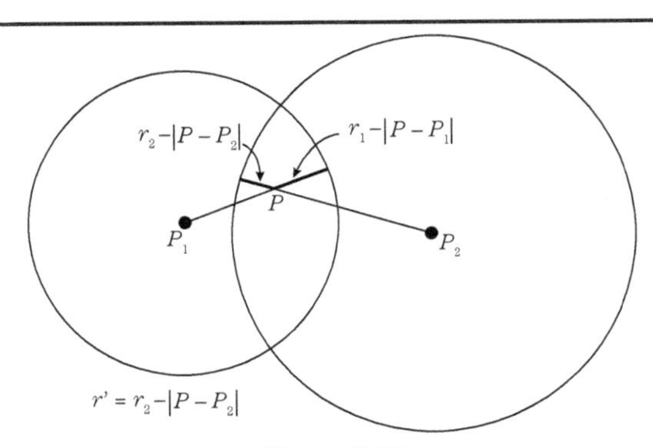

Figura 0.32

Seja $r = \dfrac{1}{2} \min \{r_1 - |P - P_1|, r_2 - |P - P_2|\}$ (veja a Fig 0-32).
Afirmamos que $B(P, r) \subset B(P_1, r_1) \cap B(P_2, r_2)$. De fato,

$$R \in B(P, r) \Rightarrow |R - P_2| = |(R - P) + (P - P_2)| \leq r + |P - P_2| \leq$$

$$\leq \frac{(r_2 - |P - P_2|)}{2} + |P - P_2| = \frac{r_2 + |P - P_2|}{2} < \frac{r_2 + r_2}{2} = r_2.$$

Analogamente, $R \in B(P, r) \Rightarrow |R - P_1| < r_1$.

Exemplo 0.3.4

• (n = 1) $]a, b]$ não é um conjunto aberto, pois qualquer intervalo aberto centrado em b contém sempre pontos que não estão em $]a, b]$. Pelo que provamos no Exemplo 0.3.2, $]a, b[$ é aberto em $\mathbb{R}$ (Fig. 0-33).

• (n = 2) O conjunto $A = \left\{(x, y) \in \mathbb{R}^2 \middle| x^2 - y^2 > 1\right\}$ é um aberto em $\mathbb{R}^2$ (Fig. 0-34). Mas

$$B = \left\{(x, y) \in \mathbb{R}^2 \middle| x^2 - y^2 \geq 1\right\}$$

não é aberto em $\mathbb{R}^2$, pois, num ponto como P (Fig. 0-35), qualquer bola aberta nele centrada contém pontos fora de B.

• (n = 3) $A = B(0, r) \cup \{(0, 0, r)\}$ não é aberto em $\mathbb{R}^3$. O ponto $(0, 0, r)$ "estraga tudo" (Fig. 0-36).

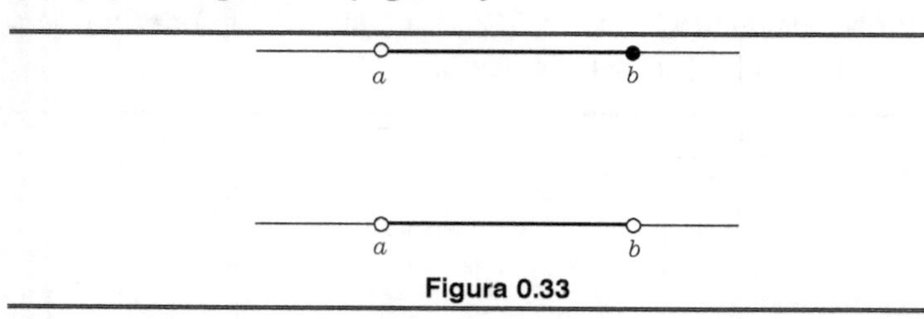

Figura 0.33

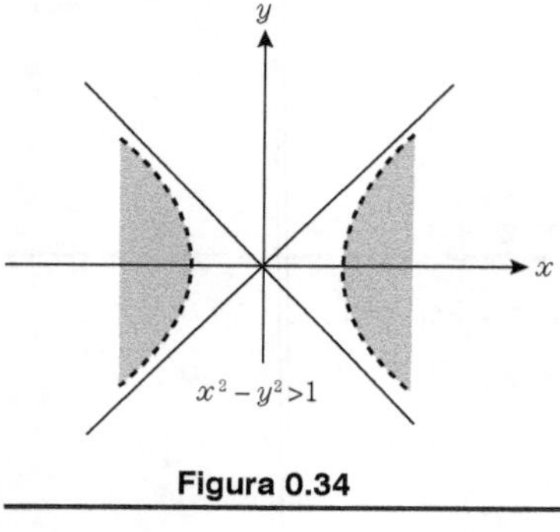

y x $x^2 - y^2 > 1$

Figura 0.34

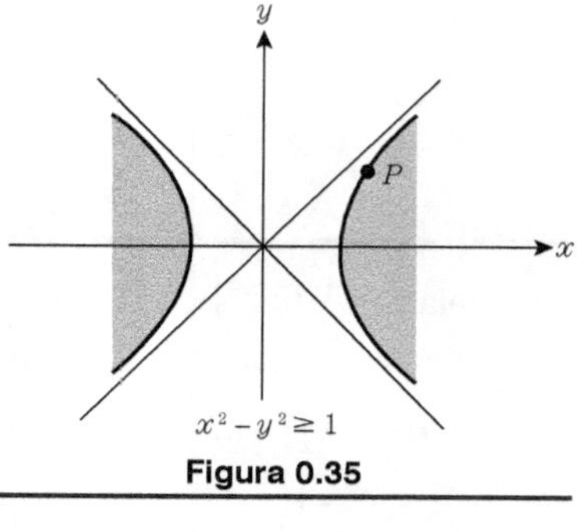

y x P $x^2 - y^2 \geq 1$

Figura 0.35

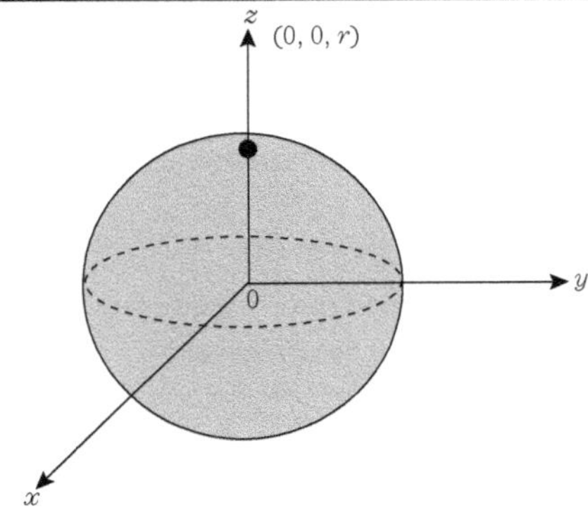

Figura 0.36

Os conjuntos abertos gozam das propriedades que seguem.

Teorema 0.3.1

A1 $\mathbb{R}^n$ e $\varnothing$ são abertos em $\mathbb{R}^n$.

A2 A, B abertos em $\mathbb{R}^n \Rightarrow A \cap B$ aberto em $\mathbb{R}^n$.

A3 U é reunião de abertos em $\mathbb{R}^n \Rightarrow U$ é aberto em $\mathbb{R}^n$.

Prova. **A1**. Imediato

A2.

$$P \in A \cap B \Rightarrow \begin{cases} P \in A \Rightarrow \text{existe } r_1 > 0, \text{ tal que } P \in B(P, r_1), \\ e \\ P \in B \Rightarrow \text{existe } r_2 > 0, \text{ tal que } P \in B(P, r_2). \end{cases}$$

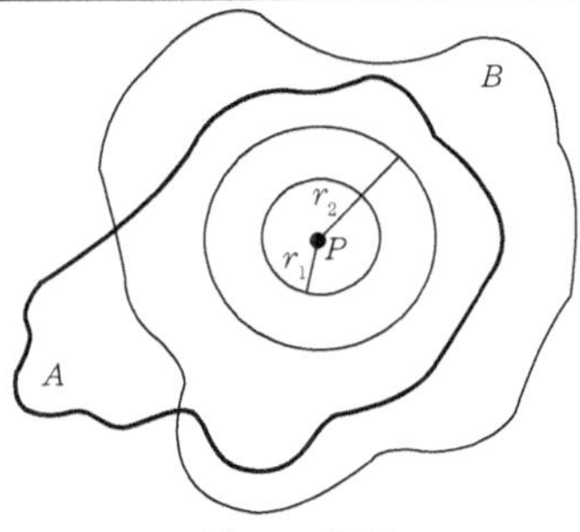

Figura 0.37

Tomando $r = \text{mín}\,\{r_1, r_2\}$, então $P \in B(P, r) = B(P, r) \cap B(P, r_2) \subset A \cap B$, o que mostra que P é interior de $A \cap B$. Como P é qualquer, resulta $A \cap B$ aberto.

A3. Se $P \in U$, P pertence a algum aberto da reunião, digamos U_α. Então existe $r_\alpha > 0$, tal que $P \in B(P, r_\alpha) \subset U_\alpha \subset U$; logo, P é ponto interior de U e, como foi tomado qualquer de U, U é aberto.

Um outro tipo de conjunto que consideraremos é o conjunto fechado, de acordo com a definição que segue.

> Diz-se que $F \subset \mathbb{R}^n$ é fechado (em $\mathbb{R}^n$) se o complementar de F em $\mathbb{R}^n$ é aberto.

O complementar de F em $\mathbb{R}^n$, indicado $\complement_{\mathbb{R}^n} F$, ou, mais simplesmente, por F^c, é o conjunto dos pontos de $\mathbb{R}^n$ que não pertencem a F. Em geral, se $A \subset B$,

$$\complement_B A = \{x \in B \mid x \notin A\}.$$

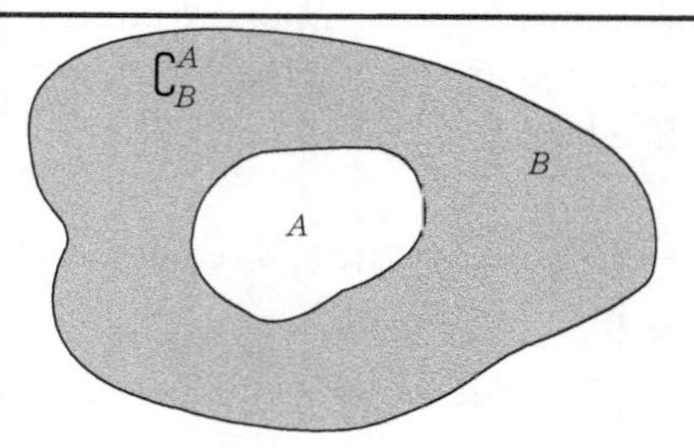

Figura 0.38

Exemplos 0.3.5

1. Em $\mathbb{R}$, $[a, b]$ é fechado, pois $\complement_{\mathbb{R}}[a, b] =]-\infty, a[\cup]b, +\infty[$ é aberto.
2. Em $\mathbb{R}^2$, $A = \{(x, y) \in \mathbb{R}^2 \mid x^2 + y^2 = 1\}$ e $B = \{(x, y) \in \mathbb{R}^2 \mid x^2 + y^2 \leq 1\}$ são fechados, pois seus complementares são abertos.

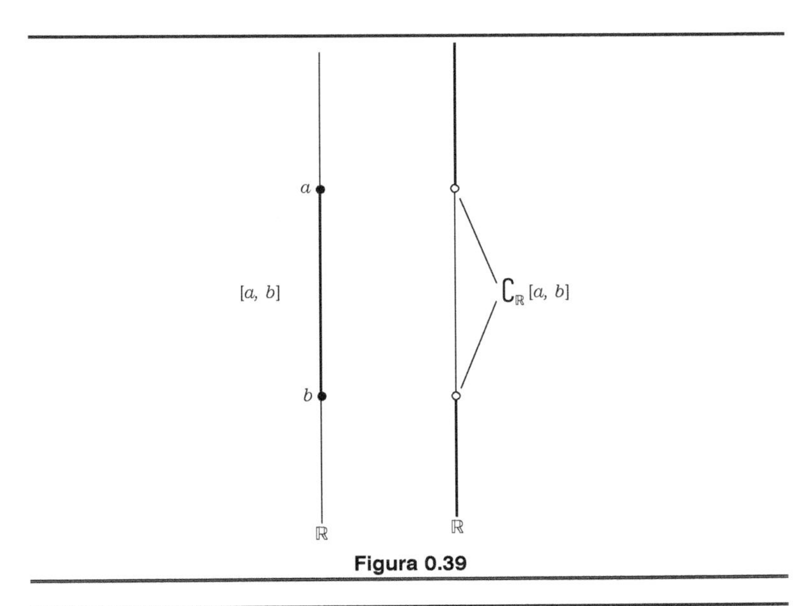

Figura 0.39

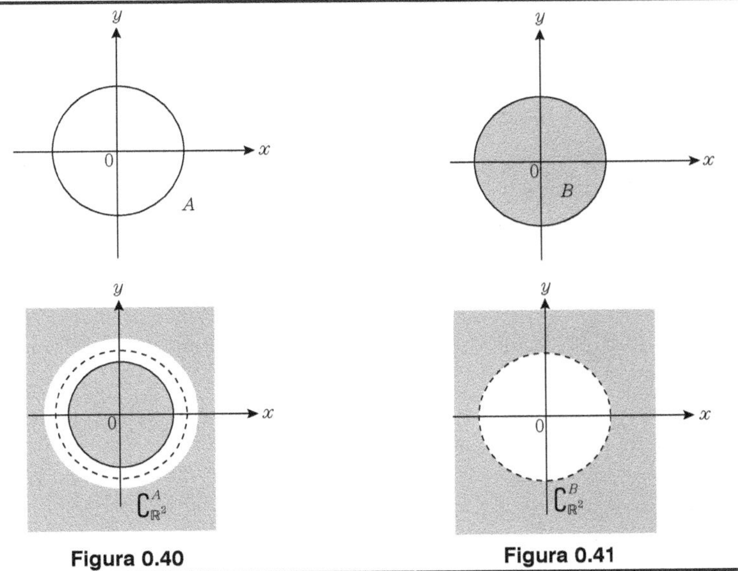

Figura 0.40

Figura 0.41

3. Em $\mathbb{R}^3$, o segmento $[P, Q]$ é fechado, pois seu complementar é aberto.

4. Em $\mathbb{R}^3$, o cubo $A = \{(x, y, z) | 0 \leq x \leq 1, 0 \leq y \leq 1, 0 \leq z \leq 1\}$ é fechado, pois seu complementar é aberto.

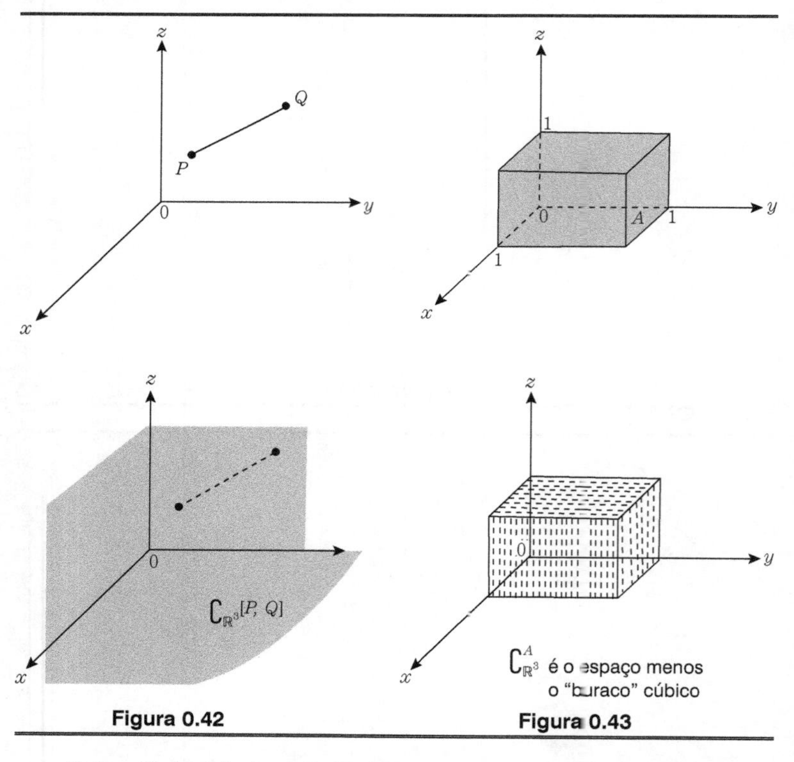

Figura 0.42 **Figura 0.43**

5. Em $\mathbb{R}$, $[a, b[$ não é fechado, pois seu complementar $]-\infty, a[\cup [b, +\infty]$ não é aberto.

6. Em $\mathbb{R}^2$, $A = \{(x, y) \in \mathbb{R}^2 | x^2 + y^2 \leq 1 \text{ e } y > 0\}$ não é fechado, pois seu complementar não é aberto.

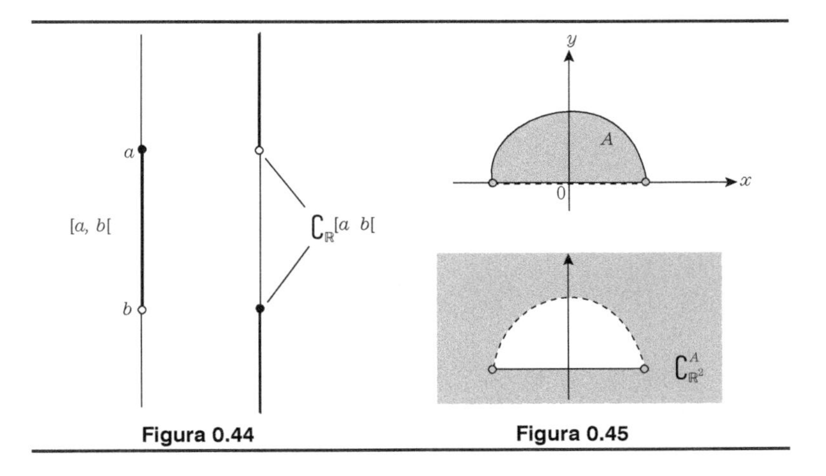

Figura 0.44 Figura 0.45

• *Domínio, ou aberto conexo*

Vamos agora a um conceito que será útil mais tarde, que é o de domínio,[3] ou aberto conexo. Intuitivamente, um domínio é um conjunto aberto formado "de uma só parte" (veja as Figs. 0-46, 0-47 e 0-49).

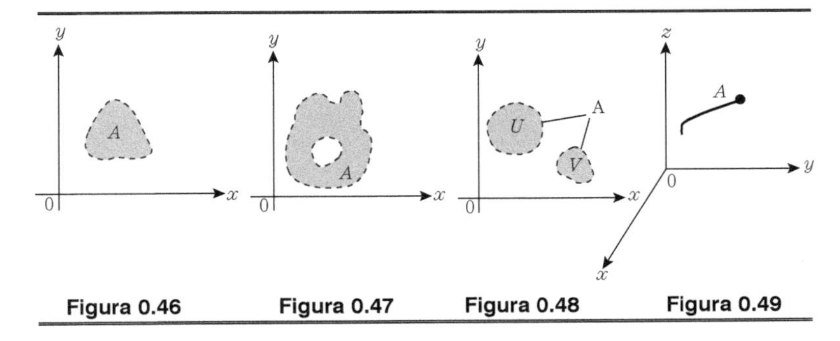

Figura 0.46 Figura 0.47 Figura 0.48 Figura 0.49

[3] Não confundir com domínio de função.

Seja $A \subset \mathbb{R}^n$. A se diz um *domínio*, ou um *aberto conexo*, se (i) A é aberto e

(ii) A não se escreve como reunião de dois abertos disjuntos[4] e não vazios.

Observe, na Fig. 0-48, $A = U \cup V$, $U \neq \varnothing$, $V \neq \varnothing$, $U \cap V = \varnothing$, e U e V são abertos. Então A não é domínio.

Exemplos 0.3.6[5]

1. $\mathbb{R}^n$ é um domínio.

2. Uma bola aberta é um domínio.

3. Uma bola fechada não é um domínio (pois não é um aberto).

4. Um segmento aberto em $\mathbb{R}$ é uma bola, logo é um domínio, mas um segmento aberto em $\mathbb{R}^2$ não é um domínio, pois não é aberto.

5. $\left\{(x, y) \in \mathbb{R}^2 \middle| \frac{x^2}{a^2} + \frac{y^2}{b^2} < 1\right\} (a > 0, b > 0)$ é um" domínio.

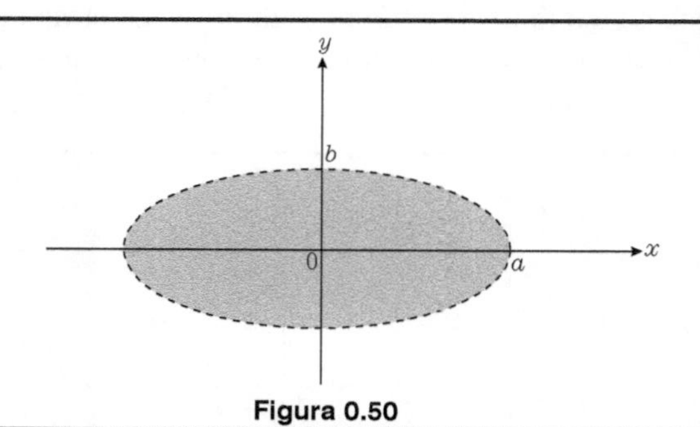

Figura 0.50

Nota. Existe o conceito de conjunto conexo, $A \subset \mathbb{R}^n$ é *conexo* se não existem U, V abertos, com, $U \cap A \neq \varnothing$, $V \cap A \neq \varnothing$, $U \cap A \cap U \cap A = U \cap V \cap A\ \varnothing$, e $A = (U \cap A) \cup (V \cap A) = (U \cap V) \cap A$.

[4] B e C são disjuntos se $A \cap B = \varnothing$.

[5] Não tentaremos justificar as afirmações. Queremos que você as entenda intuitivamente.

EXERCÍCIOS

0.3.1. Chama-se ponto médio do segmento $\{P+\lambda(Q-P)|\lambda \in [0, 1]\}$ ao elemento M dado por $\lambda = \frac{1}{2}$. Mostre que, se

$$P = (x_p, y_p, z_p),\ Q = (x_Q, y_Q, z_Q),\ M = (x_M, y_M, z_M), \text{ então}$$

$$x_M = \frac{x_p + x_Q}{2}, \quad y_M = \frac{y_p + y_Q}{2}, \quad z_M = \frac{z_p + z_Q}{2}.$$

Generalize para $\mathbb{R}^n$.

0.3.2. Quais dos conjuntos são convexos?

a) $\{(x, y) \in \mathbb{R}^2 | -1 < x < 3\}$;

b) $\{(x, y) \in \mathbb{R}^2 | x^2 > 1\}$;

c) $\{(x, y) \in \mathbb{R}^2 | y = x^2\}$;

d) $\{(x, y) \in \mathbb{R}^2 | y = 3x + 4\}$;

e) $[0, 1]$;

f) a reunião dos eixos coordenados ($n > 1$);

g) $\{(x, y, z) \in \mathbb{R}^3 | x^2 + y^2 + z^2 < 1\} \cup \{(0, 0, 1)\}$;

h) $\{(x, y, z) \in \mathbb{R}^3 | x^2 + y^2 + z^2 > 1\}$;

i) $\{(x, y) \in \mathbb{R}^2 \| x - 1| < 2, |y - 2| < 3\}$;

j) $\{(x, y) \in \mathbb{R}^2 \| x - 1| \leq 2, |y - 2| \leq 3\}$.

0.3.3. Quais dos conjuntos acima são abertos? Fechados?

0.3.4. Quais dos conjuntos são domínios?

a) $]0, 1[\cup]4, 5[$;

b) $\mathbb{R} - \{0\}$;

c) $]9, 20]$;

d) $]9, 20[$;

e) $\{(x, y) \in \mathbb{R}^2 | x^2 + y^2 > 1\}$;

f) $\{(x, y) \in \mathbb{R}^2 | y^2 > x\}$;

g) $\{(x, y) \in \mathbb{R}^2 | y^2 < x\}$;

h) $\{(x, y) \in \mathbb{R}^2 | y^2 = x\}$;

i) $\{(x, y) \in \mathbb{R}^2 | x^2 - y^2 < 1\}$;

j) $\{(x, y) \in \mathbb{R}^2 | x^2 - y^2 > 1\}$.

Aplicações de uma variável real com valores em $\mathbb{R}^n$

1.1 INTRODUÇÃO

Nos volumes anteriores deste curso, estivemos lidando com funções reais de uma variável real, como $f(x) = x^2$, $x \in \mathbb{R}$. Mas também consideramos curvas parametrizadas tais como $P(t) = (2 \cos t, 2 \operatorname{sen} t)$, $0 \leq t \leq 2\pi$, que interpretamos como movimentos pontuais.

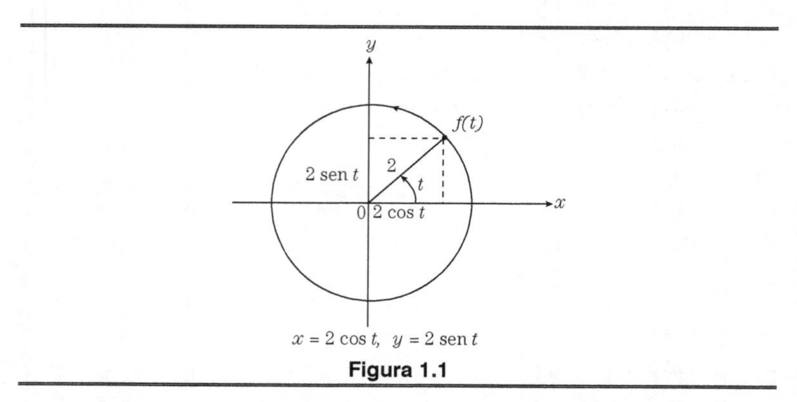

Figura 1.1

No caso do exemplo acima, trata-se de um movimento circular, de raio 2 (Fig. 1-1). O que temos é, na verdade, uma função que, a cada $t \in [0, 2\pi]$, associa um único elemento de $\mathbb{R}^2$, a saber $P(t) = (2 \cos t, 2 \operatorname{sen} t)$.

Neste capítulo, faremos um estudo de funções que levam números reais em elementos de $\mathbb{R}^n$, como o exemplo anterior, onde $n = 2$. São aplicações de uma variável real com valores em $\mathbb{R}^n$.

Em geral, como $f(t)$ e $\mathbb{R}^n$, podemos escrever $f(t) = (f_1(t), f_2(t), ..., f_n(t))$, obtendo n funções $f_i: D_f \to \mathbb{R}$ $(i = 1, 2, ..., n)$, chamadas *funções componentes* de f. Costuma-se indicar

$$f = (f_1, f_2, ..., f_n)$$

Para representar uma função desse tipo, costuma-se tomar a origem O como "ponto inicial" do segmento orientado que representa $P(t)$.

Exemplo 1.1.1. f: $\mathbb{R} \to \mathbb{R}^2$, $f(t) = (2t - 1, t)$. Nesse caso, temos uma reta (Fig. 1-2), e $f_1(t) = 2t - 1$, $f_2(t) = t$. Se você não entendeu, é preciso recordar um pouco de Geometria Analítica. As equações

$$\begin{cases} x = -1 + 2t \\ y = t \end{cases}$$

são equações paramétricas de uma reta que passa por (–1,0) e tem vetor da direção (2, 1).

Exemplo 1.1.2. f: $\mathbb{R} \to \mathbb{R}^2$, $f(t) = (r \cos t, r \operatorname{sen} t)$ $(r > 0)$. Nesse caso, $f(\mathbb{R})$ é uma circunferência de raio r e centro na origem $O = (0,0)$. Aqui, $f_1(t) = r \cos t$, $f_2(t) = r \operatorname{sen} t$ (Fig. 1-3).

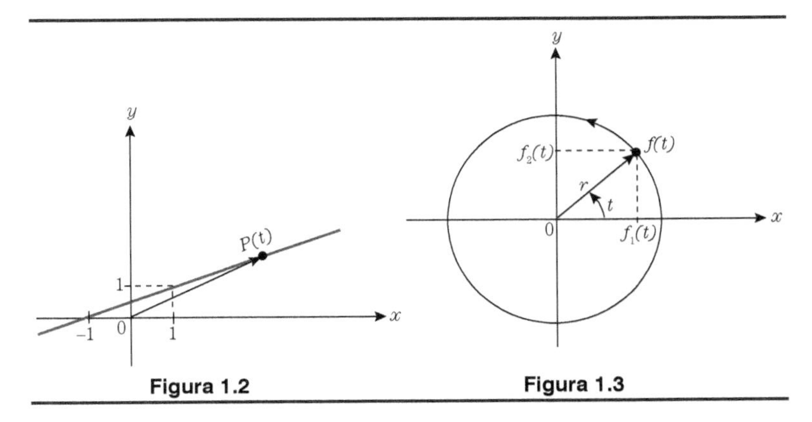

Figura 1.2 **Figura 1.3**

Exemplo 1.1.3. $f: \mathbb{R} \to \mathbb{R}^3$, $f(t) = \left(\cos t, \text{ sen } t, \frac{1}{2}t\right)$. $f(\mathbb{R})$ é uma hélice circular reta. Observe que a "trajetória"[1] $f(\mathbb{R})$ tem o aspecto mostrado na Fig. 1-4, pois, no plano OXY, o "movimento" é circular no sentido indicado na Fig. 1-5, ao passo que o movimento da projeção sobre OZ é uniforme, $z = \frac{1}{2}t$, no sentido de z crescente.

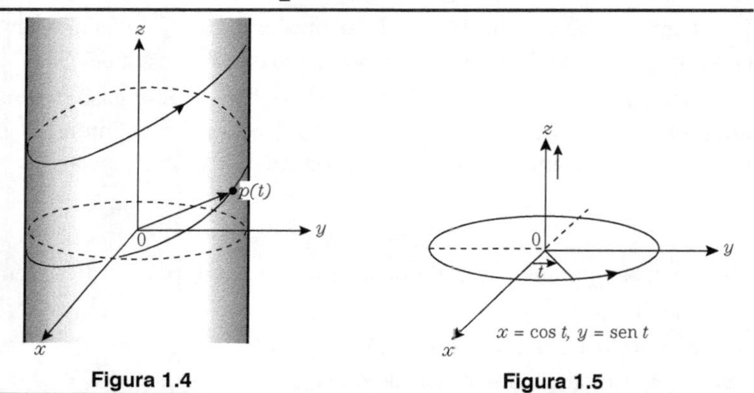

Figura 1.4 Figura 1.5

Exemplo 1.1.4. $f: \mathbb{R} \to \mathbb{R}^3, f(t) = (x_0 + at, y_0 + bt, z_0 + ct)$ (com $a^2 + b^2 + c^2 \neq 0$). Aqui, a trajetória $f(\mathbb{R})$ é uma reta que passa por $P_0 = (x_0, y_0, z_0)$ e tem como vetor da direção (a, b, c).

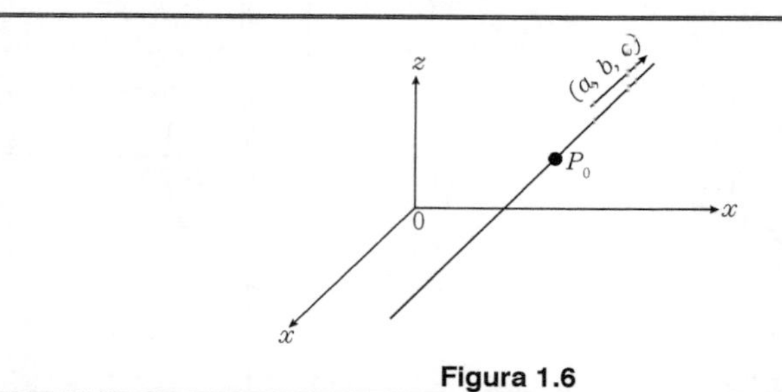

Figura 1.6

[1] Se $f: I \subset \mathbb{R} \to \mathbb{R}^n$, chamaremos de *trajetória de* f a sua imagem $f(I)$.

EXERCÍCIOS

1.1.1. Represente a trajetória $f(\mathbb{R})$, sendo f: $\mathbb{R} \to \mathbb{R}^3$ dada por

a) $f(t) = (1, t)$; b) $f(t) = (1, t^2)$; c) $f(t) = (1, t^3)$;

d) $f(t) = (t, t)$; e) $f(t) = (t^2, t^2)$; f) $f(t) = (t, t^2)$.

1.1.2. Idem para f: $\mathbb{R} \to \mathbb{R}^3$, dada por

a) $f(t) = (\cos t, \operatorname{sen} t, 0)$; b) $f(t) = (\cos t, \operatorname{sen} t, 1)$;

c) $f(t) = (\cos t, \operatorname{sen} t, t)$; d) $f(t) = (\cos t, \operatorname{sen} t, -t)$;

e) $f(t) = (t, t, t)$; f) $f(t) = (t, 2t, 1)$.

1.2 LIMITE E CONTINUIDADE

Intuitivamente, $\lim_{t \to t_0} f(t) = L$ quer dizer que $f(t)$ fica arbitrariamente próximo de L para todo $t \neq t_0$ suficientemente próximo de t_0. Precisamos garantir a existência de pontos de D_f arbitrariamente próximos de t_0, e distintos de t_0. Para isso, introduzimos a definição:

$P \in \mathbb{R}^n$ é *ponto de acumulação* de $A \subset \mathbb{R}^n$ se qualquer bola perfurada, de centro P, contém elementos de A. O conjunto dos pontos de acumulação de A se indica por A'.

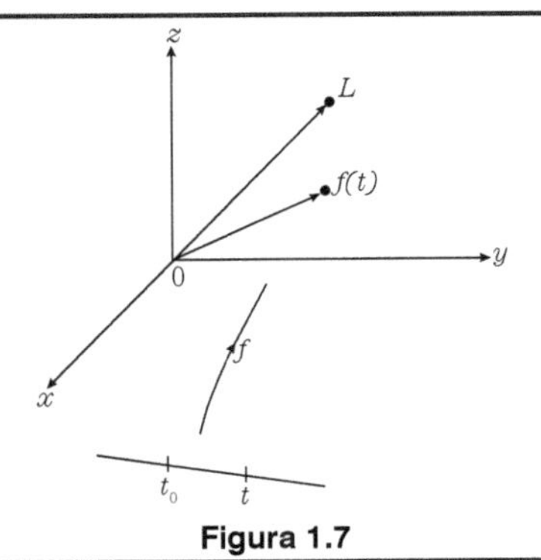

Figura 1.7

Seja f: $D_f \subset \mathbb{R} \to \mathbb{R}^n$, $t_0 \in D'_f$, e $L \in \mathbb{R}^n$. O símbolo $\lim_{t \to t_0} f(t) = L$ significa que, dado $\varepsilon > 0$, existe $r > 0$ tal que

$$t \in D_f,\ 0 < |t - t_0| < r \Rightarrow |f(P) - L| < \varepsilon.$$

Comentários. 1. O número $\varepsilon > 0$ dado fixa a arbitrariedade de $f(t)$ a L. Por exemplo, se escolhemos $\varepsilon = 0{,}0001$ (supondo $\lim_{t \to t_0} f(t) = L$), então podemos achar $r > 0$ conveniente de forma que, se $t \in D_f$ e $0 < t - t_0| < r$ (quer dizer, para todo $t \neq t_0$, $t \in D_f$, distando menos do que r de t_0), temos $|f(t) - L| < \varepsilon$ (isto é, $f(t)$ dista menos do que ε de L).

Moral da história: ε fixa a proximidade arbitrária de $f(t)$ a L e r fixa a proximidade suficiente de t a t_0.

2. Se $t_0 \in D'_f$, pode suceder $t_0 \in D_f$ ou $t_0 \notin D_f$; mas o que acontece em t_0 é irrelevante no que se refere a $\lim_{t \to t_0} f(t)$, pois, na definição, escrevemos $0 < |t - t_0|$!

3. "$t \in D_f$ e $0 < |t - t_0| < r \Rightarrow |f(t) - L| < r$", em termos de bolas, é escrito assim:

$$t \in B^*(t_0, r) \cap D_f \Rightarrow f(t) \in B(L, r).$$

Uma ilustração geométrica, no caso $n = 3$, é dada na Fig. 1-8.

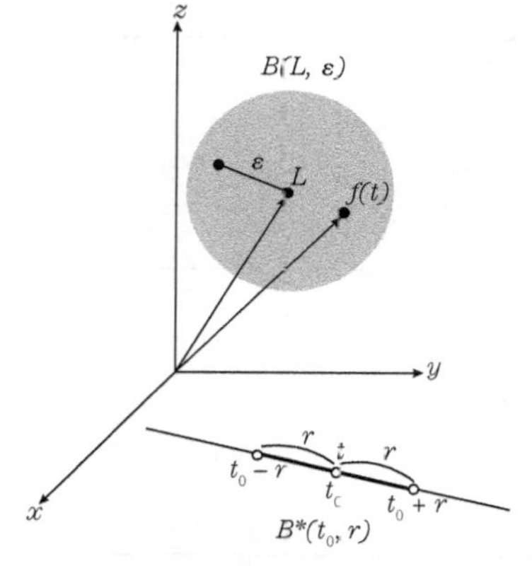

Figura 1.8

O teorema seguinte nos mostra como calcular limites de aplicações de uma variável real com valores em $\mathbb{R}^n$ a partir de limites de funções de uma variável real.

Teorema 1.2.1. Sejam $L = (L_1, L_2, \ldots, L_n) \in \mathbb{R}^n$, $f = (f_1, f_2, \ldots, f_n)$, e $t_0 \in D'_f$. Então

$$\lim_{t \to t_0} f(t) = L \Leftrightarrow \lim_{t \to t_0} f_i(t) = L_i, \quad i = 1, 2, \ldots, n.$$

[Antes da prova, um exemplo que esclarece: se você quer calcular $\lim_{t \to 1}$ (cos t, sen t), faça assim:

$$\lim_{t \to 1} (\cos t, \operatorname{sen} t) = \left(\lim_{t \to 1} \cos t, \lim_{t \to 1} \operatorname{sen} t \right) = (\cos 1, \operatorname{sen} 1)]$$

Prova. • $\Rightarrow$

Vamos supor $\lim_{t \to t_0} f(t) = L$. Então, dado $\varepsilon > 0$, existe $r > 0$ tal que

$$t \in D_f \quad \text{e} \quad 0 < |t - t_0| < r \Rightarrow |f(t) - L| < \varepsilon.$$

Como $|f_i(t) - L_i| \leq |f(t) - L|$ (Exemplo 0.2.2), resulta

$$t \in D_{fi} \quad \text{e} \quad 0 < |t - t_0| < r \Rightarrow |f_i(t) - L_i| \leq |f(t) - L| < \varepsilon$$

(lembre-se: $D_f = D_{fj}$).

• $\Leftarrow$

Vamos supor $\lim_{t \to t_0} f_i(t) = L_i$, $i = 1, 2, \ldots, n$. Temos (Exemplo 0.2.3)

$$|f(t) - L| \leq \sum_{i=1}^{n} |f_i(t) - L_i|; \quad (\alpha)$$

dado $\varepsilon > 0$, consideremos ε/n, que é > 0. Então, pela hipótese, existe $r_i > 0$ tal que

$$t \in D_{fi} \quad \text{e} \quad 0 < |t - t_0| < r_i \Rightarrow |f_i(t) - L_i| < \varepsilon / n. \quad (\beta)$$

Sendo $r = \text{mín}\,\{r_1, r_2, \ldots, r_n\}$, temos

$$t \in D_f \quad \text{e} \quad 0 < |t - t_0| < r \Rightarrow |f(t) - L| \overset{(\alpha)}{\leq} \sum_{i=1}^{n} |f_i(t) - L_i| \overset{(\beta)}{<} \sum_{i=1}^{n} \frac{\varepsilon}{n} = \varepsilon.$$

A definição a seguir é análoga ao caso de função de uma variável real.

Seja $f: D_f \subset \mathbb{R} \to \mathbb{R}^n$, e $t_0 \in D_f$; f é *contínua em* t_0 se

$$\lim_{t \to t_0} f(t) = f(t_0).$$ [2]

f será *contínua em A* se o for em todos os pontos de A; f será *contínua* se o for em D_f.

Corolário. Seja $f = (f_1, f_2, ..., f_n)$. Então, f é contínua em $t_0 \Leftrightarrow f_i$ é contínua em t_0, $i = 1, 2, ..., n$.

Prova. Decorre do Teorema 1.2.1 e da definição anterior.

Antes de estudar propriedades relativas a limite e continuidade, vejamos algumas definições.

Se $f: D_f \subset \mathbb{R} \to \mathbb{R}^n$, $\quad g: D_g \subset \mathbb{R} \to \mathbb{R}^n$,

definimos $f+g,\ f-g,\ cf,\ f \cdot g,\ f \times g : D_f \cap D_g \to \mathbb{R}^n$ por

$$(f+g)(t) = f(t) + g(t) \quad (f \cdot g)(t) = f(t) \cdot g(t)$$
$$(f-g)(t) = f(t) - g(t) \quad (f \times g)(t) = f(t) \times g(t),$$
$$(cf)(t) = cf(t)$$

onde $f \times g$ é definido apenas para $n = 3$.

Se $\varphi: D_\varphi \subset \mathbb{R} \to \mathbb{R}$, define-se $\varphi f: D_\varphi \cap D_f \to \mathbb{R}^n$ por $(\varphi f)(t) = \varphi(t) f(t)$.

Escrevendo $f = (f_1, f_2, ..., f_n)$, $g = (g_1, g_2, ..., g_n)$, é claro que

$$f + g = (f_1 + g_1,\ f_2 + g_2,\ \ldots,\ f_n + g_n);$$
$$f - g = (f_1 - g_1,\ f_2 - g_2,\ \ldots,\ f_n - g_n);$$
$$cf = (cf_1,\ cf_2,\ \ldots,\ cf_n);$$
$$f \cdot g = f_1 g_1 + f_2 g_2 + \cdots + f_n g_n = \sum_{i=1}^{n} f_i g_i;$$
$$(\varphi f)(t) = (\varphi(t) f_1(t),\ \ldots,\ \varphi(t) f_n(t)).$$

---

[2] Pressupõe-se então que $t_0 \in D'_f$. Se $t_0 \notin D'_f$, considera-se f contínua em t_0. Vamos deixar de lado este último caso, a saber, $t_0 \in D_f$, e $t_0 \notin D'_f$, no qual t_0 é chamado *ponto isolado* de D_f.

$$f \times g = \begin{vmatrix} E_1 & E_2 & E_3 \\ f_1 & f_2 & f_3 \\ g_1 & g_2 & g_3 \end{vmatrix} = \left(f_2g_3 - f_3g_2,\ f_3g_1 - f_1g_3,\ f_1g_3,\ f_1g_2 - f_2g_1\right).$$

Teorema 1.2.2. Se $\lim_{t\to t_0} f(t) = L$, $\lim_{t\to t_0} g(t) = M$, $\lim_{t\to t_0} \varphi(t) = l$, então se $t_0 \in (D_f \cap D_g)'$:

a) $\lim_{t\to t_0} (f+g)(t) = L + M$;

b) $\lim_{t\to t_0} (f-g)(t) = L - M$;

c) $\lim_{t\to t_0} (f\cdot g)(t) = L \cdot M$;

d) $\lim_{t\to t_0} (f\times g)(t) = L \times M \quad (n = 3)$.

Supondo agora $t_0 \in (D_f \cap D_\varphi)'$, vale

e) $\lim_{t\to t_0} (\varphi f)(t) = lL$.

Nota. Se $\lim_{t\to t_0} (f)(t) = L$, e $c \in \mathbb{R}$, tem-se que $\lim_{t\to t_0} (cf)(t) = cL$ (faça como exercício).

Prova. Provaremos apenas duas das afirmações; as restantes ficam como exercício. Pondo

$$f = (f_1, \ldots, f_n),\ g = (g_1, \ldots, g_n),\ L = (l_1, \ldots, l_n),$$

$M = (m_1, \ldots, m_n)$, provemos:

c) $$\lim_{t\to t_0} (f\cdot g)(t) = \lim_{t\to t_0} \sum_{i=1}^{n} (f_ig_i)(t) = \sum_{i=1}^{n} \left(\lim_{t\to t_0} f_i(t)\right)\left(\lim_{t\to t_0} g_i(t)\right) =$$

$$= \sum_{i=1}^{n} l_im_i = L \cdot M;$$

d) $$\lim_{t\to t_0} (f\times g)(t) = \lim_{t\to t_0} \left(f_2g_3 - f_3g_2,\ f_3g_1 - f_1g_3,\ f_1g_2 - f_2g_1\right)(t) =$$

$$= \left(\lim_{t\to t_0} (f_2g_3 - f_3g_2)(t),\ \lim_{t\to t_0} (f_3g_1 - f_1g_3)(t),\ \lim_{t\to t_0} (f_1g_2 - f_2g_1)(t)\right) =$$

$$= \left(l_2m_3 - l_3m_2,\ l_3m_1 - l_1m_3,\ l_1m_2 - l_2m_1\right) = L \times M.$$

Corolário. Se f, g, φ são contínuas em t_0, também são $f+g$, $f-g$, cf, $f\cdot g$, $f\times g$, φf.

Exemplo 1.2.1. Considere $f: \mathbb{R} \to \mathbb{R}^3, f(t) = (\cos t, \text{sen } t, t)$, $g: \mathbb{R} \to \mathbb{R}^3, g(t) = (e^t, t, t^2)$.

a) f e g são contínuas, pois são contínuas as funções componentes.

b) $(f + g)(t) = (\cos t + e^t, \text{sen } t + t, t + t^2)$;

$(f - g)(t) = (\cos t - e^t, \text{sen } t - t, t - t^2)$;

$(5f)(t) = (5 \cos t, 5 \text{ sen } t, 5t)$;

$(f \cdot g)(t) = (\cos t)e^t + (\text{sen } t)t + t^3$;

$$(f \times g)(t) = \begin{vmatrix} E_1 & E_2 & E_3 \\ \cos t & \text{sen } t & t \\ e^t & t & t^2 \end{vmatrix} = \left(t^2 \text{ sen } t - t^2, te^t - t^2 \cos t, t \cos t - e^t \text{ sen } t\right).$$

Todas essas funções são contínuas.

c) $\lim_{t \to 0} (f \times g)(t) = (f \times g)(0) = (0, 0, 0)$;

$\lim_{t \to 1} (f + g)(t) = (f + g)(1) = (\cos 1 + e, \text{sen } 1 + 1, 2)$.

Exemplo 1.2.2. Se $\lim_{t \to t_0} f(t) = L$, então $\lim_{t \to t_0} |f|(t) = |L|$, onde, sendo $f: D_f \subset \mathbb{R} \to \mathbb{R}^n$, define-se $|f| : D_f \to \mathbb{R}$ por $|f|(t) = |f(t)|$. Pondo $f = (f_1, ..., f_n)$, temos $|f| = \sqrt{f_1^2 + \cdots + f_n^2}$ sendo $L = (L_1, ..., L_n)$, vem

$$\lim_{t \to t_0} f(t) = \lim_{t \to t_0} \sqrt{f_1^2 + \cdots + f_n^2}\,(t) = \sqrt{L_1^2 + \cdots + L_n^2} = |L|.$$

Como consequência, se f é contínua em t_0, então $|f|$ é contínua em t_0. A recíproca é falsa: veja o Exercício 1.2.9.

EXERCÍCIOS

1.2.1. Calcule $\lim_{t \to t_0} f(t)$ nos casos:

a) $f(t) = (t, \text{sen } t), t_0 = 1$;

b) $f(t) = (t + \text{sen } t, t - \text{sen } t, \cos t), t_0 = 0$;

c) $f(t) = \left(\ln t, \dfrac{1}{tg\, t}, t\right), t_0 = \dfrac{\pi}{4}$;

d) $f(t) = \left(\dfrac{t}{|t|}, 1, 1, 4t, 2\right), t_0 = 1$;

e) Mesma $f(t)$ que em (d), $t_0 = 0$;

f) $f(t) = \left(\dfrac{\text{sen } t}{t}, \dfrac{e^t - 1}{t}, \sqrt{t}\right), t_0 = 0.$

1.2.2. Quais das funções precedentes são contínuas em t_0?

1.2.3. Calcule $\lim_{t \to 1} e^t\left(1, t, t^2\right)$.

1.2.4. Quais das funções a seguir são contínuas?

a) $f : \mathbb{R} - \left\{0, \dfrac{\pi}{2}\right\} \to \mathbb{R}^3; \quad f(t) = \left(\dfrac{t}{|t|}, \dfrac{1}{t - \pi/2}, t\right).$

b) $f : \mathbb{R} - \left\{\dfrac{\pi}{2}\right\} \to \mathbb{R}^2; \quad f(t) = \left(t, \dfrac{1}{t - \pi/2}\right).$

c) $f : \mathbb{R} \to \mathbb{R}^5; \quad f(t) = \left(1, 1, 0, t^6\right).$

1.2.5. Sendo f, g: $\mathbb{R} \to \mathbb{R}^3$ dadas por $f(t) = (\cos t, \text{sen } t, t)$, $g(t) = (t, t^2, t^3)$, e φ: $\mathbb{R} \to \mathbb{R}$ dada por $\varphi(t) = e^{t^2}$, calcule:

a) $f + g$; b) $f - g$; c) φf; d) $f \cdot g$; e) $f \times g$; f) $g \times f$.

1.2.6. Prove que, se $\lim_{t \to t_0} f(t) = L$, então existem $r > 0$, $M > 0$, tais que

$$t \in B^*(t_0, r) \Rightarrow |f(t)| < M.$$

1.2.7. Prove que, se f: $[a, b] \to \mathbb{R}^n$ é contínua, então existem $t_1, t_2 \in [a, b]$ tais que

$$|f(t_1)| \leq |f(t)| \leq |f(t_2)|$$

para todo $t \in [a, b]$.

1.2.8. Prove que, se φ: $D \subset \mathbb{R} \to \mathbb{R}$ é contínua em t_0 e f: $D_f \subset \mathbb{R} \to \mathbb{R}^n$ é contínua em $\varphi(t_0)$, então $f \circ \varphi$ é contínua em t_0.

Sugestão. Se $f = (f_1, ..., f_n)$, $f \circ \varphi = (f_1 \circ \varphi, ..., f_n \circ \varphi)$.

1.2.9. a) Seja f: $\mathbb{R} \to \mathbb{R}$ dada por $f(t) = t/|t|$, se $t \neq 0$ e $f(0) = 1$. Mostre que não existe $\lim_{t \to 0} f(t)$, e que existe $\lim_{t \to 0} |f|(t)$.

b) Seja g: $\mathbb{R} \to \mathbb{R}^2$ dada por $g(t) = (1, f(t))$, onde f é a função dada na parte *a*. Mostre que não existe $\lim_{t \to 0} g(t)$, e que existe $\lim_{t \to 0} |f|(t)$.

1.3 DIFERENCIABILIDADE

Já estudamos, no Volume 1 do nosso curso, que, se uma função f de uma variável real é derivável num ponto x, então

$$f(x+h) = f(x) + f'(x)h + \varphi_x(h)h,$$ [3]

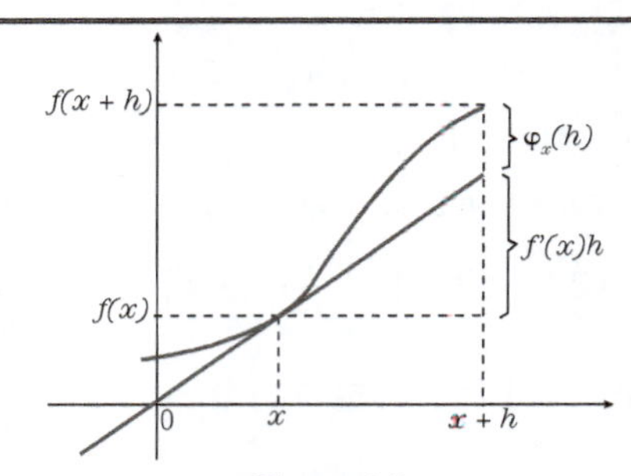

Figura 1.9

onde φ_x é definida num intervalo aberto contendo 0, com $\lim_{h\to 0} \varphi_x(h) = \varphi_x(0) = 0$. Se você não se recorda, basta definir

$$\varphi_x(h) = \begin{cases} \dfrac{f(x+h)-f(x)}{h} - f'(x) & \text{se} \quad h \neq 0, \\ 0 & \text{se} \quad h = 0. \end{cases}$$

Lembramos também que $f'(x)h = df_x(h)$ é chamado diferencial de f em x, relativamente ao acréscimo h.[4]

Suponhamos agora que se possa escrever

$$f(x+h) = f(x) + ah + \varphi_x(h)h$$

para h num intervalo aberto contendo 0, e $\lim_{h\to 0} \varphi_x(h) = \varphi_x(0) = 0$.

Nesse caso, diz-se que f é diferenciável em x. Como

$$a = \frac{f(x+h)-f(x)}{h} - \varphi_x(h),$$

resulta, fazendo $h \to 0$, que

$$f'(x) = a$$

[3] No Volume 1, aparece $\varphi(x, h)$; agora resolvemos escrever $\varphi_x(h)$.

[4] No Volume 1, aparece $df(x, h)$; agora resolvemos escrever $df_x(h)$.

Portanto, as considerações precedentes nos dizem que se f é *função de uma variável real*,

$$f \text{ é derivável em } x \Leftrightarrow f \text{ é diferenciável em } x.$$

• Como exemplo (de recordação), seja f: $\mathbb{R} \to \mathbb{R}$ dada por $f(x) = x^2$. Então

$$f(x+h) - f(x) = (x+h)^2 - x^2 = 2xh + h^2 = 2x \cdot h + h \cdot h = A \cdot h + \varphi_x(h)h,$$

onde

$$A = 2x, \quad \varphi_x(h) = h, \quad \text{e} \quad \lim_{h\to 0} \varphi_x(h) = \varphi_x(0) = 0.$$

• Outro exemplo: f: $\mathbb{R}^* \to \mathbb{R}$, $f(x) = 1/x$, onde $\mathbb{R}^* = \mathbb{R} - \{0\}$. Então

$$f(x+h) - f(x) = \frac{1}{x+h} - \frac{1}{x} \overset{[5]}{=} -\frac{1}{x^2}h + \frac{1}{x^2}h + \frac{1}{x+h} - \frac{1}{x} =$$

$$= \frac{1}{x^2}h + \frac{(x+h)h + x^2 - x(x+h)}{x^2(x+h)} = \frac{1}{x^2}h +$$

$$+ \frac{h}{x^2(x+h)} \cdot h = A \cdot h + \varphi_x(h) \cdot h,$$

com

$$A = -\frac{1}{x^2}, \; \varphi_x(h) = \frac{h}{x^2(x+h)}, \; \lim_{h\to 0} \varphi_x(h) = 0 = \varphi_x(0).$$

O nosso objetivo é estender a noção de diferenciabilidade, de diferencial, e de derivada, para aplicações de variável real com valores em $\mathbb{R}^n$.

Seja f: $D_f \subset \mathbb{R} \to \mathbb{R}^n$ e t um ponto interior de D_f. Diz-se que f é *diferenciável em* t se existem $A \in \mathbb{R}^n$, $r > 0$, e φ_t: $B(0, r) \subset \mathbb{R} \to \mathbb{R}^n$, tais que, para todo $h \in B(0, r)$,

$$f(t+h) = f(t) + hA + h\varphi_t(h), \quad \text{com} \quad \lim_{h\to 0} \varphi_t(h) = \varphi_t(0) = 0.$$

[5] Truque: somar e subtrair $-\frac{1}{x^2}h$.

Nesse caso, se $h \neq 0$,

$$A = \frac{f(t+h) - f(t)}{h} - \varphi_t(h)$$

e, daí, fazendo $h \to 0$,

$$A = \lim_{h \to 0} \frac{f(t+h) - f(t)}{h},$$

o que mostra que A, se existir, será único. Vamos indicá-lo por

> $A = f'(t) = D_f(t)$ e chamá-lo *derivada* de f em t; $hA = hf'(t)$ chama-se *diferencial* de f em t relativamente ao acréscimo h, e se representa por $df_t(h)$.

Vejamos agora qual a relação existente entre diferenciabilidade de $f = (f_1, f_2, ..., f_n)$ e diferenciabilidade de suas componentes $f_1, f_2, ..., f_n$.

Teorema 1.3.1. $f = (f_1, f_2, ..., f_n)$ é diferenciável em $t \Leftrightarrow f_i$ é diferenciável em t, $i = 1, 2, ..., n$.

Prova. a)$\Rightarrow$

Temos, se f é diferenciável em t,

$$A = \lim_{h \to 0} \frac{f(t+h) - f(t)}{h} = \lim_{h \to 0} \left(\frac{f_1(t+h) - f(t)}{h}, \dots, \frac{f_n(t+h) - f_n(t)}{h} \right) =$$

$$= \left(f_1'(t), \dots, f_n'(t) \right)$$

Provamos então que, se f é diferenciável, as funções componentes f_i são deriváveis (e, portanto, diferenciáveis) em t e que $f'(t) = (f'_1(t), ..., f'n(t))$

b) $\Leftarrow$

Se as f_i são deriváveis em t (e, portanto, diferenciáveis em t), então

$$f_i(t+h) = f_i(t) + hf_i'(t) + h\varphi_t^i(h), \text{ com } \lim \varphi_t^i(h) = \varphi_t^i(0) = 0,$$

onde

$$\varphi_t^i : B(0, r_i) \subset \mathbb{R} \to \mathbb{R}^n.$$

e daí, se

$$h \in B(0, r),\ r = \min\{r_1, \dots, r_n\},$$

$$f(t+h)=\left(f_1(t+h),\ldots,f_n(t+h)\right)=\left(f_1(t)+hf_1'(t)+h\varphi_t^1(h),\ldots,f_n(t)+\right.$$
$$\left.+hf_n'(t)+h\varphi_t^n(h)\right),$$
$$=\left(f_1(t),\ldots,f_n(t)\right)+h\left(f_1'(t),\ldots,f_n'(t)\right)+h\left(\varphi_t^1(h),\ldots,\varphi_t^n(h)\right),$$
$$=f(t)+hA+h\varphi_t(h),$$

com φ_t e A de significados óbvios, e $\lim_{h\to 0}\varphi_t(h)=\varphi_t(0)=0$; então f é diferenciável, com derivada $A=\left(f_n'(t),\ldots,f_n'(t)\right)$.

Mais uma definição:

> Diz-se que f é *diferenciável* em S, se é diferenciável em todo $t \in S$;
> Diz-se que f é *diferenciável*, se é diferenciável em D_f.

Exemplo 1.3.1. Calcule $f'(t)$, sendo f: $\mathbb{R} \to \mathbb{R}^3$,

$$f(t) = (\ln(1 + t^2), e^t, t).$$

Temos

$$f'(t)=\left(\frac{1}{1+t^2}2t,\ e^t,\ 1\right).$$

Exemplo 1.3.2. Mostre que, se $f'(t) = 0$ para todo t de um intervalo I, então f é constante em I.

De fato, seja $f = (f_1, f_2, ..., f_n)$; se $f'(t) = 0$ para todo $t \in I$, então $f'_i(t) = 0$ para todo $t \in I$, e daí $f_i(t) = c_i \in \mathbb{R}$ para todo $t \in I$. Então $f(I) = \{(c_1, c_2, ..., c_n)\}$.

> Dada f, considere o conjunto dos $t \in \mathbb{R}$ tais que f é diferenciável em t. A (*aplicação*) derivada f' de f é definida como aquela que tem esse conjunto por domínio, e que associa, a cada t do mesmo, o elemento $f'(t)$.

Interpretação geométrica de f'(t)

Na Fig. 1.10, estão representadas as trajetórias $f(D_f)$, $f(t)$ e $f(t + h)$. Observe a representação de $f(t + h) - f(t)$ feita. Como $[f(t + h) - f(t)]/h$ tem a mesma direção que $f(t + h) - f(t)$, vemos que, quando

h tende a 0, $[f(t+h) - f(t)]/h$ tende a ficar "tangente" à trajetória em $f(t)$ (Fig. 1-11). Isso nos leva à definição seguinte:

> Se $f'(t) \neq 0$, chama-se reta tangente à ("trajetória") $f(D_f)$ no ponto $f(t)$ à reta definida por $f(t)$ e $f'(t)$.

Nota. Cinematicamente, $f'(t)$ é, como você já deve ter estudado em Física, a velocidade do movimento definido por f.

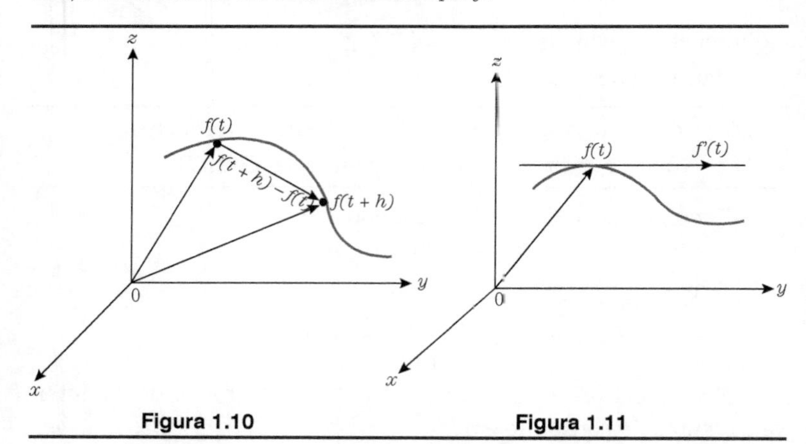

Figura 1.10 **Figura 1.11**

Teorema 1.3.2. f diferenciável em $t \Rightarrow f$ contínua em t.

Prova. Decorre imediatamente de

$$f(t+h) = f(t) + hf'(t) + h\varphi_t(h)$$

por passagem ao limite para $h \to 0$.

Pergunta. Vale a recíproca?

EXERCÍCIOS

1.3.1. Quais das funções do Exercício 1.2.4 são diferenciáveis?

1.3.2. Quais das funções do Exercício 1.2.1 são diferenciáveis? (O domínio delas você deve descobrir, entendendo que é o conjunto de todos os t para os quais as expressões em t têm sentido.) Para estas, calcule $f'(t)$.

1.3.3. Ache a reta tangente à trajetória $f(\mathbb{R})$ em $f(t)$, onde $f: \mathbb{R} \to \mathbb{R}$ é dada por $f(t) = (2 \cos t, 2 \text{ sen } r, t)$.

1.4 REGRAS DE DERIVAÇÃO

Teorema 1.4.1. Se $f: Df \subset \mathbb{R} \to \mathbb{R}^n$, $g: D_g \subset \mathbb{R} \to \mathbb{R}^n$ e $\varphi: D_\varphi \subset \mathbb{R} \to \mathbb{R}$ são deriváveis em t, então também são $f + g, f - g, cf (c \in \mathbb{R}), f \cdot g$, $f \times g$, φf e

a) $(f + g)'(t) = f'(t) + g'(t)$;

b) $(f - g)'(t) = f'(t) - g'(t)$;

c) $(cf)'(f) = cf'(t)$;

d) $(f \cdot g)'(t) = f'(t) \cdot g(t) + f(t)g'(t)$;

e) $(f \times g)'(t) = f'(t) \times g(t) + f(t) \times g'(t) \quad (n = 3)$;

f) $(\varphi f)'(t) = \varphi'(t)f(t) + \varphi(t) f'(t)$.

Prova. Sendo $f = (f_1, ..., f_n)$ $g = (g_1, ..., g_n)$, temos

a) $$\begin{aligned}(f+g)'(x) &= \left((f_1+g_1)'(t),\ldots,(f_n+g_n)'(t)\right) = \\ &= \left(f_1'(t)+g_1'(t),\ldots,f_n'(t)+g_n'(t)\right) = \\ &= \left(f_1'(t),\ldots,f_n'(t)\right)+\left(g_1'(t),\ldots,g_n'(t)\right) = \\ &= f'(t)+g'(t).\end{aligned}$$

Como exercício, você pode provar (b) e (c). Vamos provar agora (d).[6] Temos $(f \cdot g)(t) = (f_1 g_1)(t) + (f_2 g_2)(t) + (f_3 g_3)(t)$. Portanto

$$\begin{aligned}(f\cdot g)'(t) &= (f_1g_1)'(t)+(f_2g_2)'(t)+(f_3g_3)'(t) = \\ &= \begin{array}{|l|}\hline f'_1(t)g_1(t) \\ +f'_2(t)g_2(t) \\ +f'_3(t)g_3(t) \\ \hline\end{array} + \begin{array}{|l|}\hline f_1(x)g'_1(t)+ \\ f_2(x)g'_2(t)+ \\ f_3(x)g'_3(t) \\ \hline\end{array} \\ &= f'(t)\cdot g(t) + f(t)\cdot g'(t).\end{aligned}$$

[6] Tomaremos $n = 3$ apenas para facilitar a compreensão. Repita para $n = 4$ e, depois, para n qualquer. Obrigado.

Agora prove você o item (e). Basta lembrar que

$$(f \times g)(t) = \begin{vmatrix} E_1 & E_2 & E_3 \\ f_1(t) & f_2(t) & f_3(t) \\ g_1(t) & g_2(t) & g_3(t) \end{vmatrix} =$$

$$= \left((f_2g_3 - f_3g_2)(t),\ (f_3g_1 - f_1g_3)(t),\ (f_1g_2 - f_2g_1)(t)\right)$$

e derivar as funções componentes.

Notas.

1. Observe a semelhança de (d), (e) e (f) com a regra de derivada de um produto de funções reais de variável real.

2. Em (e) a ordem é importante, pois $u \times v \neq v \times u$.

Exemplo 1.4.1. Se f: $D_f \subset \mathbb{R} \to \mathbb{R}^n$ é derivável e, além disso, $|f(t)| = c$ $(c \geq 0)$, temos que $f'(t)$ é ortogonal a $f(t)$ para todo $t \in Df$.

De fato, de $|f(t)| = c$, vem $|f(t)|^2 = c^2$, isto é, $f(t) \cdot f(t) = c^2$. Derivando ambos os membros vem, usando o Teorema 1.4.1, (d), que

$$f'(t) \cdot f(t) + f(t) \cdot f'(t) = 0,$$

ou seja,

$$2f'(t) \cdot f(t) = 0, \quad \text{isto é} \quad f'(t) \cdot f(t) = 0,$$

o que prova o afirmado.

Nota. É interessante ressaltar o aspecto cinemático do último exemplo. Interpretando $t \mapsto f(t)$ como um movimento pontual, digamos, em $\mathbb{R}^3$, então a condição $|f(t)| = c$ $(c > 0)$ indica que o movimento tem sua trajetória sobre uma esfera de raio c e centro na origem. Sendo, assim sua velocidade $f'(t)$ deve ser tangente à trajetória; logo deve ser "tangente" à esfera e, daí, deve ser ortogonal ao vetor de posição $f(t)$ (Fig. 1.12).

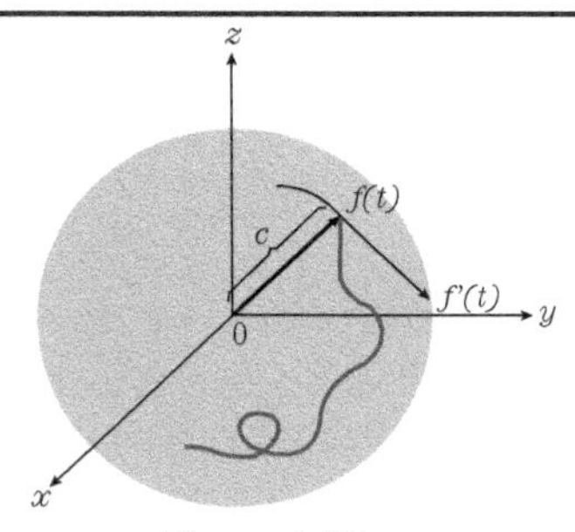

Figura 1.12

Teorema 1.4.2. Se $\varphi: D_\varphi \subset \mathbb{R} \to \mathbb{R}$ é derivável em t e $f: D_f \subset \mathbb{R} \to \mathbb{R}^n$ é derivável em $\varphi(t)$, então $f \circ \varphi$ é derivável em t e $(f\ \varphi)'(t) = \varphi'(t)f'(\varphi(t))$.

Prova. Sendo $f = (f_1, \ldots, f_n)$, temos

$$(f \circ \varphi) = (f_1 \circ \varphi(t), \ldots, f_n \circ \varphi(t))$$

e, daí,

$$\begin{aligned}(f \circ \varphi)'(t) &= ((f_1 \circ \varphi)'(t), \ldots, (f_n \circ \varphi)'(t) = \\ &= (\varphi'(t) f'_1(\varphi(t)), \ldots, \varphi'(t) f'_n(\varphi(t)) = \\ &= \varphi'(t)(f'_1(\varphi(t)), \ldots, f'_n(\varphi(t)) = \\ &= \varphi'(t) f'(\varphi(t)).\end{aligned}$$

EXERCÍCIOS

1.4.1. Sendo f e g como no Exercício 1.2.5, calcule $(f \times g)'(0)$ usando o Teorema 1.4.1; faça o mesmo cálculo diretamente, isto é, calcule $f \times g$ e depois derive.

1.4.2. Se $f: D_f \subset \mathbb{R} \to \mathbb{R}^n$ é derivável em t_0 e $f'(t_0) \neq 0$, define-se *versor tangente de f em* t_0 por

$$T(t_0) = \frac{f'(t_0)}{|f'(t_0)|}.$$

Se existir $T'(t_0) \neq 0$, define-se *versor normal principal de f em* t_0 como sendo

$$N(t_0) = \frac{T'(t_0)}{|T'(t_0)|}.$$

Nesse caso, define-se também *versor binormal de f em* t_0 por $B(t_0) = T(t_0) \times N(t_0)$. Se as condições ocorrem para todo $t_0 \in D_f$ ficam definidas aplicações T, N, B de modo óbvio. Calcule $T(0)$, $N(0)$, $B(0)$ no caso $f(t) = (\cos t, \operatorname{sen} t, e^t)$.

1.4.3. Se $f, g, h: A \subset \mathbb{R} \to \mathbb{R}^n$ são deriváveis em t, prove que

$$[fgh]'(t) = [f'gh](t) + [fg'h](t) + [fgh'](t),$$

onde $[fgh](t) = f(t) \times g(t) \cdot h(t)$.

1.4.4. Nas condições do Teorema 1.4.1, prove que

$$d(f \pm g)_t(h) = df_t(h) \pm dg_t(h);$$
$$d(cf)_t(h) = cdf_t(h);$$
$$d(f \cdot g)_t(h) = f(t) \cdot dg_t(h) + g(t) \cdot df_t(h);$$
$$d(f \times g)_t(h) = f(t) \times dg_t(h) + g(t) \times df_t(h);$$
$$d(\varphi f)_t(h) = d\varphi_t(h) f(t) + \varphi(t) df_t(h).$$

1.4.5. (Teorema do valor médio).

a) Prove que, se f é contínua $[a, b]$ e derivável em $]a, b[$, então existem $c_1, \ldots, c_n \in]a, b[$ tais que

$$f(b) - f(a) = (b - a)(f'_1(c_1), \ldots, f'_n(c_n)).$$

b) Se f' é limitada em $]a, b[$, digamos por M, isto é, se $|f'(t)| \leq M$, para todo $t \in]a, b[$, prove que

$$|f(b) - f(a)| \leq (b - a)nM.$$

c) Considerando $f: \mathbb{R} \to \mathbb{R}^2, f(t) = (\cos t, \operatorname{sen} t)$, $a = 0$, $b = 2\pi$, mostre que, em geral, não existe $c \in]a, b[$ tal que $f(b) - f(a) = (b - a) f'(c)$.

1.4.6. Prove que, se $f'(t) = 0$ para todo $t \in I$, onde I é um intervalo, e f é contínua em I, então f é constante em I.

Funções de *n* variáveis reais

2.1 DOMÍNIO

Neste capítulo vamos estudar funções do tipo $f: D_f \subset \mathbb{R}^n \to \mathbb{R}$.

Exemplo 2.1.1. $f: \mathbb{R}^2 \to \mathbb{R}, f(x, y) = xy$. Então $f(1, 1) = 1 \cdot 1 = 1$, $f(1, 2) = 1 \cdot 2 = 2, f(0, -4) = 0 \cdot (-4) = 0$.

Exemplo 2.1.2. $f: \mathbb{R}^2 - \{O\} \to \mathbb{R}, f(x, y) = xy/(x^2 + y^2)$. Aqui

$$\mathbb{R}^2 - \{O\} = \{(x, y) \in \mathbb{R}^2 \,|\, (x, y) \neq (0, 0)\}.$$

Então

$$f(x+h, y+k) = \frac{(x+h)(y+k)}{(x+h)^2 + (y+k)^2},$$

$$f(-x, y) = \frac{(-x)y}{(-x)^2 + y^2} = -\frac{xy}{x^2 + y^2}.$$

Exemplo 2.1.3. $f: D_f \to \mathbb{R}, f(x, y) = \operatorname{sen} x/(1 + xy)$, sendo

$$D_f = \{(x, y) \in \mathbb{R}^2 \,|\, x = y\}.$$

Então

$$f(1, 1) = \frac{\operatorname{sen} 1}{(1 + 1 \cdot 1)} = \frac{\operatorname{sen} 1}{2},\ f\left(\frac{\pi}{2}, \frac{\pi}{2}\right) = \frac{\operatorname{sen} \pi/2}{1 + \frac{\pi}{2} \cdot \frac{\pi}{2}} = \frac{1}{1 + \frac{\pi^2}{4}}.$$

Pergunta. Podemos calcular $f(\pi/2, 0)$?

Assim como no caso de função real de uma variável real, costuma-se dizer "ache o domínio da função $z = f(x_1, x_2, \ldots, x_n)$", onde $f(x_1, x_2, \ldots, x_n)$

é uma expressão dada; isso significa: ache o conjunto de *todas* as n-plas ordenadas $(x_1, x_2, ..., x_n) \in \mathbb{R}^n$ tais que possam ser efetuadas as operações expressas em $f(x_1, x_2, ..., x_n)$. Vejamos alguns exemplos.

Exemplo 2.1.4. Ache o domínio da função $z = f(x, y) = \sqrt{1 - x^2 - y^2}$. Represente-o geometricamente.

Devemos impor $1 - x^2 - y^2 \geq 0$, ou seja, $x^2 + y^2 \leq 1$, que é um disco de centro na origem e raio 1:

$$D_f = \left\{(x, y) \in \mathbb{R}^2 \middle| x^2 + y^2 \leq 1\right\}$$

(Fig. 2-1).

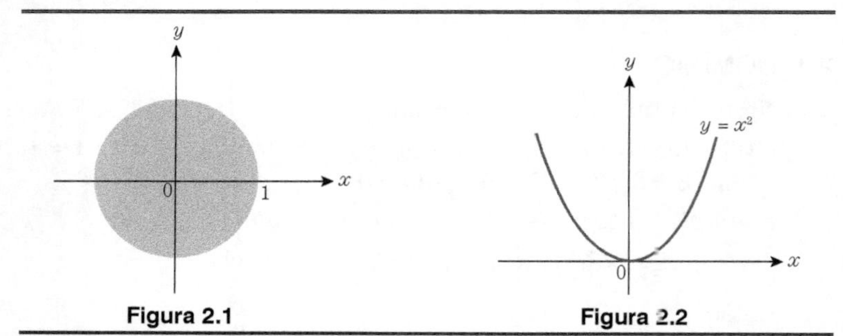

Figura 2.1 **Figura 2.2**

Exemplo 2.1.5. Idem para

$$z = f(x, y) = \frac{x^2 + y^2}{x^2 - y}.$$

Devemos impor $x^2 - y \neq 0$, ou seja, $D_f = \left\{(x, y) \in \mathbb{R}^2 \middle| x^2 - y \neq 0\right\}$. (Fig. 2-2).

Exemplo 2.1.6. Idem para

$$z = \sqrt[4]{\text{sen } \pi(x - y) - 1}.$$

Devemos impor sen $\pi(x - y) - 1 \geq 0$, ou

$$\left.\begin{array}{ll} \text{seja,} & \text{sen } \pi(x-y) \geq 1 \\ \text{Ora,} & \text{sen } \pi(x-y) \leq 1 \end{array}\right\} \therefore \text{ sen } \pi(x-y) = 1 \Leftrightarrow \pi(x-y) = \frac{\pi}{2} + 2k\pi \quad (k \in \mathbb{Z}).$$

Para cada $k \in \mathbb{Z}$, esta é a equação de uma reta:

$$y = x - \frac{1}{2} - 2k.$$

Assim, D_f é o conjunto das retas $y = x - \frac{1}{2} - 2k$, $k \in \mathbb{Z}$ (Fig. 2-3).

Exemplo 2.1.7. Idem para $z = ax^2 + 2by + cy^2 + dx + ey + 1$ (onde a, b, c, d, e, l são números fixos). É claro que aqui o domínio é $\mathbb{R}^2$.

Exemplo 2.1.8. Ache o domínio de

$$w = \frac{\text{sen } x + \cos y}{\sqrt{4 - x^2 - y^2 - z^2}}.$$

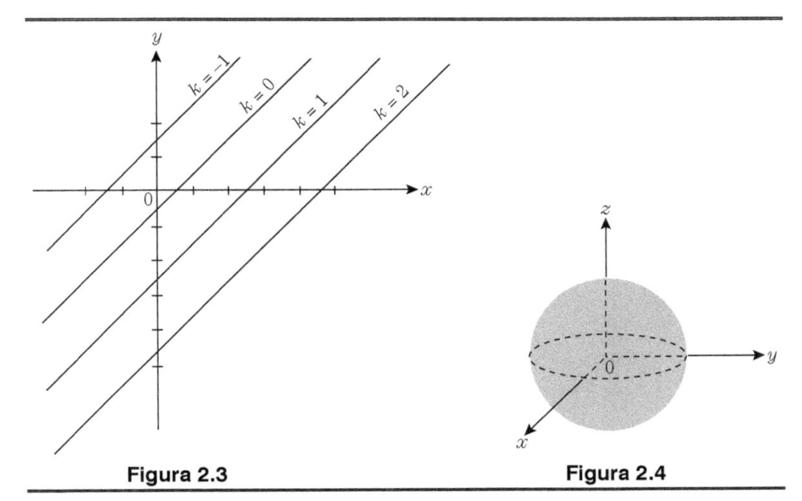

Figura 2.3 **Figura 2.4**

Devemos impor $4 - x^2 - y^2 - z^2 > 0$, ou seja, $x^2 + y^2 + z^2 < 4 = 2^2$. O domínio é o interior de uma esfera (esfera sem a casca), de centro na origem, O = (0, 0, 0), e raio 2 (Fig. 2-4):

$$D_f = \left\{ (x, y, z) \in \mathbb{R}^3 \middle| x^2 + y^2 + z^2 < 4 \right\}.$$

EXERCÍCIOS

2.1.1. Seja f: $\mathbb{R}^2 \to \mathbb{R}$ dada por

$$f(x, y) = \frac{x + y}{1 + x^2 + y^2}.$$

Calcule: a) $f(0, 0)$; b) $f(1/2, 1)$; c) $f(-1, 1)$; d) $f(a/2, b/2)$.

2.1.2. Seja $f: D_f \to \mathbb{R}$, onde D_f é o $\mathbb{R}^2$ menos os eixos coordenados, dada por

$$f(x, y) = \frac{x^2 + y^2}{2xy}.$$

Calcule: a) $f(2, -3)$; b) $f(1, 1)$. Mostre que $f(1, y/x) = f(x, y)$.

2.1.3. Exprima o volume de um cone em função da medida g de uma geratriz e de sua altura h. Qual o domínio da função assim obtida?

2.1.4. Qual o valor de $f: D_f \to \mathbb{R}$, onde $D_f = \{(x, y) \in \mathbb{R}^2 \mid x^2 + y^2 \neq 1\}$, dada por

$$f(x, y) = \frac{x^4 - 2x^2y^2 + y^2}{(1 - x^2 - y^2)^3},$$

nos pontos do círculo $x^2 + y^2 = 4$?

2.1.5. Se $f: \mathbb{R}^2 \to \mathbb{R}$ é tal que $f(x - y, x + y) = xy$, ache $f(x, y)$.

Sugestão. $u = x - y$, $v = x + y$. Ache x e y em função de u e v.

2.1.6. Ache o domínio das funções:

a) $f(x, y) = \dfrac{3}{x^2 + y^2}$; b) $f(x, y) = \sqrt{16 - x^2 - y^2}$;

c) $f(x, y) = \dfrac{x}{x - y}$; d) $f(x, y) = \sqrt[13]{16 - x^2 - y^2}$;

e) $f(x, y) = \sqrt[14]{16 - x^2 - y^2}$; f) $f(x, y) = \ln(x - y)$;

g) $f(x, y) = \sqrt{1 - \dfrac{x^2}{4} - \dfrac{y^2}{16}}$; h) $f(x, y) = \operatorname{tg}(x + y)$;

i) $f(x, y) = 2 \ln(x \ln(y - x))$; j) $f(x, y) = 3 \operatorname{arc\,sen}[2y(1 + x^2) - 1]$;

l) $f(x, y, z) = \dfrac{1}{\sqrt{x}} + \dfrac{1}{\sqrt[4]{y}} + \dfrac{1}{\sqrt[6]{z}}$; m) $f(x, y, z, t) = \sqrt{\dfrac{4 - x^2 - y^2 - z^2 - t^2}{x^2 + y^2 + z^2 + t^2 - 1}}$;

2.2 REPRESENTAÇÃO GEOMÉTRICA. O MÉTODO DAS SECÇÕES PARALELAS. CONJUNTOS DE NÍVEL

Se $f: D_f \subset \mathbb{R}^2 \to \mathbb{R}$, chama-se *gráfico* de f ao conjunto

$$G_f = \{(x, y, z) \in \mathbb{R}^3 \mid z = f(x, y)\}.$$ [1]

[1] Em geral, define-se gráfico de f, se $D_f \subset \mathbb{R}^{n-1}$:

$$G_f = \{(x_1, \ldots, x_n) \in \mathbb{R}^n \mid x_n = f(x_1, x_2, \ldots, x_{n-1})\}.$$

Então $G_f \subset \mathbb{R}^3$, e é suscetível de representação geométrica, como habitualmente se faz em Geometria Analítica. Para cada $(x, y) \in D_f$, representamos

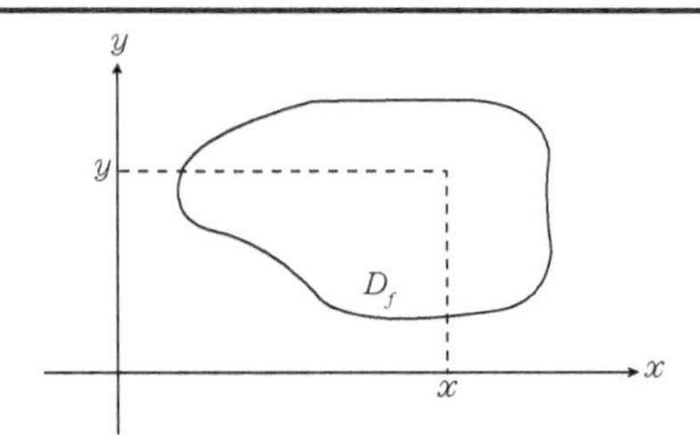

Figura 2.5

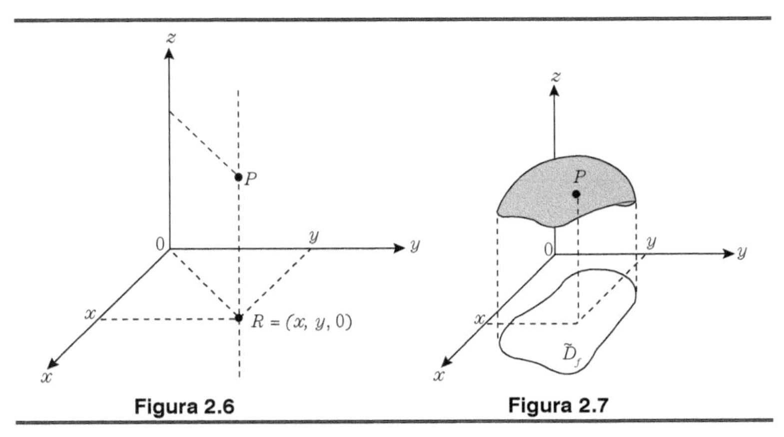

Figura 2.6 **Figura 2.7**

$R = (x, y, 0)$ e, em seguida, o ponto $P = (x, y, f(x, y))$, isto é, conduzimos uma perpendicular ao plano OXY por R, e marcamos sobre ela P, distante $|f(x, y)|$ de R, acima do plano OXY se $f(x, y) > 0$, abaixo se $f(x, y) < 0$, e no próprio se $f(x, y) = 0$.

Quando (x, y) percorre o domínio D_f da função f, R percorre um conjunto $\tilde{D}_f$ "muito parecido" com D_f, e P descreve um conjunto do espaço, que é o gráfico G_f.

Notas.

1. Na prática, costuma-se identificar G_f com sua representação geométrica, e D_f com $\tilde{D}_f$. Nesse caso, $R = (x, y, 0)$ identifica-se com (x, y).

2. Toda reta "vertical", isto é, perpendicular ao plano OXY, encontra o gráfico de f, no máximo, em um ponto, senão f não seria função.

Exemplo 2.2.1. Seja $z = f(x, y) = \sqrt{1 - x^2 - y^2}$, de domínio

$$D_f = \left\{(x, y) \in \mathbb{R}^2 \middle| x^2 + y^2 \leq 1\right\}.^{[2]}$$

Então $z \geq 0$. Como

$$\begin{cases} z = \sqrt{1 - x^2 - y^2} \\ z \geq 0 \end{cases}$$

é equivalente a

$$\begin{cases} x^2 + y^2 + z^2 = 1 \\ z \geq 0, \end{cases}$$

vemos que o gráfico de f é um hemisfério (o superior) de raio 1 e centro na origem (Fig. 2-8).

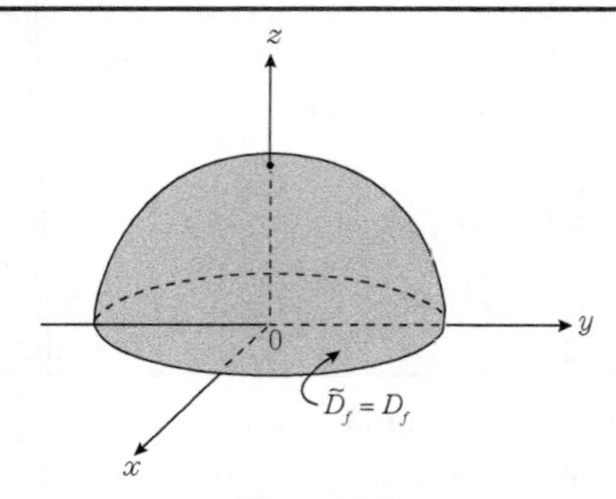

Figura 2.8

Nota. Se fosse $f(x, y) = \sqrt{1 - x^2 - y^2}$, teríamos o "outro" hemisfério da superfície esférica.

[2] Esta é uma outra maneira de dizer: seja $f: D_f \subset \mathbb{R}^2 \to \mathbb{R}$, onde $D_f = \left\{(x, y) \in \mathbb{R}^2 \middle| x^2 + y^2 \leq 1\right\}$, dada por $f(x, y) = \sqrt{1 - x^2 - y^2}$.

Exemplo 2.2.2. Seja $z = f(x, y) = 1 - x - y$, de domínio $D_f = \mathbb{R}^2$. Se você lembrar que $ax + by + cz + d = 0$ $(a^2 + b^2 + c^2 \neq 0)$ é equação de um plano e observar que a expressão de f é equivalente a $x + y + z = 1$, entenderá que o gráfico de f é um plano (do qual, na Fig. 2-9, se mostra uma parte, a que está no primeiro oitante).

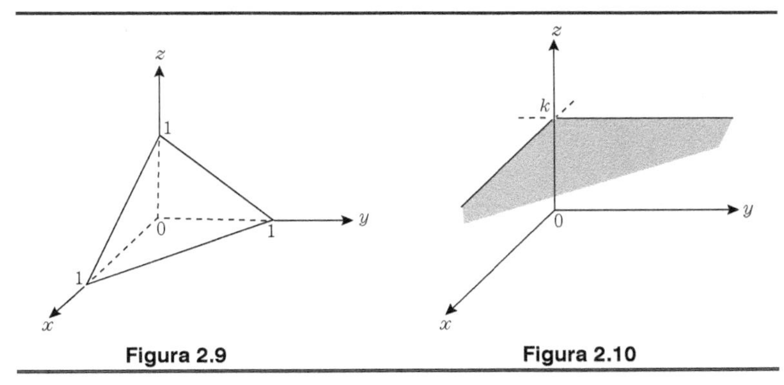

Figura 2.9 **Figura 2.10**

Exemplo 2.2.3. O gráfico de uma função constante $z = f(x, y) = k$ é um plano paralelo ao plano OXY (eventualmente coincidente com este quando $k = 0$)(Fig. 2-10).

Exemplo 2.2.4. Seja $z = f(x, y) = \text{sen}\, x$, de domínio $D_f = \mathbb{R}^2$. Observe que a variável y não figura no segundo membro. Isso quer dizer que, para um certo x fixo, $f(x, y)$ é o mesmo para *qualquer* y. Assim, $f(\pi/2, y) = \text{sen}\, \pi/2 = 1$ para todo y. Veja como essa observação se reflete na construção do gráfico de f: a reta s está contida no gráfico de f (veja a Fig. 2-11). Em geral, se você marcar $(x, 0, \text{sen}\, x)$, a reta por esse ponto perpendicular ao plano OXZ estará contida no gráfico de f. Agora é fácil ver que, para obter o gráfico de f, basta "desenhar a curva $z = \text{sen}\, x$ no plano OXZ" e conduzir perpendiculares, por seus pontos, ao plano OXZ (Fig. 2-12).

Nota. O argumento se generaliza facilmente no caso $f(x, y) = g(x)$ (Fig. 2-13).

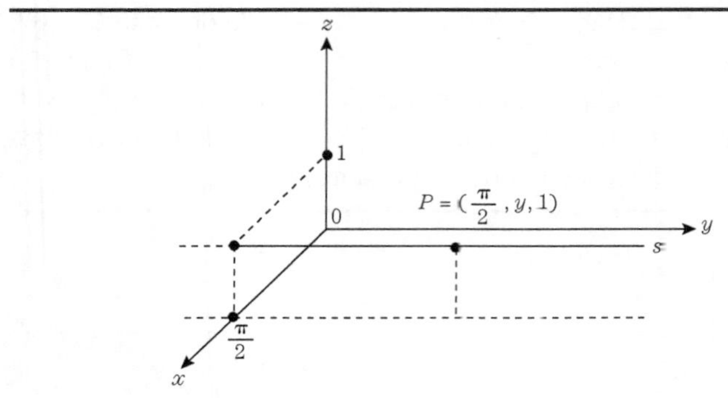

Figura 2.11

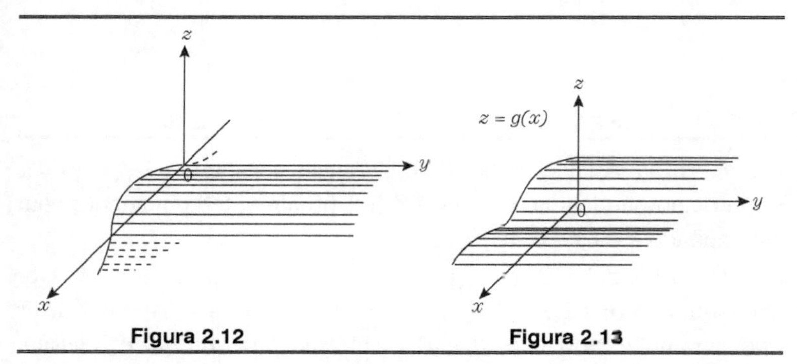

Figura 2.12 Figura 2.13

Pergunta. Como fica o caso $f(x, y) = h(y)$?

Nos exemplos vistos, recorremos, para o esboço dos gráficos, a conhecimentos de Geometria Analítica e, no último exemplo, focalizamos um tipo particular de função. Naturalmente você gostaria de saber um procedimento geral para obter o gráfico de uma função dada. Por exemplo, $z = f(x, y) = x^2 + y^2$. Vamos lhe contar, através de exemplos, o método das secções paralelas, que não faz milagres, mas ajuda.

Exemplo 2.2.5. Esboçar o gráfico da função $z = f(x, y) = x^2 + y^2$, de domínio $\mathbb{R}^2$.

• Vamos achar as intersecções do gráfico com os planos $z = k$ (paralelos a OXY). Elas são dadas por

$$\begin{cases} z = x^2 + y^2 \\ z = k \end{cases}, \quad \text{ou seja,} \quad \begin{cases} x^2 + y^2 = k \\ z = k \end{cases}$$

Vemos que a intersecção é não vazia se, e somente se, $k \geq 0$ (pois $k = x^2 + y^2 \geq 0$); se $k = 0$, temos $x = y = 0$, $z = 0$; logo, a intersecção contém apenas a origem. Se $k > 0$, temos, no plano $z = k$, um círculo, de centro $(0, 0, k)$ e raio $\sqrt{k}$. À medida que k aumenta (o plano $z = k$ sobe), os raios vão aumentando (Fig. 2-14).

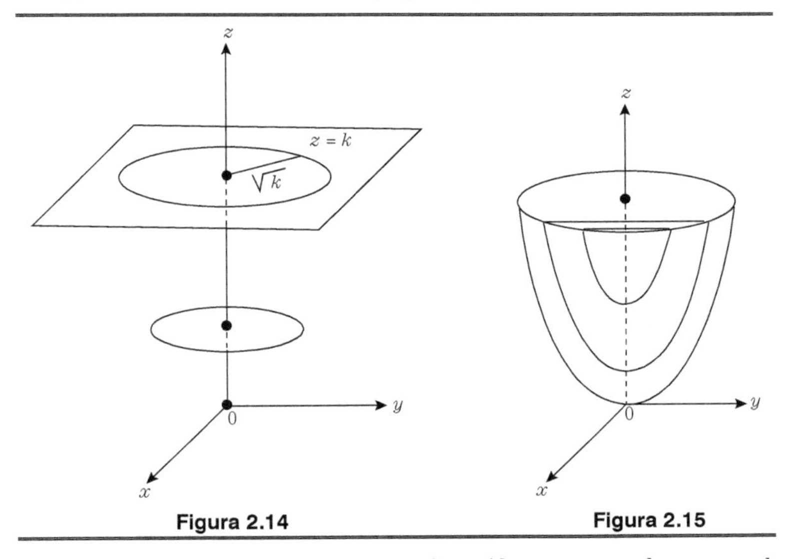

Figura 2.14 **Figura 2.15**

• Vamos achar as intersecções do gráfico com os planos $x = k$ (paralelos a OYZ). Elas são dadas por

$$\begin{cases} z = x^2 + y^2 \\ x = k \end{cases}, \quad \text{ou seja,} \quad \begin{cases} z = y^2 + k^2 \\ x = k \end{cases}$$

São, pois, parábolas. Em particular, se $k = 0$, teremos a intersecção com o plano OYZ, que é (Fig. 2-15)

$$\begin{cases} z = y^2 \\ x = 0 \end{cases}$$

• As intersecções com $y = k$ são do mesmo tipo que do caso anterior. Com essas informações, podemos esboçar o gráfico em questão (Fig. 2-16).

Exemplo 2.2.6. Idem para $z = f(x, y) = \sqrt{x^2 + y^2}$, de domínio $\mathbb{R}^2$.

• Intersecções com os planos $z = k$:

$$\begin{cases} z = \sqrt{x^2 + y^2} \\ z = k \end{cases} \Leftrightarrow \begin{cases} k = \sqrt{x^2 + y^2} \\ z = k \end{cases}$$

Como estamos interessados em intersecções não vazias, tomamos $k \geq 0$. Então o sistema é equivalente a

$$\begin{cases} x^2 + y^2 = k^2 \\ z = k \end{cases}$$

Temos círculo de raio k (Fig. 2-17).

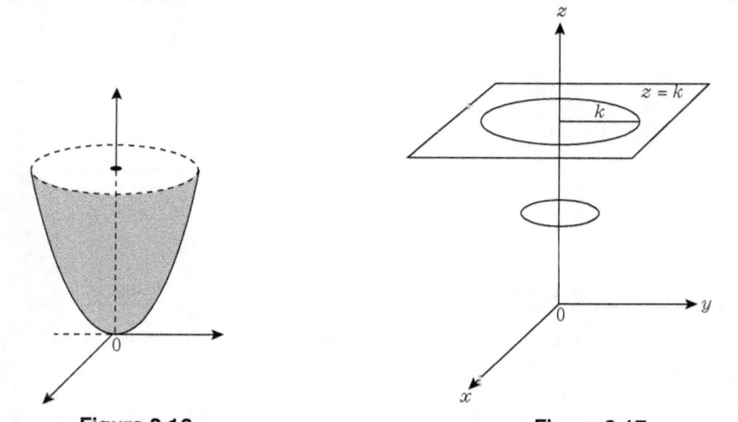

Figura 2.16 Figura 2.17

• Cortando com os planos $x = k$:

$$\begin{cases} z = \sqrt{x^2 + y^2} \\ x = k \end{cases} \Leftrightarrow \begin{cases} z = \sqrt{y^2 + k^2} \\ x = k \end{cases}.$$

Dada a simetria dos cortes anteriores, é suficiente, aqui, achar a intersecção com o plano OYZ[3] ($k = 0$) (Fig. 2-18):

$$\begin{cases} z = |y| \\ x = 0 \end{cases} \Leftrightarrow \begin{cases} z = \pm y \\ x = 0 \end{cases}.$$

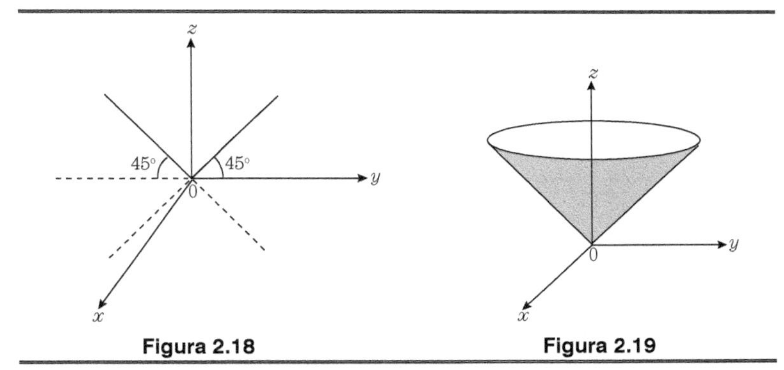

Figura 2.18 **Figura 2.19**

Como já deu para ver como é o gráfico, dispensamos os cortes com planos $y = k$. Temos uma folha de uma superfície cônica.

Um outro método de representar funções é o método dos conjuntos de nível. O conjunto de nível k de uma função $f: D_f \to \mathbb{R}$ é

$$N_k = \{(x, y) \in D_f \,|\, f(x, y) = k\}.$$

Por exemplo, se $z = f(x, y) = x^2 + y^2$, de domínio $\mathbb{R}^2$,

$$N_4 = \{(x, y) \in \mathbb{R}^2 \,|\, x^2 + y^2 = 4\},$$

isto é, é o círculo de centro (0, 0) e raio 2.

[3] Se você quiser saber o que o sistema anterior dá, observe que ele é equivalente a

$$\begin{cases} \left(\dfrac{z}{k}\right)^2 - \dfrac{y^2}{2} = 1. \\ z \geq 0 \\ x = k \end{cases}$$

Temos, assim, hipérboles equiláteras.

Para obter N_k, você acha a intersecção do gráfico de f com o plano $z = k$, "vê" sua projeção sobre o plano OXY, e a copia no plano onde se representa o domínio (Figs. 2-20 e 2-21).

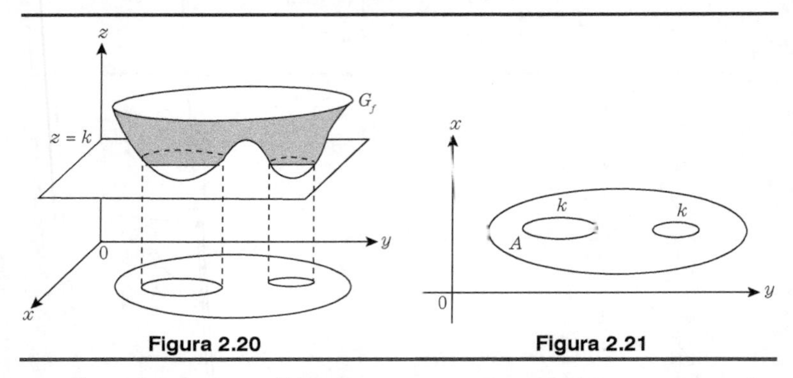

Figura 2.20 **Figura 2.21**

Se os k forem escolhidos em progressão aritmética, então os planos ficam equiespaçados, de modo que a "distância entre os N_k" nos dá uma ideia da "ingremidade" do gráfico de f.

Exemplo 2.2.7. Represente por conjuntos de nível a função f, de domínio $\mathbb{R}^2$, dada por $f(x, y) = xy$.

Para obter os conjuntos de nível, fazemos $f(x, y) = k$.

- $k = 0 \Leftrightarrow xy = 0$. Nesse caso, N_0 "é" a reunião dos eixos coordenados.
- $k \neq 0$. Nesse caso, $xy = k \Leftrightarrow y = k/x$.

Temos hipérboles equiláteras, cujos ramos estão no primeiro e no terceiro quadrantes de $k > 0$, e no segundo e no quarto quadrantes se $k < 0$. A representação procurada está na Fig. 2-22.

Nota. Com o gráfico da Fig. 2-22, é possível lermos uma ideia do gráfico de f. Com um pouco de esforço (e com uma eventual ajuda de seu professor), você deverá chegar ao gráfico da Fig. 2-23.

Para terminar esta secção, queremos dizer que os conjuntos de nível podem ser definidos para funções de n variáveis. Basta, na definição, supor $A \subset \mathbb{R}^n$. No caso de duas variáveis, eles costumam ser chamados de *curvas* de nível e, no caso de três variáveis, *superfícies* de nível. Por exemplo, se $f: \mathbb{R}^3 \to \mathbb{R}$ é dada por $f(x, y, z) = x^2 + y^2 + z^2$, a superfície de nível k (não vazia) é

$$x^2 + y^2 + z^2 + = k, \quad k \geq 0,$$

que é uma superfície esférica de raio k se $k \neq 0$; ou o conjunto formado apenas pela origem, se $k = 0$.

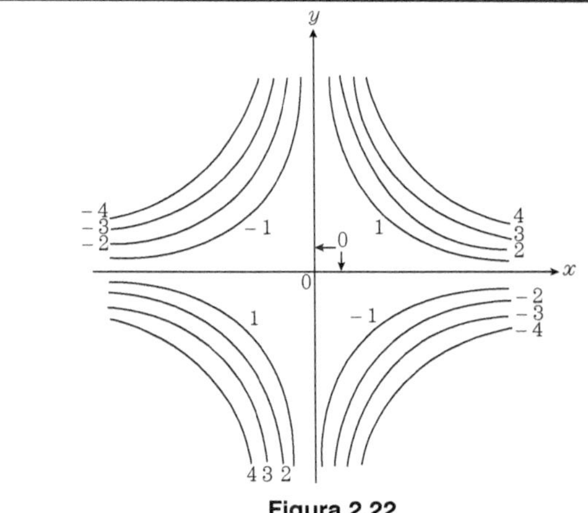

Figura 2.22

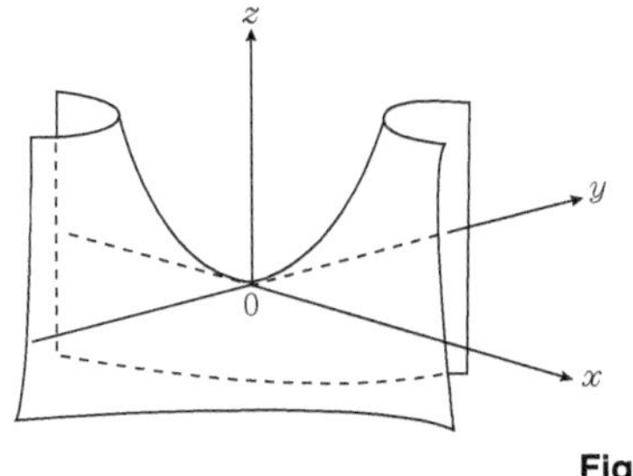

Gráfico de $z = xy$, vulgarmente conhecido como “sela de cavalo” (nome científico: *paraboloide hiperbólica*).

Figura 2.23

Curiosidade. Curvas de nível têm muitas aplicações, conforme segue.

• Para projetar uma estrada, o engenheiro lança mão da carta topográfica da região, que é feita pelos topógrafos (que utilizam um aparelho chamado teodolito). Essa carta nada mais é do que o desenho das curvas de nível da função altura (medida a partir de uma referência). Assim, todos os pontos de uma mesma curva de nível têm mesma altura.

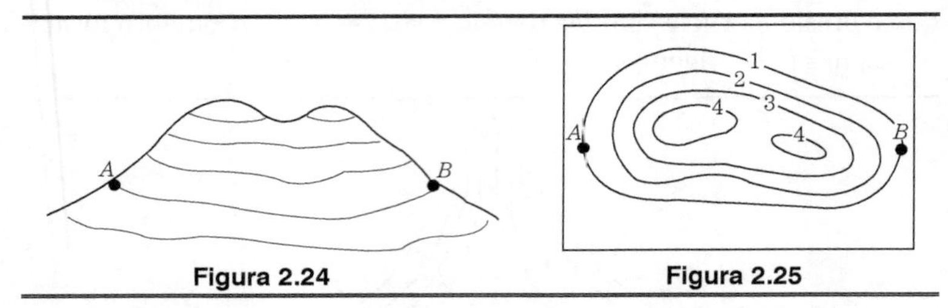

Figura 2.24 **Figura 2.25**

• Considerando a temperatura nos pontos da Terra como função da posição, então as curvas de nível dessa função são chamadas *isotermas*. Assim, todos os pontos de uma mesma isoterma têm mesma temperatura. Você por certo já viu uma carta de isotermas.

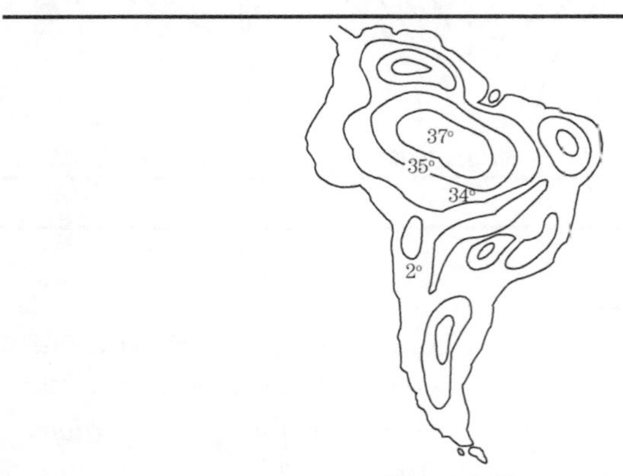

Figura 2.26

EXERCÍCIOS

2.2.1. Ache o domínio e esboce o gráfico de $f(x, y) =$

a) $-\sqrt{4-x^2-y^2}$; b) 1; c) x; d) $x+y$; e) y;

f) $\operatorname{sen} y$; g) e^{-x}; h) $1-y^2$; *i) $\dfrac{2xy}{x^2+y^2}$.

Sugestão. Use coordenadas polares: $x = r\cos\theta$, $y = r \operatorname{sen}\theta$.

2.2.2. Represente curvas de nível das funções do exercício anterior.

2.2.3. Esboce o gráfico de f: $\mathbb{R}^2 \to \mathbb{R}$, $f(x, y) = x^2 - y^2$, cm torno da origem, usando curvas de nível.

2.2.4. Ache as superfícies de nível de $f(x, y, z) =$

a) $\ln \dfrac{1+\sqrt{x^2+y^2+z^2}}{1-\sqrt{x^2+y^2+z^2}}$; b) $x + y + z$ c) $\operatorname{arc\,sen}(x + y + z)$.

2.2.5. A temperatura num ponto (x, y, z) de uma região é dada por $T(x, z) = x^2 + (y^2/9) + (z^2/4) - 1$. Qual é a superfície isotérmica (isto é, cujos pontos têm mesma temperatura) que passa por $(1, 0, 0)$? Qual a temperatura de seus pontos?

2.2.6. Represente a superfície de nível N_1, da função f: $\mathbb{R}^3 \to \mathbb{R}$ dada por $f(x, y, z) = e^{z-x^2-y^2}$.

2.3 LIMITE E CONTINUIDADE

• *Limite*

Intuitivamente, o símbolo

$$\lim_{\substack{x \to x_0 \\ y \to y_0}} f(x, y) = L$$

significa que podemos fazer $f(x, y)$ ficar arbitrariamente próximo do número L para todo $P = (x, y)$ do domínio de f suficientemente próximo de $P_0 = (x_0, y_0)$. Por exemplo,

$$\lim_{\substack{x \to 1 \\ y \to 2}} xy = 1 \cdot 2 = 2.$$

Ao falarmos "para todo P do domínio de f suficientemente próximo de P_0", estamos supondo que existem pontos do domínio arbitrariamente próximos de P_0 e distintos deste. Para garantir isso, vamos supor que P_0 seja ponto de acumulação do domínio de f. Eis a definição:

Sejam f: $D_f \subset \mathbb{R}^n \to \mathbb{R}$, $P_0 \in D'_f$, $L \in \mathbb{R}$. O símbolo

$$\lim_{P \to P_0} f(P) = L$$

significa que, dado $\varepsilon > 0$, existe $r > 0$ tal que

$$P \in D_f \quad \text{e} \quad 0 < |P - P_0| < r \Rightarrow |f(P) - L| < \varepsilon.$$

Também se usa a notação

$$\lim_{\substack{x_1 \to x_1^0 \\ x_2 \to x_2^0 \\ \vdots \\ x_n \to x_n^0}} f(x_1, x_2, \ldots, x_n) = L,$$

onde $P_0 = (x_1^0, x_2^0, \ldots, x_n^0)$ *e* $P = (x_1, x_2, \ldots, x_n)$.

Comentários. 1) O número $\varepsilon > 0$ que se dá fixa a proximidade arbitrária de $f(P)$ a L. Por exemplo, se escolhemos $\varepsilon = 0{,}001$ (supondo $\lim_{P \to P_0} f(P) = L$), então podemos achar $r > 0$ conveniente, de forma que, se $P \in D_f$ e $0 < |P - P_0| < r$, tenhamos $|f(P) - L| < \varepsilon = 0{,}001$.

2) Nunca é demais repetir: $P_0 \in D'_f$, logo, pode suceder $P_0 \in D_f$, ou $P_0 \notin D_f$. Mas o que acontece em P_0 não interessa, no que se refere a $\lim_{P \to P_0} f(P)$, pois, na definição, escrevemos $0 < |P - P_0|$.

3) $P \in D_f$ e $0 < |P - P_0| < r \Rightarrow |f(P) - L| < \varepsilon$, escreve-se, em termos de bolas abertas:

$$P \in B^*(P_0, r) \cap D_f \Rightarrow f(P) \in B(L, \varepsilon).$$

Eis uma ilustração geométrica no caso $n = 2$.

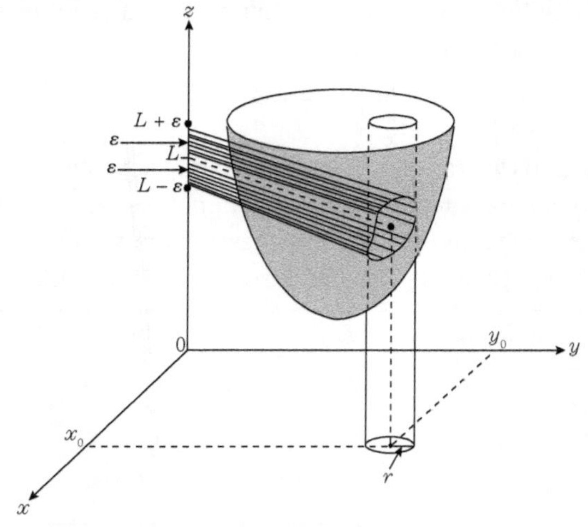

Figura 2.27

Exemplo 2.3.1. Mostre, pela definição, que

$$\lim_{\substack{x \to 1 \\ y \to 2}} (x + y) = 3.$$ [4]

Dado $\varepsilon > 0$, devemos arranjar $r > 0$ tal que

$$0 < |P - P_0| < r \Rightarrow |x + y - 3| < \varepsilon, \; P_0 = (1, 2), \; P = (x, y).$$

Mas

$$|x + y - 3| = |(x - 1) + (y - 2)| \leq |x - 1| + |y - 2| \leq$$
$$\leq |P - P_0| + |P - P_0| = 2|P - P_0|.$$

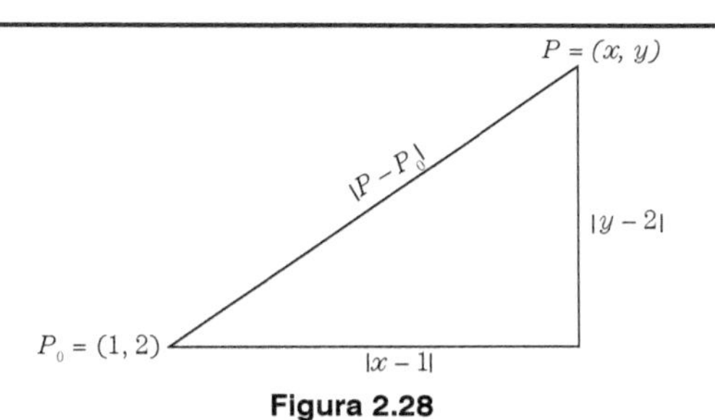

Figura 2.28

Então, se $2|P - P_0| < \varepsilon$, isto é, se

$$|P - P_0| < \frac{\varepsilon}{2} \qquad (\alpha)$$

resulta $|x + y - 3| < \varepsilon$. A relação ($\alpha$) sugere, a escolha $r = \varepsilon/2$. Em suma: dado $\varepsilon > 0$, seja $r = \varepsilon/2$. Então

$$0 < |P - P_0| < r \frac{\varepsilon}{2} \Rightarrow |x + y - 3| \leq 2|P - P_0| < 2 \cdot \frac{\varepsilon}{2} = \varepsilon.$$

Exemplo 2.3.2. Idem para

$$\lim_{\substack{x \to x_0 \\ y \to y_0}} (ax + by + c) = ax_0 + by_0 + c.$$

[4] Subentende-se $f \colon \mathbb{R}^2 \to \mathbb{R}, f(x, y) = x + y$.

Dado $\varepsilon > 0$, devemos arranjar $r > 0$ tal que

$$0 < |P - P_0| < r \Rightarrow |ax + by + c - (ax_0 + by_0 + c)| < \varepsilon,$$

$$P_0 = (x_0, y_0), \quad P = (x, y).$$

Mas

$$|ax + by + c - (ax_0 + by_0 + c)| = |a(x - x_0) + b(y - y_0)| \leq |a|\ |x - x_0| +$$

$$+ |b|\ |y - y_0| \leq |a|\ |P - P_0| + |b|\ |P - P_0| = (|a| + |b|)|P - P_0|.$$

Vamos supor $|a| + |b| \neq 0$ (o caso $|a| + |b| = 0$, isto é, $a = b = 0$ é trivial; deixamos como exercício). Então, se

$$(|a| + |b|)|P - P_0| < \varepsilon,$$

isto é, se

$$|P - P_0| < \frac{\varepsilon}{|a| + |b|} \quad (\alpha),$$

teremos $|ax + by + c - (ax_0 + by_0 + c)| < \varepsilon$. A relação ($\alpha$) nos sugere a escolha

$$r = \frac{\varepsilon}{|a| + |b|}.$$

Em suma, dado $\varepsilon > 0$, seja

$$r = \frac{\varepsilon}{|a| + |b|}.$$

Então

$$0 < |P - P_0| < r = \frac{\varepsilon}{|a| + |b|} \Rightarrow |ax + by + c - (ax_0 + by_0 + c)| \leq$$

$$\leq (|a| + |b|)\ |P - P_0| < (|a| + |b|)\frac{\varepsilon}{|a| + |b|} = \varepsilon.$$

Exemplo 2.3.3. Idem para

$$\lim_{\substack{x \to 0 \\ y \to 0}} \frac{x^2 y^2}{\sqrt{x^2 + y^2}} = 0.$$

Dado $\varepsilon > 0$, devemos achar $r > 0$, tal que

$$0 < |P - O| < r \Rightarrow \left| \frac{x^2 y^2}{x^2 + y^2} \right| < \varepsilon.$$

Mas

$$\left|\frac{x^2y^2}{\sqrt{x^2+y^2}}\right| \le \frac{|x^2|\,|y^2|}{\sqrt{x^2+y^2}} \le \frac{|P-O|^2\cdot|P-O|^2}{|P-O|} = |P-O|^3.$$

Se $|P-O|^3 < \varepsilon$, isto é, se

$$|P-O| < \sqrt[3]{\varepsilon}, \quad (\alpha)$$

teremos

$$\left|\frac{x^2y^2}{\sqrt{x^2+y^2}}\right| < \varepsilon.$$

A relação (α) nos sugere a escolha $r = \sqrt[3]{\varepsilon}$. Em suma, dado $\varepsilon > 0$, seja $r = \sqrt[3]{\varepsilon}$. Então

$$0 < |P-O| < r = \sqrt[3]{\varepsilon} \Rightarrow \left|\frac{x^2y^2}{\sqrt{x^2+y^2}}\right| \le |P-O|^3 < \left(\sqrt[3]{\varepsilon}\right)^3 = \varepsilon.$$

Nota. $|P-O| = |P|$, é claro.

Exemplo 2.3.4. Seja π_1: $\mathbb{R}^2 \to \mathbb{R}$ dada por $\pi_1(x, y) = x$. Então $\lim_{P\to P_0} \pi_1(P) = \pi_1(P_0)$, isto é, se $P_0 = (x_0, y_0)$, $P = (x, y)$, temos

$$\lim_{\substack{x\to x_0\\ y\to y_0}} x = x_0.$$

Isso é fácil: dado $\varepsilon > 0$, seja $r = \varepsilon$:

$$0 < |P-P_0| < r = \varepsilon \Rightarrow |x-x_0| \le |P-P_0| < \varepsilon.$$

Em geral, se π_i: $\mathbb{R}^n \to \mathbb{R}$ dada por $\pi_i(x_1, ..., x_n) = x_i$ $(1 \le i \le n)$, então $\lim_{P\to P_0} \pi_i(P) = \pi_i(P_0)$ (prove!).

Exemplo 2.3.5. Se $\lim_{P\to P_0} f(P) = L$ e $L > 0[L < 0]$, existe $r > 0$, tal que $P \in B^*(P_0, r) \Rightarrow f(P) > 0[f(P) < 0]$, Em palavras, existe uma bola aberta perfurada centrada em P_0, onde a função conserva o sinal do limite (compare com L2, Vol. 1, p. 42).

Isso é fácil de provar. Faremos no caso $L > 0$, deixando o outro como exercício. De $\lim_{P\to P_0} f(P) = L$ vem que, dado $\varepsilon = L/2$, existe $r > 0$, tal que

$$0 < |P - P_0| < r \quad e \quad P \in D_f \Rightarrow |f(P) - L| < \frac{L}{2} \Rightarrow$$

$$\overset{[5]}{\Rightarrow} -\frac{L}{2} < f(P) - L < \frac{L}{2} \overset{[6]}{\Rightarrow} \frac{L}{2} < f(P) < \frac{3L}{2} \Rightarrow f(P) > \frac{L}{2} > 0.$$

- *Continuidade*

Da mesma forma que no caso de função real de variável real, f é contínua em P_0 do domínio de f se $f(P)$ se aproxima de $f(P_0)$ quando P se aproxima de P_0. Eis a definição

> Sejam f: $D_f \subset \mathbb{R}^n \to \mathbb{R}$, e $P_0 \in D'_f \cap D_f$ · f é dita *contínua* em P_0 se
>
> $$\lim_{P \to P_0} f(P) = f(P_0).$$ [7]

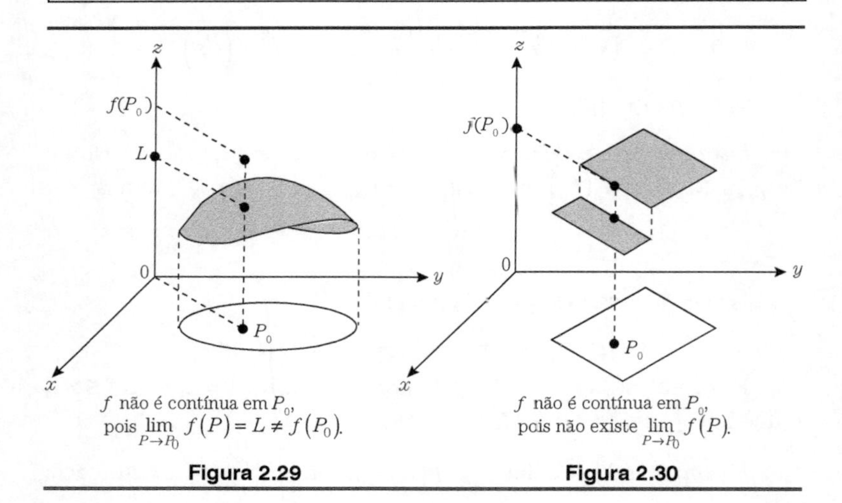

f não é contínua em P_0, pois $\lim_{P \to P_0} f(P) = L \neq f(P_0)$.

Figura 2.29

f não é contínua em P_0, pois não existe $\lim_{P \to P_0} f(P)$.

Figura 2.30

---

[5] Já estudamos, no Vol. 1. que, se $a \geq 0$, $|x| \leq a \Rightarrow -a \leq x \leq a$.

[6] Somamos L aos três membros.

[7] Se $P_0 \in D_f$ e $P_0 \notin D'_f$, considera-se f contínua em P_0. Não nos preocuparemos com esse caso, para simplificar.

> Diz-se que f é contínua em (um conjunto) A se é em todos os seus pontos. f é *contínua* se é em D_f.

Antes de vermos propriedades relativas a limite e continuidade, algumas definições.

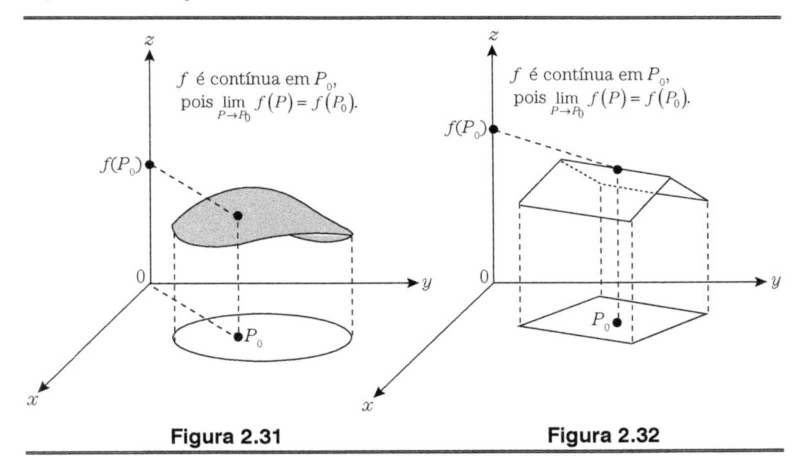

Figura 2.31 **Figura 2.32**

Definem-se, sendo $f: D_f \to \mathbb{R}$, $g: D_g \to \mathbb{R}$, $c \in \mathbb{R}$, funções $f+g, f-g$, cf, fg, de domínio $D_f \cap D_g$, dadas por

$$(f+g)(P) = f(P) + g(P),$$
$$(f-g)(P) = f(P) - g(P),$$
$$(cf)(P) = cf(P),$$
$$(fg)(P) = f(P)g(P).$$

Define-se f/g $D_{f/g} \to \mathbb{R}$ por

$$\frac{f}{g}(P) = \frac{f(P)}{g(P)},$$

onde

$$D_{f/g} = \{P \in D_f \cap D_g \,|\, g(P) \neq 0\}.$$

Se $f: D_f \to M$, $g: D_g \to N$, define-se $g \circ f$: $D_{g \circ f} \to N$ por $(g \circ f)(P) =$ $= g(f(P))$, onde $D_{f \circ g} = \{P \in D_f \,|\, f(P) \in D_g\}$.

• *Propriedades*

Teorema 2.3.1.

Se $\begin{cases} f : D_f \subset \mathbb{R}^n \to \mathbb{R}, \\ \lim_{P \to P_0} f(P) = L, \\ g : D_g \subset \mathbb{R} \to \mathbb{R}, \\ g \text{ contínua em } L, \\ P_0 \in D'_{g \circ f}, \end{cases}$

então

$$\lim_{P \to P_0} (g \circ f)(P) = g(L).$$

Prova. Seja $\varepsilon > 0$.

• Pela continuidade de g em L, existe $r_1 > 0$, tal que

$$Y \in D_G \quad \text{e} \quad |Y - L| < r_1 \Rightarrow |g(Y) - g(L)| < \varepsilon. \qquad (\alpha)$$

• Como $\lim_{P \to P_0} f(P) = L$, considere $r_1 > 0$ para achar $r_2 > 0$ tal que

$$P \in D_f \quad \text{e} \quad 0 < |P - P_0| < r_2 \Rightarrow |f(P) - L| < r_1. \qquad (\beta)$$

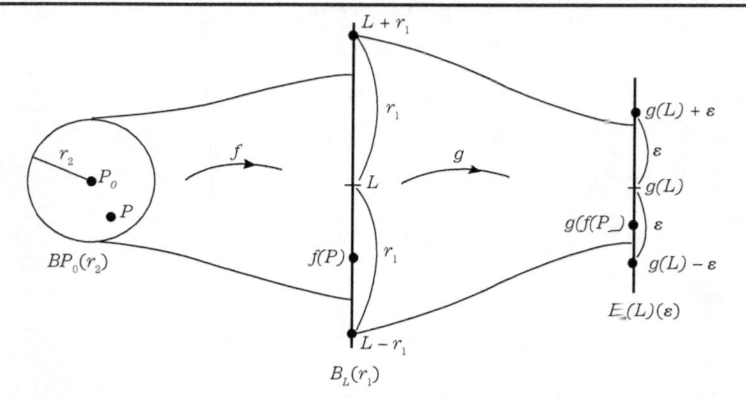

Figura 2.33

• Então

$$P \in D_{g \circ f} \quad \text{e} \quad 0 < |P - P_0| < r \overset{(\beta)}{\Rightarrow} f(P) \in D_g \quad \text{e}$$

$$|f(P) - L| < r_1 \overset{(\alpha)}{\Rightarrow} |g(f(P)) - g(L)| < \varepsilon.$$

Nota. Como $P_0 \in D'_{g \circ f}$, então $B^*_{P_0}(r_2) \cap D_{g \circ f} \neq \varnothing$! Daí, por definição de $D_{g \circ f}$, $f(P) \in D_g$.

Corolário. Sejam f e g como no teorema anterior. Se f é contínua em P_0 e g é contínua em $f(P_0)$, então $g \circ f$ é contínua em P_0.

Teorema 2.3.2. Se $\lim_{P \to P_0} f(P) = L$, $\lim_{P \to P_0} g(P) = M$, $P_0 \in (D_f \cap D_g)'$ então

(1) $\lim\limits_{P \to P_0} (f + g)(P) = L + M$,

(2) $\lim\limits_{P \to P_0} (f - g)(P) = L - M$,

(3) $\lim\limits_{P \to P_0} (fg)(P) = LM$,

(4) $\lim\limits_{P \to P_0} \left(\dfrac{f}{g}\right)(P) = \dfrac{L}{M}$, supondo aqui $M \neq 0$.

Nota. Se $c \in \mathbb{R}$, e $\lim_{P \to P_0} f(P) = L$, então $\lim_{P \to P_0} (cf)(P) = cL$ (faça como exercício).

Prova.

(1) Dado $\varepsilon > 0$, considere $\varepsilon/2 > 0$. Então

• existe $r_1 > 0$ tal que $P \in D_f$ e $0 < |P - P_0| < r_1 \Rightarrow |f(P) - L| < \varepsilon / 2$;

• existe $r_2 > 0$ tal que $P \in D_g$ e $0 < |P - P_0| < r_2 \Rightarrow |g(P) - M| < \varepsilon / 2$.

• Então, se $r = \text{mín}\,\{r_1, r_2\}$,

$$P \in D_f \cap D_g \quad \text{e} \quad 0 < |P - P_0| < r \Rightarrow |f(P) + g(P) - (L + M)| =$$

$$= |(f(P) - L) + (g(P) - M)| \leq |f(P) - L| + |g(P) - M| < \frac{\varepsilon}{2} + \frac{\varepsilon}{2} = \varepsilon.$$

(2) A mesma que a de (1), a menos da terceira etapa:

$$|f(P) - g(P) - (L - M)| = |f(P) - L) + (M - g(P))| \leq$$

$$\leq |f(P) - L| + |M - g(P)|.$$

Lema. Se $\lim_{P \to P_0} h(P) = T$, então $\lim_{P \to P_0} h^2(P) = T^2$.

Prova. Temos $h^2 = i^2 \circ h$, onde i: $\mathbb{R} \to \mathbb{R}$ é a função identidade de $\mathbb{R}$, $i(x) = x$. Como i^2 é contínua, podemos usar o Teorema 2.3.1:

$$\lim_{P \to P_0} h^2(P) = \lim_{P \to P_0} i^2 \circ h(P) = i^2(T) = T^2.$$

(3) Temos

$$fg = \frac{1}{4}\left[(f+g)^2 - (f-g)^2\right].$$

Pelo lema anterior, e por (1) e (2),

$$\lim_{P \to P_0} (f+g)^2(P) = (L+M)^2,$$

$$\lim_{P \to P_0} (f-g)^2(P) = (L-M)^2;$$

logo, usando (3),

$$\lim_{P \to P_0} (fg)(P) = \frac{1}{4}\left[(L+M)^2 - (L-M)^2\right] = LM.$$

(4) Temos

$$\frac{f}{g} = \left(\frac{1}{i} \circ g\right) f,$$

e, como $1/i$ é contínua em M, podemos aplicar o Teorema 2.3.1 para concluir que

$$\lim_{P \to P_0} \left(\frac{1}{i} \circ g\right)(P) = \frac{1}{i}(M) = \frac{1}{M}$$

e, daí, por (4),

$$\lim_{P \to P_0} \frac{f}{g}(P) = \lim_{P \to P_0} \left(\frac{1}{i} \circ g\right)(P) \cdot \lim_{P \to P_0} f(P) = \frac{1}{M}\ L.$$

Corolário. Se f e g são contínuas em P_0, também o são $f + g$, $f - g$, cf, fg; e se $g(P_0) \neq 0$, também o é f/g.

Exemplo 2.3.6. f: $\mathbb{R}^2 \to \mathbb{R}$ dada por $f(x, y) = 2x^2 + xy - y^2 + 1$ é contínua.

De fato, se indicarmos por 1: $\mathbb{R}^2 \to \mathbb{R}$ a função $1(x, y) = 1$, então

$$f = 2\pi_1^2 + \pi_1\pi_2 - \pi_2^2 + 1,$$

e todas as funções do segundo membro são contínuas (veja os Exemplos 2.3.4 e 2.3.2); logo, pelo corolário precedente, f é contínua.

Com o mesmo tipo de argumento, prova-se que um "polinômio" qualquer nas variáveis x e y é uma função contínua, sendo o polinômio $p: \mathbb{R}^2 \to \mathbb{R}$ dado por

$$P(x_1, x_2) = \sum_{m,\, n=0}^{k} a_{mn} x_1^m x_2^n,$$

o mesmo sucedendo para um polinômio em n variáveis.

Exemplo 2.3.7. Uma função racional, que é quociente de polinômios, é contínua, pelo corolário anterior. Por exemplo, $f: \mathbb{R}^2 - \{O\} \to \mathbb{R}$ dada por $f(x, y) = xy/(x^2 + y^2)$ é contínua.

Exemplo 2.3.8. A função $f: \mathbb{R}^3 \to \mathbb{R}$ dada por $f(x, y) = \cos(xy - y^2x - z)$ é contínua, pois é composta de funções contínuas

$$f = \cos \circ p,$$

onde

$$p(x, y, z) = xy - y^2x - z.$$

Recordemos que um conjunto $A \subset \mathbb{R}^n$ é chamado de um domínio, (ou um aberto conexo) se é aberto e não pode ser escrito como reunião de dois abertos não vazios e disjuntos.

O teorema a seguir é uma versão para o caso das funções em estudo do Teorema de Bolzano (Vol. 1, Proposição 2.4.5): se f é contínua em $[a, b]$ e $f(a) \cdot f(b) < 0$, então existe $c \in\,]a, b[$ tal que $f(c) = 0$.

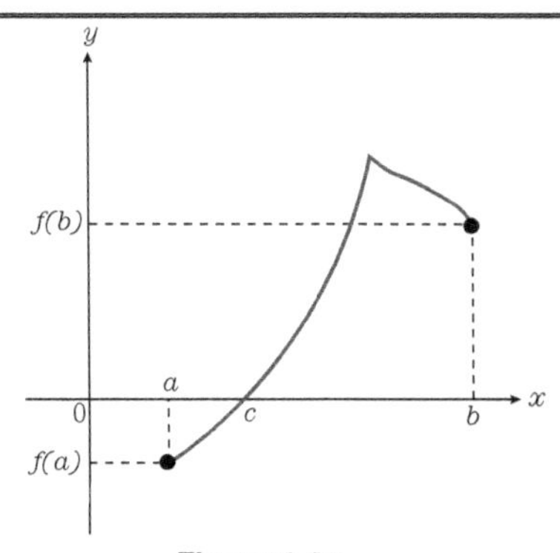

Figura 2.34

Teorema 2.3.3. Seja $f: D_f \subset \mathbb{R}^n \to \mathbb{R}$ contínua, e D_f aberto conexo. Se existem $A, B \in D_f$ tais que $f(A) \cdot f(B) < 0$, então existe $C \in D_f$ tal que $f(C) = 0$.

Prova. Sejam $M = \{P \in D_f \mid f(P) > 0\}$, $N = \{P \in D_f \mid f(P) < 0\}$.

- $M \cap N = \emptyset$ claramente.
- $M \neq \emptyset, N \neq \emptyset$, pois $A \in M$ e $B \in N$
- M e N são abertos, pois, se $P \in D_f$, então $f(P) > 0$, e, daí, como f é contínua, existe uma bola aberta, onde f contínua positiva (decorre do Exemplo 2.3.5), a qual estará então contida em M. Isso mostra que P é ponto interior de M; logo, como P é qualquer ponto de M, M é aberto. De forma análoga, conclui-se que N é aberto.

Mas, então, não pode suceder que $M \cup N = D_f$, uma vez que D_f é aberto conexo. Isso quer dizer que existe $C \in D_f$, tal que $C \notin M \cup N$, ou cuja, $f(C) = 0$.

O seguinte corolário é uma versão do Teorema do Valor Intermediário (Vol. 1, corolário da Proposição 2.4.5): se f é contínua em $[a, b]$, e z é um número entre $f(a)$ e $f(b)$, então existe $c \in [a, b]$ tal que $f(c) = z$ (Fig. 2-35).

Corolário. Seja $f: D_f \subset \mathbb{R}^n \to \mathbb{R}$ contínua, onde D_f é aberto conexo, e $P, Q \in D_f$. Se $z \in \mathbb{R}$ está entre $f(P)$ e $f(Q)$, então existe $C \in D_f$ tal que $f(C) = z$.

Prova. Se $f(P) = f(Q)$, o resultado é imediato. Suponha $f(P) \neq f(Q)$ e considere $g: D_f \to \mathbb{R}$ dada por $g(M) = f(M) - z$, claramente contínua. Então $g(P) \cdot g(Q) = (f(P) - z)(f(Q) - z) < 0$ (pois z está entre $f(P)$ e $f(Q)$). Pelo Teorema 2.3.3 aplicado a g, existe $C \in D_f$, tal que $g(C) = 0$, isto é, $f(C) - z = 0$.

Exemplo 2.3.9. Mostre que o polinômio $p: \mathbb{R}^2 \to \mathbb{R}$, $p(x, y) = 3x^2 + 3y^2 + 2xy + 6\sqrt{2}x + 2\sqrt{2}y + 2$ tem uma raiz, isto é, existe (x_0, y_0), tal que $p(x_0, y_0) = 0$.

De fato, $p(0, 0) = 2 > 0$ e $p(-\sqrt{2}, 0) = -4 < 0$, e a afirmação segue do Teorema 2.3.3.

Nota. Se você aprendeu a classificar cônicas, verá que $p(x, y) = 0$ é uma equação de uma elipse. Os pontos dessa elipse são os zeros de p (Fig. 2-36).

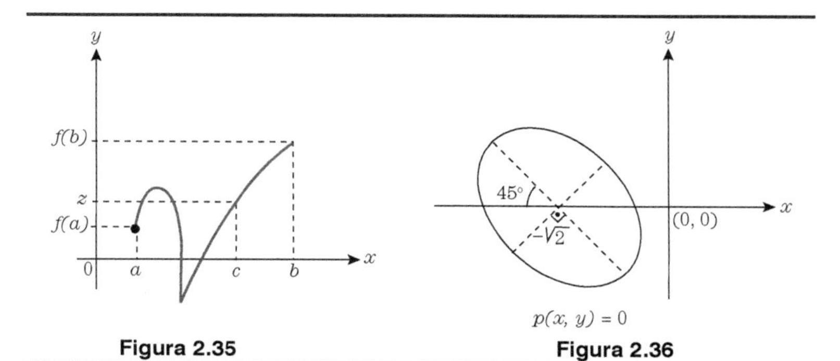

Figura 2.35 **Figura 2.36**

EXERCÍCIOS

2.3.1. Mostre, pela definição, que

$$\lim_{\substack{x\to 0\\ y\to 1}}(2x+3y-1)=2.$$

2.3.2. Idem,

$$\lim_{\substack{x\to 0\\ y\to 0}}\left(x^2+y^2\right)\operatorname{sen}\frac{1}{xy}=0.$$

2.3.3. Idem,

$$\lim_{\substack{x\to 0\\ y\to 0}}\left(\sqrt{1+x^2+y^2}+1\right)=2.$$

2.3.4. Idem,

$$\lim_{\substack{x\to 0\\ y\to 0\\ z\to 0}}(y-1)=-1.$$

2.3.5. Ache a de modo que seja contínua a função

$$f(x, y)\ \begin{cases}\dfrac{x^2+y^2}{\sqrt{x^2+y^2+1}-1} & \text{se } (x, y)\neq(0, 0),\\ a & \text{se } (x, y)=(0, 0).\end{cases}$$

Sugestão. Multiplique e divida por alguma coisa, e use o Exercício 2.3.3.

2.3.6. Quais das funções seguintes são contínuas?

a) $f\colon \mathbb{R}^2 \to \mathbb{R}, f(x, y) = x^2y + \operatorname{sen} x + \operatorname{sen} y$;

b) $f : \mathbb{R}^3 \to \mathbb{R},\ f(x, y, z) = \dfrac{\ln(x^2 + y^2 + 10) - \cos z}{1 + x^4 + y^4 + z^4}$;

c) $f : \mathbb{R}^4 - \{10\} \to \mathbb{R},\ f(x, y, z, t) = \dfrac{t^2 + xyz + e^z}{t - 10}$;

d) $f : \mathbb{R}^2 \to \mathbb{R},\ f(x, y) = \sqrt[3]{\dfrac{1 - x}{1 + y^2}}$

2.3.7. Calcule os limites seguintes (usando propriedades desenvolvidas no texto).

a) $\lim\limits_{\substack{x \to 1 \\ y \to 2}} \dfrac{\ln(x + y - 1)}{x^2 + y^2 - sen(\pi/2)x}$;

b) $\lim\limits_{\substack{x \to 1 \\ y \to 1}} \text{arc sen} \dfrac{x^2 y^2}{x^4 + y^4}$;

c) $\lim\limits_{\substack{x \to 0 \\ y \to 0 \\ z \to 2}} \left(\dfrac{x + 2}{x + 1} \right)^{(z+2)/(z-1)}$ arc tg yxz;

d) $\lim\limits_{\substack{x \to -3 \\ y \to 2}} xy\, e^{\text{sen}\, \pi x}$.

2.3.8. Mostre que a função $f\colon D_f \to \mathbb{R}$ dada por

$$f(x, y, z) = \sqrt{1 - \frac{x + y^2}{xy}} - \text{arc sen} \frac{x + y}{4},$$

onde D_f é $\mathbb{R}^2$ menos os eixos coordenados, tem um zero.

Sugestão. Escolha $x = -y$; depois $x + y = xy$.

2.3.9. Prove que, se existir o limite L, como na definição do texto, ele será único.

Sugestão. Se existir $L_1 \neq L$, tome bolas abertas disjuntas[8] centradas em L e L_1 e aplique a definição de limite.

2.3.10. (*Complemento sobre limites*). Neste exercício, veremos uma técnica para provar que não existe limite, quando for o caso, naturalmente. Ela repousa na observação de que se existe $\lim_{P \to P_0} f(P) = L$, então, tomado um subconjunto $S \subset D_f$ tal que $P_0 \in S'$, tem-se $\lim_{P \to P_0} f|_S(P) = L$. Esse fato é óbvio, da definição de limite. Então, se, pela escolha conveniente de dois subconjuntos, verificamos que os limites através deles não são iguais, conclui-se que não existe o limite inicial. Por exemplo, será que existe

$$\lim_{\substack{x \to 0 \\ y \to 0}} \frac{x - y}{x + y}?$$

[8] Quer dizer, com intersecção vazia.

Tomamos $S_k = \{(x, y) \in \mathbb{R}^2 / y = kx\}$, $k \neq 1$. Então o limite acima, tomado sobre S_k, vale

$$\lim_{x \to 0} \frac{x - kx}{x + kx} = \lim_{x \to 0} \frac{1-k}{1+k} = \frac{1-k}{1+k}.$$

Então, tomando dois k diferentes, digamos 0 e 1, os limites são diferentes; logo, não existe

$$\lim_{\substack{x \to 0 \\ y \to 0}} \frac{x - y}{x + y}.$$

Mostre que não existem os limites seguintes:

a) $\displaystyle\lim_{\substack{x \to 0 \\ y \to 0}} \frac{x^2 - y^2}{x^2 + y^2}$; b) $\displaystyle\lim_{\substack{x \to 1 \\ y \to 2}} \frac{(x-1)(y-2)}{(x-1)^2 + (y-2)^2}$;

c) $\displaystyle\lim_{\substack{x \to 0 \\ y \to 0}} \frac{x^2 y^2}{x^4 + y^4}$; d) $\displaystyle\lim_{\substack{x \to 0 \\ y \to 0}} \frac{y^2 + 2x}{y^2 - 2x}$;

Sugestão para d) $y = kx$ não funciona! Use $x = ky^2$.

2.3.11. Calcule

a) $\displaystyle\lim_{\substack{x \to 0 \\ y \to 0}} \frac{x^4 y^4}{x^2 + y^2}$; b) $\displaystyle\lim_{\substack{x \to 0 \\ y \to 0}} \frac{\sqrt{x+y}}{\sqrt[3]{x^2 + y^2}}$.

Sugestão. Passe para coordenadas polares: $x = r \cos \theta$, $y = r \operatorname{sen} \theta$.

2.3.12. Mostre que, se $\lim_{P \to P_0} f(P) = L$, então

a) existem $r > 0$, $M > 0$, tais que $P \in B^*(P_0, r) \Rightarrow |f(P)| < M$;

b) se $L \neq 0$, existe $r > 0$, tal que $P \in B^*(P_0, r) \Rightarrow L \cdot f(P) > 0$.

2.3.13. Mostre que, se f é contínua em P_0, então:

a) f é localmente limitada em P_0, isto é, existem $r > 0$, $M > 0$, tais que $P \in B(P_0, r) \Rightarrow |f(P)| < M$;

b) se $f(P_0) \neq 0$, f conserva localmente o sinal em P_0, isto é, existe $r > 0$ tal que $P \in B(P_0, r) \Rightarrow f(P) \cdot f(P_0) > 0$.

2.4 DERIVADA DIRECIONAL. DERIVADAS PARCIAIS

Imagine um indivíduo num ponto P_0 de uma plataforma cuja temperatura T é função apenas dos pontos da mesma. Suponha que o indivíduo conheça a expressão analítica de T: $T = f(x, y)$. (Por exemplo, $f(x, y) = x^2 + y^2$).

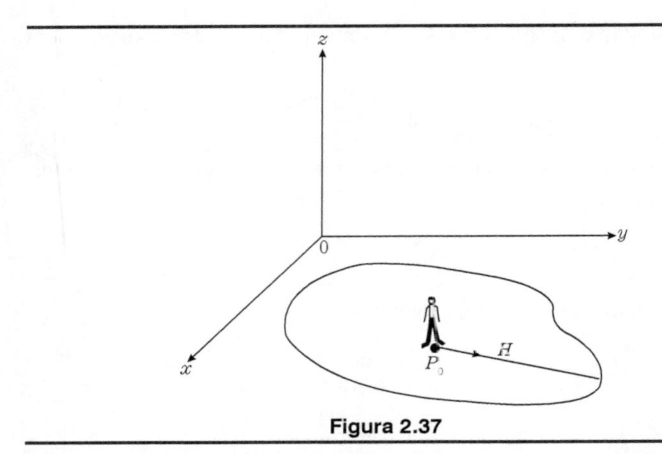

Figura 2.37

Escolhida uma reta por P_0 na plataforma e um sentido nessa reta (Fig. 2-37), se o indivíduo se deslocar nessa direção, no sentido escolhido, pergunta-se: ele vai experimentar (nos pés) aumento de temperatura? Diminuição? (Especificamente, se $P_0 = (1, 1)$, $T = f(x, y) =$ $= x^2 + y^2$, e a direção e sentido forem dados por $H = \left(1/\sqrt{2}, 1/\sqrt{2}\right)$, como você responderia?)

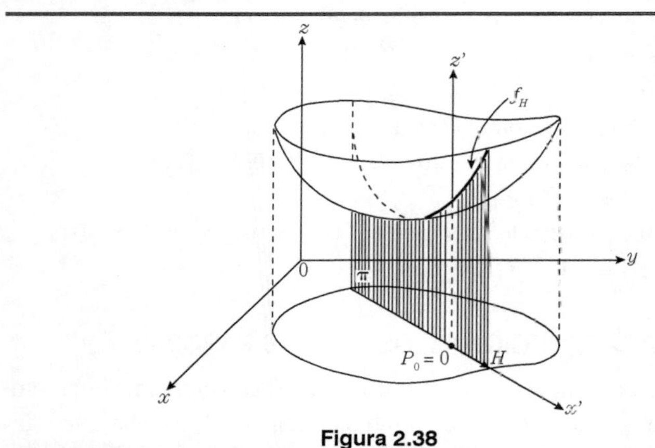

Figura 2.38

Bom, se construirmos o gráfico de T, então fica claro o que poderíamos fazer: cortando o gráfico de T pelo plano "vertical" determinado por P_0 e H, você obteria o gráfico de uma função f_H, sendo $f_H(t) = f(P + tH)$, Fig. 2-38. No caso da Fig. 2-38, se você andar no sentido de H, o gráfico "sobe", logo, a temperatura aumentará. Bom, se você puder obter f_H, e souber que é derivável, e no ponto correspondente a P_0, que no caso do sistema escolhido $0'X'Z'$ é 0, souber que $f'_H(0) > 0$, então já poderá concluir o que já concluímos, *sem* a construção do gráfico de T. $f'_H(0)$ será o que chamaremos de derivada direcional de T em P_0 na direção (e sentido) dados por H.

> Sejam $f\colon D_f \subset \mathbb{R}^n \to \mathbb{R}$, $H \in \mathbb{R}^n$ *unitário* (isto é, $|H| = 1$). A função $\partial f/\partial H$, dada por
>
> $$\frac{\partial f}{\partial H}(P) = \lim_{t\to 0} \frac{f(P+tH) - f(P)}{t},$$
>
> cujo domínio é o conjunto dos $P \in D_f$ para os quais existe o limite acima, chama-se *(função) derivada direcional de f em P na direção (e no sentido) de H.*

Observe que

$$f'_H(0) = \lim_{t\to 0} \frac{f_H(t) - f_H(0)}{t} = \lim_{t\to 0} \frac{f(P+tH) - f(P)}{t} = \frac{\partial f}{\partial H}(P),$$

Notas: 1. Consideremos o domínio de f_H como sendo o maior intervalo aberto contendo 0.

2. Uma melhor notação para f_H seria $f_{H,\,P_0}$.

Exemplo 2.4.1. Sejam

$$f : \mathbb{R}^2 \to \mathbb{R},\ f(x, y) = x^2 + y^2,\ H = \left(1/\sqrt{2},\ 1/\sqrt{2}\right).$$

Calculemos $\dfrac{\partial f}{\partial H}$.

Seja $P = (x, y)$:

$$f_H(t) = f(P + tH) = f\left((x, y) + t\left(\frac{1}{\sqrt{2}}, \frac{1}{\sqrt{2}}\right)\right) =$$

$$= f\left(x + \frac{t}{\sqrt{2}},\ y + \frac{t}{\sqrt{2}}\right) = \left(x + \frac{t}{\sqrt{2}}\right)^2 + \left(y + \frac{t}{\sqrt{2}}\right)^2.$$

Portanto

$$f'_H(0) = \left[2\left(x + \frac{t}{\sqrt{2}}\right)\cdot\frac{1}{\sqrt{2}} + 2\left(y + \frac{t}{\sqrt{2}}\right)\cdot\frac{1}{\sqrt{2}}\right]_{t=0} = \sqrt{2}(x+y).$$

Então $(\partial f / \partial H)(x, y) = \sqrt{2}(x+y)$.

Nota. Em particular, se $P = P_0 = (1,1)$,

$$\frac{\partial f}{\partial H}(1, 1) = \sqrt{2}(1+1) = 2\sqrt{2} > 0.$$

Logo, no caso citado no início da seção, podemos dizer que a temperatura vai aumentar.

Casos particulares de derivada direcional extremamente importantes são aqueles nos quais se tomam para H os vetores da base canônica de $\mathbb{R}^n$: $E_1 = (1, 0, 0, ..., 0), ..., E_n = (0, 0, ..., 1)$.

Nesse caso $\partial f/\partial E_i$ (abreviadamente, $\partial_i f$) é dita *derivada parcial de f em relação a i-ésima coordenada*. Por exemplo, no caso $n = 2$, temos $\partial f/\partial E_1$ e $\partial f/\partial E_2$, ou, abreviadamente, $\partial_1 f$ e $\partial_2 f$, respectivamente.

No caso de derivadas parciais, o cálculo é mais simples. Temos

$\partial_1 f(x, y) = f'_{E1}(0)$ com $f_{E1}(t) = f(P + tE_1) = f(x + t, y)$; e

$$f'_{E_1}(0) = \frac{d}{dt} f(x+t, y)\bigg|_{t=0} \underset{u=x+t}{\overset{\uparrow}{=}} \frac{df(u, y)}{du}\bigg|_{u=x} \frac{du}{dt}\bigg|_{t=0} = \frac{df(u, y)}{du}\bigg|_{u=x},$$

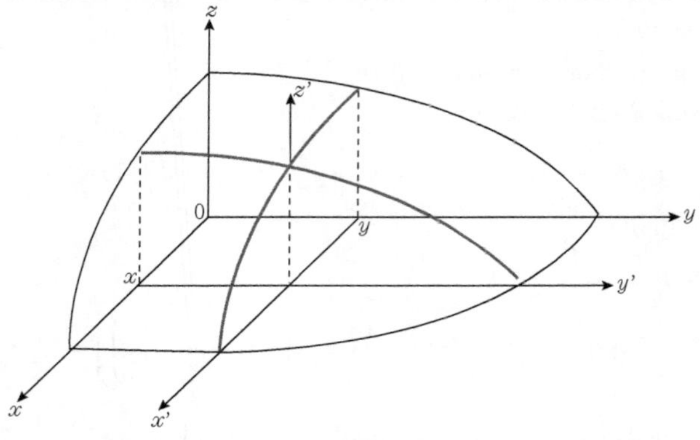

Figura 2.39

isto é, $\partial_1 f(x, y)$ é a derivada de $x \mapsto f(x, y)$ (y considerado constante). Por exemplo, se $f(x, y) = x^2y$,

$$\partial_1 f(x, y) = \frac{du^2}{du} y \bigg|_{u=x} = 2uy \bigg|_{u=x} = 2xy,$$

Na prática calcula-se diretamente $\partial_1 f(x, y) = \partial_1(x^2y) = 2xy$.

Da mesma forma, calcula-se $\partial_2 f(x, y)$, considerando-se constante e derivando $f(x, y)$ como função de y. Por exemplo, se $f(x, y) = x^2y$,

$$\partial_2 f(x, y) = \partial_2 (x^2 y) = x^2.$$

É claro que o resultado se generaliza de maneira evidente para n variáveis: calcula-se $\partial_i f(x_1, x_2, ..., x_i, ..., x_n)$, considerando $x_1, x_2, ..., x_{i-1}, x_{i+1}, ..., x_n$ constantes, e derivando $f(x_1, x_2, ..., x_i, ..., x_n)$ como função de x_i. Por exemplo, se $f(x_1, x_2, x_3, x_4) = x_1x_2 + \text{sen}(x_3x_4)$,

$$\partial_1 f(x_1, x_2, x_3, x_4) = x_2,$$
$$\partial_2 f(x_1, x_2, x_3, x_4) = x_1,$$
$$\partial_3 f(x_1, x_2, x_3, x_4) = \cos(x_3x_4) \cdot x_4,$$
$$\partial_4 f(x_1, x_2, x_3, x_4) = \cos(x_3x_4) \cdot x_3.$$

Observação sobre notação. Existem outras notações para derivadas parciais.

- Se temos $f(x, y)$, então,
  para $\partial f/\partial E_1 = \partial_1 f$, usam-se também $\partial f/\partial x, f'_x, f_x, D_x f, D_1 f$;
  para $\partial f/\partial E_2 = \partial_2 f$, usam-se também $\partial f/\partial y, f'_y, f_y, D_y f, D_2 f$.
- Se temos $f(x, y, z)$, então,
  para $\partial_1 f$, usam-se também $\partial f/\partial x, f'_x, f_x, D_x f, D_1 f$;
  para $\partial_2 f$, usam-se também $\partial f/\partial y, f'_y, f_y, D_y f, D_2 f$;
  para $\partial_3 f$, usam-se também $\partial f/\partial z, f'_z, f_z, D_z f, D_3 f$ etc.

Além disso, se escrevemos $z = f(x, y)$, então $\partial_1 f$ também é indicada por $\partial z/\partial x$, $\partial_2 f$ por $\partial z/\partial y$ etc.

Exemplo 2.4.2. Sendo f: $\mathbb{R}^3 \to \mathbb{R}$ dada por

$$f(x, y, z) = \text{sen}\left(\frac{xy + z}{1 + z^2}\right) + 2,$$

calculemos

$$\frac{\partial f}{\partial x}, \frac{\partial f}{\partial y}, \frac{\partial f}{\partial z}:$$

a) $\dfrac{\partial f}{\partial x} = \cos\left(\dfrac{xy+z}{1+z^2}\right)\cdot\dfrac{y}{1+z^2};$

b) $\dfrac{\partial f}{\partial y} = \cos\left(\dfrac{xy+z}{1+z^2}\right)\cdot\dfrac{x}{1+z^2};$

c) $\dfrac{\partial f}{\partial z} = \cos\left(\dfrac{xy+z}{1+z^2}\right)\cdot\dfrac{1\left(1+z^2\right)-(xy+z)\cdot 2z}{\left(1+z^2\right)^2} =$

$$= \frac{1-2xyz-z^2}{\left(1+z^2\right)^2}\cos\left(\frac{xy+z}{1+z^2}\right).$$

Exemplo 2.4.3. Sendo f: $\mathbb{R}^2 \to \mathbb{R}$ dada por $f(x, y) = \sqrt{|xy|}$, calcule $f_x(0, 0)$ e $f_y(0, 0)$.

a) Para achar $f_x(0, 0)$, fazemos y = constante = 0 em $f(x, y)$: $f(x, 0) = \sqrt{|x \cdot 0|} = 0$, e achamos a derivada de $x \mapsto f(x, 0) = 0$ em $x = 0$, que é claramente 0. Logo, $f_x(0, 0) = 0$.

b) Para achar $f_y(0, 0)$, fazemos x = constante = 0 em $f(x, y)$: $f(0, y) = \sqrt{|0 \cdot y|} = 0$, e achamos a derivada de $y \mapsto f(0, y) = 0$ em $y = 0$, que é claramente 0. Logo, $f_y(0, 0) = 0$.

EXERCÍCIOS

2.4.1. Calcule $(\partial f/\partial H)(P_0)$, dados P_0, f, H:

a) $f: \mathbb{R}^3 \to \mathbb{R}$, $f(x, y, z) = x^2yz^3$, $P_0 = (1, 1, -1)$, $H = (-1, 2, 1)/\sqrt{6}.$

b) $f: \mathbb{R}^2 \to \mathbb{R}$, $f(x, y) = x^2 + y^2$, $P_0 = \left(1, \sqrt{3}\right)$, $H = \left(1/2, \sqrt{3/2}\right).$

2.4.2. Calcule $\partial f/\partial x$, $\partial f/\partial y$ nos casos $f(x, y) =$

a) $x^3 + y^3 - 3xy$; b) $x^3y - y^3x + 10$; c) $\dfrac{x-y}{x+y}$;

d) $\ln(x^2 + y^2)$; e) $\operatorname{arc\,tg}(y/x)$; f) $\dfrac{x}{\sqrt{x^2+y^2}}$;

g) $\ln\left(\dfrac{1}{\sqrt[3]{x}} - \dfrac{1}{\sqrt[3]{y}}\right)$; h) $e^{\operatorname{sen}(y/x)}$; i) $(1 + \log_y x)^3$; j) x^y.

2.4.3. Se $z = \sqrt{x}\,\operatorname{sen}(y/x)$, prove que $x(\partial z/\partial x) + y(\partial z/\partial y) = z/2$.

2.4.4. Se $z = \ln(x^2 + xy + y^2)$, prove que

$$x\frac{\partial z}{\partial x} + y\frac{\partial z}{\partial y} = 2.$$

2.4.5. Calcule $\partial f/\partial x$, $\partial f/\partial y$, $\partial z/\partial x$, sendo $f(x, y, z)$ igual a:

a) xyz; b) $e^{x(x^2+y^2+z^2)}$; c) $x^{y/z}$.

2.4.6. Mostre que, se $w = (y - z + x)/(y + z - x)$, então

$$y\frac{\partial w}{\partial y} + z\frac{\partial w}{\partial z} + x\frac{\partial w}{\partial x} = 0.$$

2.4.7. Calcule $\partial f/\partial x(0, 0)$, $\partial f/\partial y(0, 0)$, sendo

$$f(x,y) = \begin{cases} \dfrac{xy}{x^2+y^2}, & \text{se } (x, y) \neq (0, 0); \\ 0, & \text{se } (x, y) = (0, 0). \end{cases}$$

f é contínua?

2.5 DIFERENCIABILIDADE

• *Motivação e definição*

O nosso objetivo é estender a noção de diferenciabilidade para funções reais de várias variáveis reais, bem como o de diferencial e o de derivada.

Para isso vamos procurar generalizar a fórmula

$$f(x + h) = f(x) + f'(x)h + \varphi_x(h)h.$$

Façamos isso, começando por examinar o exemplo dado a seguir.

Seja $f\colon \mathbb{R}^2 \to \mathbb{R}$, $f(x, y) = xy^2 + 2$. Seja $P = (x, y)$, e $H = (h, k)$. Então $P + H = (x + h, y + k)$, e

$$\begin{aligned} f(P+H)-f(P) &= f(x+h,\, y+k)-f(x,\, y) \\ &= (x+h)(y+k)^2+2-\left(xy^2+2\right) \\ &= y^2h+2xyk+(x+h)k^2+2yhk \\ &= y^2h+2xyk+(2yk)h+(x+h)k\cdot k \\ &= \left(y^2,\, 2xy\right)\cdot(h,\, k)+\left(2yk,(x+h)k\right)\cdot(h,\, k) \\ &= A\cdot H+\varphi_P(H)\cdot H, \end{aligned}$$

onde $A = (y^2, 2xy)$, $\varphi_p(H) = (2yk, (x + h)k)$. Interpretando $\lim\limits_{H\to 0}\varphi_P(H)$ como sendo igual a

$$\left(\lim_{H\to 0} 2yk,\ \lim_{H\to 0}(x+h)k\right)=(0,\, 0)=0=\varphi_P(0),$$

temos uma grande semelhança com o caso de função de uma variável real, que nos leva a definir $A = (y^2, 2xy)$ como derivada da função em P e indicar $A = f'(P)$, e a definir $A \cdot H = f'(P) \cdot H$ como diferencial da função no ponto P relativamente a H, indicando $df_p(H) = f'(P)H$. Bonito, não? Eis a definição:

> Sejam $f\colon D_f \subset \mathbb{R}^n \to \mathbb{R}$, $P \in \mathbb{R}^n$. Dizemos que f é *diferenciável* em P se existem $A \in \mathbb{R}^n$, $r > 0$, $\varphi_p\colon B(0, r) \subset \mathbb{R}^n \to \mathbb{R}^n$, tais que, para todo $H \in B(0, r)$,
>
> $$f(P+H)=f(P)+A\cdot H+\varphi_P(H)\cdot H, \quad (\alpha)$$
>
> com $\lim\limits_{H\to 0}\varphi_P(H)=\varphi_P(0)=0$ (veja a explicação mais adiante).
>
> A é dita *derivada de f em P*, e é indicada por $f'(P)$.
>
> $A \cdot H$ é dita *diferencial de f em P relativamente ao acréscimo H*, e se indica por $df_p(H)$.
>
> Sendo $S \subset \mathbb{R}^n$, f é dita *diferenciável em S* se o é em todos os pontos de S; f é dita *diferenciável* se o é em D_f.

Explicação. $\lim\limits_{H\to 0}\varphi_P(H)=0$ significa que, pondo $\varphi=\left(\varphi_P^1, \ldots, \varphi_P^n\right)$, tem-se $\lim\limits_{H\to 0}\varphi_P^1(H)=0, \ldots, \lim\limits_{H\to 0}\varphi_P^n(H)=0$. Observe que $\varphi_P^i : B(0,\, r)\to\mathbb{R}$; logo, esses limites já foram definidos.

Notas. 1. Se uma função é diferenciável em P, a definição anterior acarreta que P é ponto interior do domínio da função. Em particular, o conjunto S, referido na definição, é um conjunto aberto.

2. O elemento A, se existir, é único;[9] de fato, se existe A_1, tal que

$$f(P+H) = f(P) + A_1 \cdot H + \varphi_P(H) \cdot H, \ (\beta)$$

onde φ_p: $B(0, s) \subset \mathbb{R}^n \to \mathbb{R}$, $\lim_{H\to 0} \varphi_P(H) = \varphi_P(0) = 0$, então para $H \in B(0, \min\{r, s\})$, valem (α) e (β), e resulta delas

$$A \cdot H - A_1 \cdot H + \varphi_P(H) \cdot H - \varphi_P(H) \cdot H = 0$$

e, daí,

$$\left[A - A_1 + \varphi_P(H) - \varphi_P(H)\right] \cdot H = 0$$

Como H é um vetor qualquer de uma bola, vem

$$A - A_1 + \varphi_P(H) - \varphi_P(H) = 0$$

e, daí, fazendo $H \to 0$, vem $A - A_1 = 0$.

3. O cálculo de $f'(P)$ não é feito, na prática, através da definição. Aguarde um pouco; as coisas melhorarão.

- ***Diferenciabilidade e continuidade***

Teorema 2.5.1. Uma função diferenciável num ponto é contínua nesse ponto.

Prova. Fácil: faça $H \to 0$ na definição anterior para obter

$$\lim_{H\to 0} f(P+H) = f(P).$$ [10]

Nota. A recíproca não vale. Veja o Apêndice, parte A, n. 4.

- ***Diferenciabilidade e derivada direcional***

O teorema seguinte vai nos informar que a diferenciabilidade num ponto acarreta a existência das derivadas direcionais nesse ponto, em particular das derivadas parciais. Como corolário, veremos uma expressão para $f'(P)$.

---

[9] Essa unicidade é que permite atribuir um símbolo especial para A; no caso $f'(P)$.

[10] É claro que $P \in D'_f$.

Teorema 2.5.2. Se f é diferenciável em P, então existe a derivada direcional de f em P na direção H, qualquer que seja o vetor unitário H, e

$$\frac{\partial f}{\partial H}(P) = f'(P) \cdot H.$$[11]

Prova. Por hipótese, para $H \in B(0, r)$,

$$f(P+H) = f(P) + f'(P) \cdot H + \varphi_P(H) \cdot H,$$

com

$$\lim_{H \to 0} \varphi_P(H) = \varphi_P(0) = 0.$$

Então, se t varia num intervalo aberto contendo 0, de amplitude suficientemente pequena, $tH \in B(0, r)$, e

$$f(P+tH) = f(P) + f'(P) \cdot tH + \varphi_P(tH) \cdot tH$$

e, daí,

$$\frac{f(P+tH) - f(P)}{t} = f'(P) \cdot H + \varphi_P(tH) \cdot H.$$

Passando o limite para $t \to 0$, vem

$$\frac{\partial f}{\partial H}(P) = f'(P) \cdot H$$

(pois $\lim_{t \to 0} \varphi_P(tH) = 0$).

Corolário 1. Se f é diferenciável em P, então

$$f'(P) = \left(\frac{\partial f}{\partial x_1}(P), \frac{\partial f}{\partial x_2}(P), \ldots, \frac{\partial f}{\partial x_n}(P) \right).$$

Prova. Tomar, sucessivamente, $H = E_1, H = E_2, \ldots, H = E_n$ no teorema anterior. Por exemplo, se $H = E_1$, e colocando $f'(P) = (a_1, a_2, \ldots, a_n)$, temos

$$\frac{\partial f}{\partial E_1}(P) = f'(P) \cdot E_1,$$

---

[11] Logo, $\partial f / \partial H(P) = df_P(H)$, por definição deste último símbolo.

isto é,

$$\frac{\partial f}{\partial x_1}(P) = (a_1, a_2, \ldots, a_n) \cdot (1, 0, \ldots, 0) = a_1.$$

Fazendo $H = E_2$, e repetindo o argumento, virá

$$\frac{\partial f}{\partial x_2}(P) = a_2, \text{ etc.}$$

Corolário 2. Seja f diferenciável em P e $f'(P) \neq 0$. Então o maior [menor] valor da derivada direcional de f em P se dá para

$$H = \frac{f'(P)}{|f'(P)|} \quad \left[H = -\frac{f'(P)}{|f'(P)|}\right], \text{ e vale } |f'(P)| \quad [-|f'(P)|].$$

Prova. Aplicando a desigualdade de Schwarz à fórmula do Teorema 2.5.2, vem

$$\left|\frac{\partial f}{\partial H}(P)\right| = |f'(P) \cdot H \cdot| \leq |f'(P)| \; |H| = |f'(P)|,$$

ou seja,[12]

$$-|f'(P)| \leq \frac{\partial f}{\partial H} \leq |f'(P)|.$$

Basta observar agora que os valores dos extremos dessa dupla desigualdade são efetivamente atingidos para

$$H = \frac{f'(P)}{|f'(P)|} \quad \text{e} \quad H = -\frac{f'(P)}{|f'(P)|}.$$

Bem, agora acabou-se o mistério da derivada de uma função de várias variáveis reais (diferenciável): é uma ênupla ordenada constituída das derivadas parciais da função.

Exemplo 2.5.1. Já vimos que a função f: $\mathbb{R}^2 \rightarrow \mathbb{R}$ dada por $f(x, y) = xy^2 + 2$ é diferenciável (um pouco antes da definição de diferenciabilidade). Inclusive calculamos, lá, $f'(x, y) = (y^2, 2xy)$. (Queira ter a bondade de conferir.)

---

[12] Já estudamos, no Vol. 1, a propriedade: se $a \in \mathbb{R}$, $a \geq 0$, então
$|x| \leq a \Leftrightarrow -a \leq x \leq a$.

Pois bem, apenas à guisa de confirmação, notemos que

$$f'(x, y) = \left(\frac{\partial f}{\partial x}(x, y), \frac{\partial f}{\partial y}(x, y) \right) = \left(y^2, 2xy \right).$$

Muito bem. Agora, um diálogo para espairecer.[13] É desse tipo que eu gostaria que acontecesse em aula, a esta altura.[14]

Aluno – Bem, você realmente esclareceu o que é derivada de uma função real, de várias variáveis reais, diferenciável. Inclusive como se calcula em termos de derivadas parciais.

Autor – Obrigado.

Aluno – Não se entusiasme muito. Ainda fica um problema.

Autor – (torcendo para que não venha bobagem) – Qual?

Aluno – Você definiu derivada no caso de f ser diferenciável.

Autor – Sim.

Aluno – Bom, então, embora seja, digamos, fácil calcular derivadas parciais, para saber se uma função é diferenciável eu vou ter de aplicar a definição, e daí, bolas, já sai a derivada.

Autor – (num raro momento de felicidade) – Ótimo! Boa observação. Então você vê que é necessário termos uma maneira prática de decidir se uma função é diferenciável. Vou contar a você, em seguida, uma condição suficiente para a diferenciabilidade, que é fácil de ser verificada em muitas situações.

Aluno – Sim, mas vamos a um cafezinho, antes?

Autor – grrrr !!!

- ***Condição suficiente para diferenciabilidade***

Teorema 2.5.3. Se as derivadas parciais de $f: D_f \subset \mathbb{R}^n \to \mathbb{R}$ existem e são contínuas num aberto, então f é diferenciável nesse aberto.

Prova. Vamos provar, no caso de f ser função de n variáveis; mas, paralelamente, explicitaremos o caso $n = 2$, para melhor compreensão (e digestão da prova).

Teorema 2.5.3. Se as derivadas parciais de $f: D_f \subset \mathbb{R}^n \to \mathbb{R}$ existem e são

---

[13] Patente n. 202101711/99, de 30/02/76.

[14] "Sonhar não é proibido" (Confúcio).

Seja $P = (x, y)$ do aberto, e $r > 0$ tal que $B(P, r)$ esteja contida no mesmo. Seja $H = (h, k)$ tal que $H \in B(0, r)$. Então

$$f(P+H) - f(P) = f(x+h, y+k) - f(x, y) = f(x+h, y+k) - f(x, y+k) + f(x, y+k) - f(x, y) = h\frac{\partial f}{\partial x}(x+\theta h, y+k) + k\frac{\partial f}{\partial y}(x, y+\eta k),$$

onde $\theta, \eta \in (0, 1)$. Aqui aplicamos o famoso Teorema do Valor Médio para funções reais de uma variável real.

Como $\frac{\partial f}{\partial x}$ e $\frac{\partial f}{\partial y}$ são contínuas,

$$\frac{\partial f}{\partial x}(x+\theta h, y+k) = \frac{\partial f}{\partial x}(x, y) + \varphi_P^1(H), \quad \frac{\partial f}{\partial y}(x, y+\eta k) = \frac{\partial f}{\partial y}(x, y) + \varphi_P^2(H),$$

com $\lim_{H \to 0} \varphi_P^i(H) = 0$, $i = 1, 2$.

Portanto

$$f(P+H) - f(P) = h\frac{\partial f}{\partial x}(P) + k\frac{\partial f}{\partial y}(P) + h\varphi_P^1(H) + k\varphi_P^2(H) = f'(P)\cdot H + \varphi_P(H)\cdot H,$$

onde $\varphi_P = \left(\varphi_P^1, \varphi_P^2\right)$ e

$$\lim_{H \to 0} \varphi_P(H) = \varphi_P(0) = 0.$$

Seja $P = (x_1, x_2, ..., x_n)$ do aberto, e $r > 0$, tal que $B(P, r)$ esteja contida no mesmo. Seja $H = (h_1, h_2, ..., h_n)$, tal que $H \in B(0, r)$. Então

$$f(P+H) - f(P) = f(x_1 + h_1, \ldots, x_n + h_n) - f(x_1, \ldots, x_n) = \Sigma_{i=1}^n \big(f(x_1, x_2, \ldots, x_{i-1}, x_i + h_i, x_{i+1} + h_{i+1}, \ldots, x_n) - f(x_1, x_2, \ldots, x_{i-1}, x_i, x_{i+1} + h_{i+1}, \ldots, x_n + h_n\big) = \Sigma_{i=1}^n h_i \frac{\partial f}{\partial x_i}(x_1, x_2, \ldots, x_{i-1}, x_i + \theta_i h_i, x_{i+1}, \ldots, x_n + h_n)\theta_i \in]0, 1[.$$

Pela continuidade de $D_i f$,

$$\frac{\partial f}{\partial x_i}(x_1, x_2, \ldots, x_{i-1}, x_i + \theta_i h_i, x_{i+1}, \ldots, x_n + h_n) = \frac{\partial f}{\partial x_i}(P) + \varphi_P^i(H), \text{ com}$$

$$\lim_{H \to 0} \varphi_P^i(H) = 0, \; i = 1, 2, \ldots, n.$$

Portanto

$$f(P+H) - f(P) = \Sigma_{i-1}^n \left[h_i \frac{\partial f}{\partial x_i} f(P) + h_i \varphi_P^i(H)\right] = f'(P)\cdot H + \varphi_P(H)\cdot H,$$

onde $\varphi_P = \left(\varphi_P^1, \ldots, \varphi_P^n\right)$ e

$$\lim_{H \to 0} \varphi_P(H) = \varphi_P(0) = 0.$$

Notas. 1. O teorema valerá se supusermos as condições apenas em P, suposto interior de D_f. conforme pode-se ver, acompanhando a prova anterior.

2. A recíproca do teorema não é verdadeira: existe função que é diferenciável, logo, possui derivadas parciais, mas estas não são contínuas. Veja o Apêndice A, n. 5.

Bem, agora estamos em boa situação, pelo menos no que se refere às funções mais comuns. Veja, temos uma condição relativamente simples para verificar se uma função é diferenciável (teorema anterior), bastando saber calcular derivadas parciais, e conhecer funções contínuas. Daí, a derivada se calcula através de

$$f'(P) = \left(\frac{\partial f}{\partial x_1}(P), \ldots, \frac{\partial f}{\partial x_n}(P) \right).$$

Exemplo 2.5.2. Todo polinômio em n variáveis é uma função diferenciável.

De fato, derivada parcial de um polinômio é ainda polinômio, logo, é contínua e o resultado segue do teorema precedente. Exemplo concreto:

$$p(x, y, z) = x^3yz + xy^2 + x + y + 2z - 1.$$

Temos

$$\frac{\partial p}{\partial x} = 3x^2yz + y^2 + 1, \ \frac{\partial p}{\partial y} = x^3z + 2xy + 1, \ \frac{\partial p}{\partial z} = x^3y + 2,$$

que são claramente contínuas, logo, p é diferenciável e sua derivada é

$$p'(x, y) = \left(\frac{\partial p}{\partial x}, \frac{\partial p}{\partial y}, \frac{\partial p}{\partial z} \right) = \left(3x^2yz + y^2 + 1, \ x^3z + 2xy + 1, \ x^3y + 2 \right).$$

Exemplo 2.5.3. Toda função racional é diferenciável.

Concretamente, seja $r(x, y) = (x^2 + y^2)/(x^2 - y^2)$, de domínio

$$\{(x, y) \in \mathbb{R}^2 | x \neq \pm y\}.$$

Temos

$$\frac{\partial r}{\partial x} = \frac{2x(x^2 - y^2) - (x^2 + y^2) \cdot 2x}{(x^2 - y^2)^2} = -\frac{4xy^2}{(x^2 - y^2)^2}, \ \frac{\partial r}{\partial y} = \frac{4x^2y}{(x^2 - y^2)^2},$$

que ainda são funções racionais e, por isso, contínuas. Logo, r é diferenciável e tem derivada

$$r'(x, y) = \left(\frac{\partial r}{\partial x}, \frac{\partial r}{\partial y}\right) = \left(-\frac{4xy^2}{\left(x^2-y^2\right)^2}, \frac{4x^2y}{\left(x^2-y^2\right)^2}\right) = \frac{4xy}{\left(x^2-y^2\right)^2}(-y, x).$$

Exemplo 2.5.4. A função f: $\mathbb{R}^2 \to \mathbb{R}$, dada por $f(x, y) = \ln(x^2 + y^2 + 1)$, é diferenciável, pois

$$\frac{\partial f}{\partial x} = \frac{2x}{x^2+y^2+1}, \frac{\partial f}{\partial y} = \frac{2y}{x^2+y^2+1}$$

são claramente contínuas. A derivada de f é

$$f'(x, y) = \left(\frac{2x}{x^2+y^2+1}, \frac{2y}{x^2+y^2+1}\right) = \frac{2}{x^2+y^2+1}(x, y).$$

Exemplo 2.5.5. Ache a derivada direcional de f: $\mathbb{R}^2 \to \mathbb{R}$ dada por $f(x, y) = x^2 + y^2$, na direção $H = \left(1/\sqrt{2}, 1/\sqrt{2}\right)$. (Compare com o Exemplo 1.4.1).

Temos que f é diferenciável (Exemplo 2.5.2); logo, pelo Teorema 2.5.2,

$$\frac{\partial f}{\partial H}(P) = f'(P) \cdot H.$$

Como

$$f'(P) = \left(\frac{\partial f}{\partial x}(P), \frac{\partial f}{\partial y}(P)\right) = (2x, 2y)$$

e

$$H = \left(\frac{1}{\sqrt{2}}, \frac{1}{\sqrt{2}}\right),$$

temos

$$\frac{\partial f}{\partial H}(P) = (2x, 2y) \cdot \left(\frac{1}{\sqrt{2}}, \frac{1}{\sqrt{2}}\right) = 2x \cdot \frac{1}{\sqrt{2}} + 2y \cdot \frac{1}{\sqrt{2}} = \sqrt{2}(x+y).$$

Exemplo 2.5.6. Ache a derivada direcional da função f: $\mathbb{R}^3 \to \mathbb{R}$ dada por $f(x, y, z) = z + \text{sen}(xy)$, na direção do vetor

$H = \left(1/2, 1/3, \sqrt{23/6}\right)$, num ponto $P = (x, y, z)$.

Podemos usar o mesmo raciocínio do exemplo anterior:

$$\frac{\partial f}{\partial x}(P) = \cos(xy) \cdot y, \frac{\partial f}{\partial y}(P) = \cos(xy) \cdot x, \frac{\partial f}{\partial z}(P) = 1$$

são funções contínuas, logo, f é diferenciável, pelo Teorema 1.5.3. Então, pelo Teorema 1.5.2,

$$\frac{\partial f}{\partial H}(P) = f'(P) \cdot H = (\cos(xy) \cdot y,\ \cos(xy) \cdot x,\ 1) \cdot \left(\frac{1}{2}, \frac{1}{3}, \frac{\sqrt{23}}{6}\right)$$

$$= \frac{1}{2}\, y \cos(xy) + \frac{1}{3}\, x \cos(xy) + \frac{\sqrt{23}}{6}.$$

Exemplo 2.5.7. Um esquiador está num ponto Q_0 de uma montanha cujos pontos têm alturas[15] dadas pela função $f\colon D_f \subset \mathbb{R}^2 \to \mathbb{R}$, $f(x, y) = 2x^y$, onde $D_f = \{(x, y) \in \mathbb{R}^2 \mid x > 0\}$. Sendo que Q_0 tem abscissa $x_0 = e$[16] e ordenada $y_0 = 1$, qual a direção mais favorável que o esquiador deve tomar? E a menos favorável?

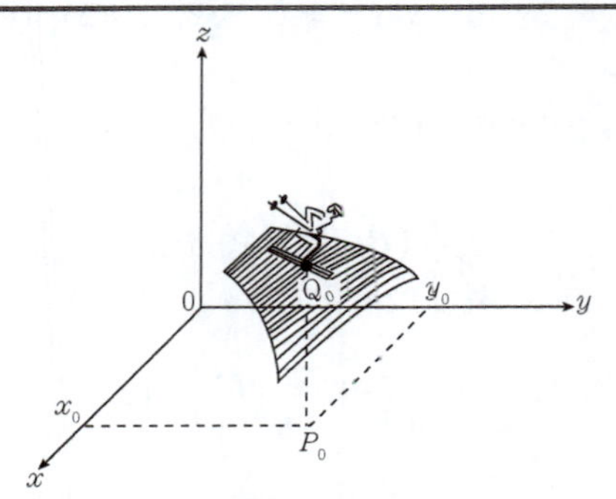

Figura 2.40

De acordo com o *Corolário* 2 do Teorema 2.5.2, a direção mais favorável será aquela determinada por $f'(P_0)$, e a mesma favorável por $-f'(P_0)$, onde $P_0 = (x_0, y_0) = (e, 1)$. Temos

$$f'(P_0) = \left(\frac{\partial f}{\partial x}(P_0), \frac{\partial f}{\partial y}(P_0)\right) = \left(2y_0 x_0^{y_0 - 1},\ 2x_0^{y_0} \ln x_0\right) =$$

$$= \left(2 \cdot 1 \cdot e^{1-1},\ 2e^1 \ln e\right) = (2,\ 2e).$$

[15] Relativas a um mesmo plano de referência.

[16] e, base do logaritmo neperiano; $e \cong 2{,}71\ldots$

Portanto, ele deve se deslocar no caso mais favorável, numa direção sobre *a montanha*, cuja "projeção" sobre o plano XY esteja na direção de $-f'(P_0)$ (Fig. 2-41).

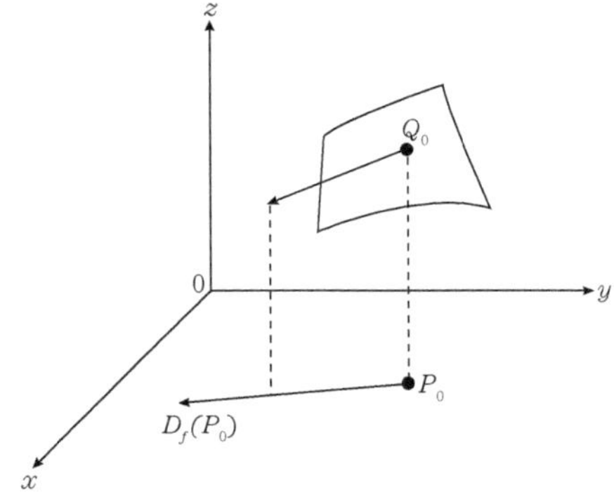

Figura 2.41

Nota. Costuma-se chamar $f'(P)$ de gradiente de f em P, e indicar $f'(P) = \nabla f(P)$. Então, pelo Corolário 2 do Teorema 2.5.2, a direção na qual se realiza a maior derivada direcional num ponto é a do gradiente nesse ponto.

- *Plano tangente*

Vamos ver agora a noção de plano tangente ao gráfico de uma função diferenciável num seu ponto. O plano tangente desempenha um papel análogo ao da reta tangente ao gráfico de uma função diferenciável de uma variável real.

Seja f: $D_f \subset \mathbb{R}^2 \to \mathbb{R}$ diferenciável em $P_0 = (x_0, y_0)$. Queremos substituir o gráfico dessa função por um plano que passa por $(x_0, y_0, f(x_0, y_0))$, Fig. 2-42, o qual deve ser gráfico de uma função g: $\mathbb{R}^2 \to \mathbb{R}$, substituição esta que tem por objetivo aproximar f através de g, assim como substituímos o gráfico de uma função de variável real pela reta tangente num seu ponto Fig. 2-43. Como se sabe pela Geometria Analítica, um plano como o anterior tem por equação

$$z = a(x - x_0) + b(y - y_0) + f(x_0, y_0),$$

ou colocando

$$P = (x, y),\ P_0 = (x_0, y_0),\ L = (a, b),\ \text{e}\ z = g_L(P),$$
$$g_L(P) = L \cdot (P - P_0) + f(P_0). \qquad (\alpha)$$

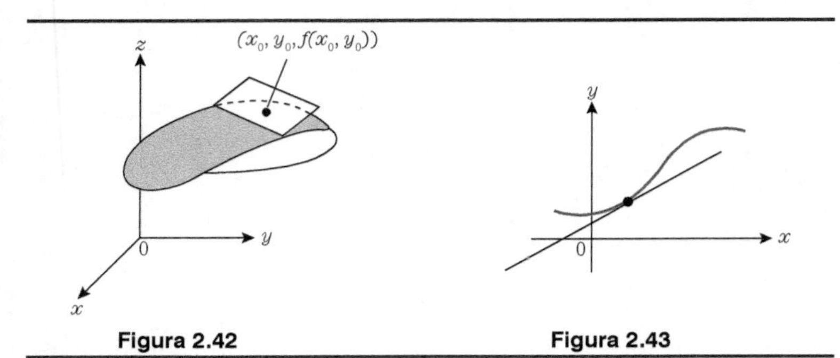

Figura 2.42 **Figura 2.43**

Então, para cada L, temos uma função g_L, cujo gráfico é um plano passando por $(x_0, y_0, f(P_0))$. Como f é diferenciável em P_0, podemos escrever: existe $r > 0$, $\varphi = \varphi_p: B(0, r) \subset \mathbb{R}^2 \to \mathbb{R}^2$ tais que

$$f(P) = f(P_0) + f'(P_0) \cdot (P - P_0) + (P - P_0) \cdot \varphi(P - P_0), \qquad (\beta)$$

com $\lim_{P \to P_0} \varphi(P - P_0) = \varphi(0) = 0$, para todo $P \in B(P_0, r)$.

De (α) e (β) vem que o "erro" $\Delta_L(P)$ vale

$$\Delta_L(P) = f(P) - g_L(P) = [f'(P_0) - L + \varphi(P - P_0)] \cdot (P - P_0). \qquad (\gamma)$$

É imediato que $\lim_{P \to P_0} \Delta_L(P) = 0$, o que mostra que qualquer g_L como acima é uma aproximação de f (assim como no caso de função real de variável real, qualquer reta não vertical pelo ponto fornece uma função aproximante). Mas, então, vamos procurar L que dá a "melhor aproximação", ou seja, devemos procurar L mediante um certo critério que corresponda àquilo que nos é conveniente chamar de *melhor aproximação*. No caso de uma variável, tal reta é a reta tangente. Pois bem, o critério é guiado pelo fato de que queremos que o plano escolhido seja "o que mais se encosta" no gráfico da função dada, o que equivale a dizer que o gráfico de Δ_L deve ser "o que mais se encosta" no plano OXY, o que é conseguido impondo-se que

$$\lim_{P \to P_0} \frac{\Delta_L(P)}{|P - P_0|} = 0. \qquad (\delta)$$

Com a notação da Fig. 2-44, (δ) impõe que tg $\delta \to 0$, para $P \to P_0$; ou seja, quando P tende a P_0, segundo uma curva qualquer, o ponto correspondente sobre o gráfico caminha numa curva que "entra" horizontalmente em P_0.

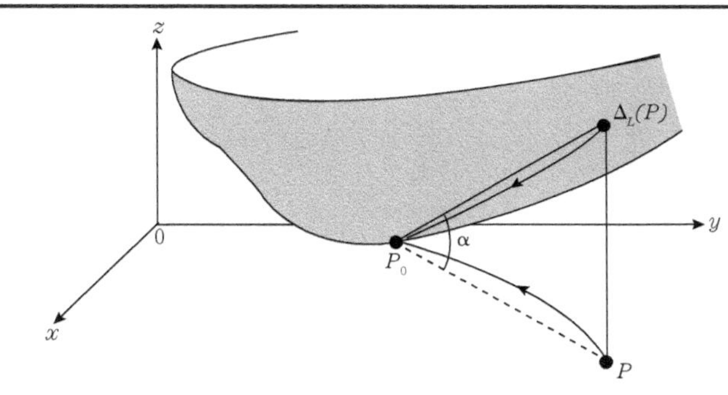

Figura 2.44

A condição (δ) conduz à seguinte, usando-se (γ):

$$\lim_{P \to P_0} \left(f'(P_0) - L + \varphi(P - P_0)\right) \cdot \frac{P - P_0}{|P - P_0|} = 0,$$

o que acarreta

$$\lim_{P \to P_0} \left(f'(P_0) - L + \varphi(P - P_0)\right) = 0$$

e, daí, usando (β),

$$f'(P_0) = L.$$

Conclusão: a função g: $\mathbb{R}^2 \to \mathbb{R}$ buscada é $g_{f'(P_0)}$: $\mathbb{R}^2 \to \mathbb{R}$, e, tendo em vista (α),

$$\boxed{g(P) = f'(P_0) \cdot (P - P_0) + f(P_0).} \qquad (\varepsilon)$$

O plano-gráfico G_g tem, então, por equação

$$\boxed{z = f'(P_0) \cdot (P - P_0) + f(P_0).} \qquad (\iota)$$

As condições (ε) e (ι) também são escritas como:

$$g(x, y) = \frac{\partial f}{\partial x}(x_0, y_0)(x - x_0) + \frac{\partial f}{\partial y}(x_0, y_0)(y - y_0) + f(x_0, y_0); \quad (\varepsilon')$$

$$z = \frac{\partial f}{\partial x}(x_0, y_0)(x - x_0) + \frac{\partial f}{\partial y}(x_0, y_0)(y - y_0) + f(x_0, y_0). \quad (\iota')$$

Nota. Observe que o vetor $[\partial f/\partial x)(P_0)$, $(\partial f/\partial y)$ (P_0), $-1)]$ é normal ao plano tangente por $(x_0, y_0, f(x_0, y_0))$, conforme se vê imediatamente se escrevermos (ι') na forma

$$\frac{\partial f}{\partial x} + \frac{\partial f}{\partial y} y + (-1)z - \frac{\partial f}{\partial x} x_0 - \frac{\partial f}{\partial y} y_0 + f(x_0, y_0) = 0$$

(as derivadas parciais calculadas em (P_0).

Exemplo 2.5.8. Ache uma equação do plano tangente ao gráfico da função f: $\mathbb{R}^2 \to \mathbb{R}$, $f(x, y) = \ln(x^2 + y^2 + 1)$ no ponto dado por $(x_0, y_0) = (1, 1)$.

Temos (veja o Exemplo 2.5.4)

$$\frac{\partial f}{\partial x} = \frac{2x}{x^2 + y^2 + 1}, \quad \frac{\partial f}{\partial y} = \frac{2y}{x^2 + y^2 + 1},$$

logo, para $x = 1$, $y = 1$,

$$\frac{\partial f}{\partial x}(1, 1) = \frac{2}{3} = \frac{\partial f}{\partial y}(1, 1), \quad \text{e} \quad f(1, 1) = \ln 3.$$

Pela nota anterior, $(2/3, 2/3, -1)$ é um vetor normal ao plano procurado, o qual deve passar por $(1, 1, \ln 3)$. Daí, sua equação será

$$((x, y, z) - (1, 1, \ln 3)) \cdot \left(\frac{2}{3}, \frac{2}{3}, -1\right) = 0,$$

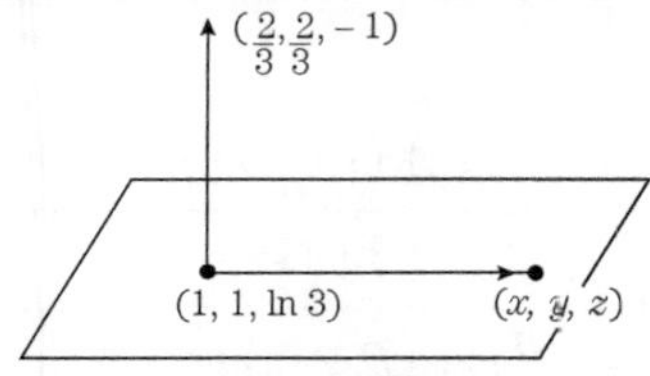

Figura 2.45

ou seja,

$$(x-1)\frac{2}{3}+(y-1)\frac{2}{3}+(z-\ln 3)(-1)=0,$$

de onde resulta

$$2x+2y-3z+3\ \ln\ 3-4=0.$$

Nota. A noção de plano tangente pode ser dada se $D_f \subset \mathbb{R}^n$: é o dado pela expressão (ι), onde $P, P_0 \in \mathbb{R}^n$. Reveja as considerações feitas anteriormente, pensando D_f como subconjunto de $\mathbb{R}^n$.

EXERCÍCIOS

2.5.1. Mostre, pela definição, que a função f: $\mathbb{R}^2 \to \mathbb{R}$ é diferenciável nos casos:

a) $f(x, y) = x + y$; b) $f(x, y) = xy$; c) $f(x, y) = x^2y$.

2.5.2. Existe função diferenciável num ponto que não seja contínua nesse ponto?

2.5.3. Existe função diferenciável num ponto para a qual não existe a derivada direcional nesse ponto, numa certa direção?

2.5.4. Vimos no texto que, se f é diferenciável em $P = (x, y)$, então a diferencial $df_p(\mathrm{H}) = (\partial f/\partial x)(P)h + (\partial f/\partial y)(P)k$, onde $H = (h, k)$. Essa notação, na prática, indicando-se h por dx, k por dy, é escrita assim:

$$df = \frac{\partial f}{\partial x}dx + \frac{\partial f}{\partial y}dy.$$

Verifique que as funções f, a seguir, são diferenciáveis, calcule $f'(x, y)$ e calcule df, usando a notação acima introduzida.

a) $f(x, y) = x^2 + y^2$; b) $f(x, y) = x + y$;

c) $f(x, y) = x^3 + y^2 - 3xy$; d) $f(x, y) = \dfrac{x^2 - y^2}{x^2 + y^2}$;

e) $f(x, y) = x^3y + e^{xy^2}$.

2.5.5. Calcule $f'(x, y, z)$, nos casos em que $f(x, y, z)$ é igual a

a) xyz; b) $x^2 + y^2 + z^2$; c) $\sqrt{x^2+y^2+z^2}$;

d) $\cos(ax - by)$; e) $\ln \mathrm{sen}(x - 2y) + z$ f) xy^{yz}.

2.5.6. Ache a derivada direcional de f em P na direção H, nos casos:

a) $f(x, y) = 2x^2 - 3y^2$, $P = (1, 0)$ $H = \left(-\dfrac{1}{2}, \dfrac{\sqrt{3}}{2}\right)$;

b) $f(x, y) = x^2 - xy - 2y^2$, $P = (1, 2)$ $H = \left(\dfrac{1}{2}, \dfrac{\sqrt{3}}{2}\right)$;

c) $f(x, y, z) = 2x^3y - 3y^2z$, $P = (1, 2, -1)$ $H = \left(\frac{2, -3, 6}{7}\right)$;

d) $f(x, y) = \ln(x^2 + y^2)$, $P = (1, 1)$ $H = \left(\frac{\sqrt{2}}{2}, \frac{\sqrt{2}}{2}\right)$;

e) $f(x, y) = \sqrt{25 - x^2 - y^2}$, $P = (3, 2)$ $H = \left(\frac{1}{2}, \frac{\sqrt{3}}{2}\right)$.

2.5.7. Mostre que a derivada direcional de $f(x, y) = 2y^2/z$ em qualquer ponto da elipse $2x^2 + y^2 = 1$ na direção normal a ela (quer dizer H é perpendicular à tangente à elipse, nesse ponto) é nula.

2.5.8. Uma formiga anda sobre uma chapa plana, cuja temperatura é dada pela função $T(x, y) = \sqrt{25 - x^2 - y^2} + 10$.

a) Numa certa ocasião, ela está no ponto (1, 0) e deseja se movimentar de modo a ir para regiões mais quentes. Quais as possíveis direções? Qual a que dará maior aumento de temperatura?

b) Mesmas questões, agora para regiões mais frias.

2.5.9. A altura dos pontos de uma montanha é dada por $h(x, y) = 4 - x^2/2 - y^2/3$. Quer-se, a partir do ponto dela com $x = 0$, $y = -1$, construir-se uma estrada que vá até o topo. Sabendo que a inclinação máxima deve ser 30°, dê as possíveis direções em que se pode construir a estrada por P.

2.5.10. Ache a máxima derivada direcional e a mínima derivada direcional da função no ponto indicado:

a) $f(x, y) = 2x \operatorname{sen} y$, $P = (1, 0)$,

b) $f(x, y, z) = \sqrt{x^2 + y^2 + z^2}$, $P = (3, 4, 0)$.

2.5.11. Ache uma equação do plano tangente ao gráfico da função no ponto correspondente ao dado, nos casos

a) $f(x, y) = x^2/2 - y^2$, P = (2, –1);

b) $f(x, y) = x^2 + y^2$, P = (1, –2);

c) $f(x, y) = e^x \cos y$, P = (0, π);

d) $f(x, y) = \operatorname{sen}(x^2 + y^2)$, P = (0, 0).

2.5.12. Ache o ponto do gráfico G_f de $f\colon \mathbb{R}^2 \to \mathbb{R}$, dada por $f(x, y) = \sqrt{2}/2$ $\sqrt{1 - 4x^2 - 4y^2}$, tal que a reta por ele, normal a G_f (isto é, perpendicular ao plano tangente), forma ângulos iguais com os eixos coordenados.

2.6 REGRAS DE DERIVAÇÃO

Vamos ver agora as regras de derivação que nos permitirão calcular derivadas de somas, produtos etc., de funções, conhecendo as derivadas destas. A aparência das fórmulas guarda uma extraordinária semelhança com o caso de função de uma variável real que estudamos no Vol. 1 de nosso curso, mas os símbolos devem ser examinados com cuidado. Por isso, vamos enunciar os resultados, exemplificar e, depois, daremos as demonstrações.

(A) Derivada da soma, diferença, produto.

Se f e g são diferenciáveis em $P \in \mathbb{R}^n$, então $f + g, f - g$, $cf (c \in \mathbb{R})$, fg são diferenciáveis em P, e

(i) $(f + g)'(P) = f'(P) + g'(P)$;

(ii) $(f - g)'(P) = f'(P) - g'(P)$;

(iii) $(cf)'(P) = cf'(P)$;

(iv) $(fg)'(P) = f(P)\, g'(P) + g(P)\, f'(P)$;

(v) $\left(\dfrac{f}{g}\right)'(P) = \dfrac{g(P)f'(P) - f(P)g'(P)}{g^2(P)}$ $\quad (\text{se } g(P) \neq 0)$.

Exemplo 2.6.1. Sejam $f: \mathbb{R}^3 \to \mathbb{R}$, g: $\mathbb{R}^3 \to \mathbb{R}$ dadas por $f(x, y, z) = y^2z - x$, $g(x, y, z) = x + y + \text{sen}\, z$. Então

$$\frac{\partial f}{\partial x} = -1, \qquad \frac{\partial f}{\partial y} = 2yz, \qquad \frac{\partial f}{\partial z} = y^2,$$

$$\frac{\partial g}{\partial x} = 1, \qquad \frac{\partial g}{\partial y} = 1, \qquad \frac{\partial g}{\partial z} = \cos z,$$

o que mostra que f e g são diferenciáveis; temos

$$f'(x, y, z) = \left(-1, 2yz, y^2\right),$$

$$g'(x, y, z) = (1, 1, \cos z).$$

Então, pelo resultado acima, $f + g, f - g$, $3f$, fg são diferenciáveis e

$$(f+g)'(x, y, z) = f'(x, y, z) + g'(x, y, z) = \left(0, 2yz+1, y^2+\cos z\right);$$

$$(f-g)'(x, y, z) = f'(x, y, z) - g'(x, y, z) = \left(-2, 2yz-1, y^2-\cos z\right);$$

$$(3f)'(x, y, z) = 3f'(x, y, z) = \left(-3, 6yz, 3y^2\right);$$

$$(fg)'(x, y, z) = f(x, y, z)g'(x, y, z) + g(x, y, z)f'(x, y, z) =$$
$$= \left(y^2z - x\right)(1, 1, \cos z) + (x + y + \operatorname{sen} z)\left(-1, 2yz, y^2\right).$$

Aqui vamos representar (a, b, c) por $\begin{pmatrix} a \\ b \\ c \end{pmatrix}$, ou já que temos matrizes, por $\begin{bmatrix} a \\ b \\ c \end{bmatrix}$, por conveniência. Observe a correspondência de operações:

$$\lambda(a, b, c) = (\lambda a, \lambda b, \lambda c) \leftrightarrow \lambda \begin{bmatrix} a \\ b \\ c \end{bmatrix} = \begin{bmatrix} \lambda a \\ \lambda b \\ \lambda c \end{bmatrix}$$

$$(a, b, c) + (a', b', c') = (a+a', b+b', c+c') \leftrightarrow \begin{bmatrix} a \\ b \\ c \end{bmatrix} + \begin{bmatrix} a' \\ b' \\ c' \end{bmatrix} = \begin{bmatrix} a+a' \\ b+b' \\ c+c' \end{bmatrix}.$$

Então, continuando:

$$= \begin{bmatrix} y^2z - x \\ y^2z - x \\ \left(y^2z - x\right)\cos z \end{bmatrix} + \begin{bmatrix} (x+y+\operatorname{sen} z)(-1) \\ (x+y+\operatorname{sen} z)2yz \\ (x+y+\operatorname{sen} z)y^2 \end{bmatrix} =$$

$$= \begin{bmatrix} y^2z - x - (x+y+\operatorname{sen} z) \\ y^2z - x + (x+y+\operatorname{sen} z)2yz \\ \left(y^2z - x\right)\cos z + (x+y+\operatorname{sen} z)y^2 \end{bmatrix}.$$

Agora é só escrever em linha. Mas nem isso é preciso! Sabemos que a primeira componente é a primeira linha, a segunda, a segunda linha e a terceira, a terceira linha!

$\dfrac{f}{g}$ é diferenciável[17] e

$$\left(\frac{f}{g}\right)'(x, y, z) = \frac{g(x, y, z)f'(x, y, z) - f(x, y, z)g'(x, y, z)}{g^2(x, y, z)} =$$

$$= \frac{1}{(x + y + \text{sen } z)^2}\left\{(x + y + sen\ z)\begin{bmatrix} -1 \\ 2yz \\ y^2 \end{bmatrix} - (y^2 z - x)\begin{bmatrix} 1 \\ 1 \\ \cos z \end{bmatrix}\right\} =$$

$$= \frac{1}{(x + y + \text{sen } z)^2}\begin{bmatrix} -(x + y + \text{sen } z) - (y^2 z - x) \\ (x + y + \text{sen } z)2yz - (y^2 z - x) \\ (x + y + \text{sen } z)y^2 - (y^2 z - x)\cos z \end{bmatrix}.$$

Nota. É claro que poderíamos calcular primeiro $f + g$, digamos, e depois calcular $(f + g)'(x, y, z)$. O mesmo se diga para $f - g$, fg etc.

(B) Derivada de função composta (regra da cadeia)

(i) Se $f\colon D_f \subset \mathbb{R}^n \to \mathbb{R}$ é diferenciável em P,

$\alpha\colon D_\alpha \subset \mathbb{R} \to \mathbb{R}$ é diferenciável em $f(P)$,

então $\alpha \circ f\colon D_{\alpha \circ f} \subset \mathbb{R}^n \to \mathbb{R}$ é diferenciável em P e

$$(\alpha \circ f)'(P) = \alpha'(f(P))f'(P).$$

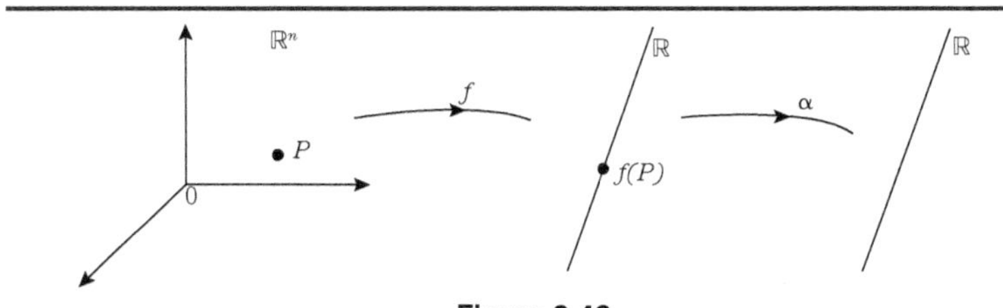

Figura 2.46

[17] É fácil ver que $D_{f/g}$ é aberto, pois $g(x, y, z) = 0 \Leftrightarrow \text{sen } z = -(x + y) \Leftrightarrow -(x + y) = k\pi,\ k \in \mathbb{Z}$.

Exemplo 2.6.2. Seja f: $\mathbb{R}^2 \to \mathbb{R}$ dada por $f(x, y) = x + y^2x$ e seja α: $\mathbb{R} \to \mathbb{R}$ dada por $\alpha(t) = \text{sen}\, t$. Essas funções são claramente diferenciáveis. Temos que $\alpha \circ f$: $\mathbb{R}^2 \to \mathbb{R}$ é diferenciável pelo resultado anterior, e

$$(\alpha \circ f)(x, y) = \alpha(f(x, y)) = \alpha(x + y^2x) = \text{sen}(x + y^2x).$$

Temos $\alpha'(t) = \cos t$, portanto $\alpha'(f(x, y)) = \cos(x + y^2x)$.

$$f'(x, y) = \left(\frac{\partial f}{\partial x}, \frac{\partial f}{\partial y}\right) = (1 + y^2, 2yx).$$

Então, pela regra acima,

$$(\alpha \circ f)'(x, y) = \alpha'(f(x, y))f'(x, y) = \cos(x + y^2x)\begin{bmatrix} 1 + y^2 \\ 2yx \end{bmatrix} =$$

$$= \begin{bmatrix} (1 + y^2)\cos(x + y^2x) \\ 2yx\cos(x + y^2x) \end{bmatrix}$$

Nota. O exemplo anterior foi feito com o intuito de esclarecer a regra anunciada. No entanto, se você tem de achar $(\alpha \circ f)'(x, y)$, sabendo que $\alpha \circ f$ é diferenciável (e, aí, você usa a informação dada pela regra), você pode proceder diretamente assim: calcule

$$(\alpha \circ f)(x, y) = \alpha(x + y^2x) = \text{sen}(x + y^2x);$$

agora

$$(\alpha \circ f)'(x, y) = \left(\frac{\partial \alpha \circ f}{\partial x}, \frac{\partial \alpha \circ f}{\partial y}\right);$$

mas

$$\frac{\partial \alpha \circ f}{\partial x} = \frac{\partial}{\partial x}\text{sen}(x + y^2x) = \cos(x + y^2x)\frac{\partial}{\partial x}(x + y^2x) = \cos(x + y^2x)\cdot(1 + y^2).$$

Para esse cálculo, lembre-se que, para calcular $\partial\alpha \circ f/\partial x$, você considera a função $x \mapsto (\alpha \circ f)(x, y) = \text{sen}(x + y^2x)$, com y considerado constante, e deriva essa função. Ora, isto é derivada de função composta no caso de função de uma variável real, a qual você sabe calcular!

Do mesmo modo,

$$\frac{\partial \alpha \circ f}{\partial y} = \frac{\partial}{\partial y}\text{sen}(x + y^2x) = \cos(x + y^2x)\cdot 2yx,$$

e obtemos, assim, o resultado.

Exemplo 2.6.3. Seja $u: D_u \subset \mathbb{R}^3 \to \mathbb{R}$ diferenciável. Então u^5 é diferenciável, e sua derivada é

$$\left(5u^4 \frac{\partial u}{\partial x}, 5u^4 \frac{\partial u}{\partial y}, 5u^4 \frac{\partial u}{\partial z}\right).$$

Vamos verificar isto à luz da regra da cadeia enunciada. Observe que $u^5 = \alpha \circ u$, onde $\alpha: \mathbb{R} \to \mathbb{R}$ é dada por $\alpha(t) = t^5$, claramente diferenciável. Então, pela regra, mencionada, $\alpha \circ u = u^5$ é diferenciável, e

$$(\alpha \circ u)'(x, y, z) = \alpha'(u(x, y, z))u'(x, y, z) = 5u^4\left(\frac{\partial u}{\partial x}, \frac{\partial u}{\partial y}, \frac{\partial u}{\partial z}\right),$$

que é o resultado procurado.

Vamos, no entanto, raciocinar diretamente. Como antes, concluiu-se que u^5 é diferenciável. Agora

$$\frac{\partial u^5}{\partial x} = 5u^4 \frac{\partial u}{\partial x},$$

pois calcula-se $\partial u^5/\partial x$ considerando-se $x \mapsto u^5(x, y, z)$ com y e z constantes e derivando essa função de x. Pela regra de derivação de função composta para função de *uma* variável, essa derivada é $5u^4\, \partial u/\partial x$. Do mesmo modo,

$$\frac{\partial u^5}{\partial y} = 5u^4 \frac{\partial u}{\partial y}, \quad \frac{\partial u^5}{\partial z} = 5u^4 \frac{\partial u}{\partial z}$$

e, daí,

$$\left(u^5\right)'(x, y, z) = \left(\frac{\partial u^5}{\partial x}, \frac{\partial u^5}{\partial y}, \frac{\partial u^5}{\partial z}\right) = \left(5u^4 \frac{\partial u}{\partial x}, 5u^4 \frac{\partial u}{\partial y}, 5u^4 \frac{\partial u}{\partial z}\right).$$

Se você entendeu tudo, verifique diretamente que se u é diferenciável,

$$\left[\ln\left(u^3 + 1\right)\right]'(x, y, z) = \frac{3u^2}{u^3 + 1}\left(\frac{\partial u}{\partial x}, \frac{\partial u}{\partial y}, \frac{\partial u}{\partial z}\right).$$

Passemos, agora, a outra regra,

(ii) Se $\alpha: D_\alpha \subset \mathbb{R} \to \mathbb{R}^n$ é diferenciável em t,

$f: D_f \subset \mathbb{R}^n \to \mathbb{R}$ é diferenciável em $\alpha(t)$,

então $f \circ \alpha: D_{f \circ \alpha} \subset \mathbb{R} \to \mathbb{R}$ é diferenciável em t, e

$$(f \circ \alpha)'(t) = f'(\alpha(t)) \cdot \alpha'(t).$$

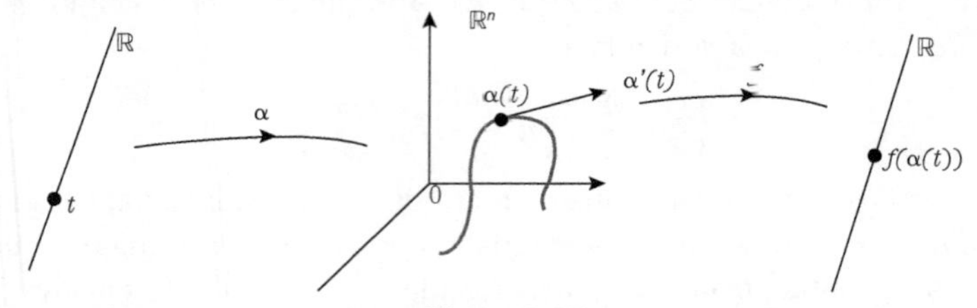

Figura 2.47

Nota. Se $\alpha = (\alpha_1, \alpha_2, ..., \alpha_n)$, então

$$\alpha'(t) = \left(\frac{d\alpha_1}{dt}, \frac{d\alpha_2}{dt}, \ldots, \frac{d\alpha_n}{dt}\right)$$

$$f'(\alpha(t)) = \left(\frac{\partial f}{\partial x_1}, \frac{\partial f}{\partial x_2}, \ldots, \frac{\partial f}{\partial x_n}\right)^{[18]}$$

e a regra, acima, fica:

$$(f \circ \alpha)'(t) = \frac{\partial f}{\partial x_1}\frac{d\alpha_1}{dt} + \frac{\partial f}{\partial x_2}\frac{d\alpha_2}{dt} + \ldots + \frac{\partial f}{\partial x_n}\frac{d\alpha_n}{dt}$$

Exemplo 2.6.4. Sejam $\alpha: \mathbb{R} \to \mathbb{R}^2$, $\alpha(t) = (t, t^2)$ e $f: \mathbb{R}^2 \to \mathbb{R}$, $f(x, y) = x^2 + y^2$. Então

$$f'(x, y) = \left(\frac{\partial f}{\partial x}, \frac{\partial f}{\partial y}\right) = (2x, 2y),$$

$$f'(\alpha(t)) = f'(t, t^2) = (2t, 2t^2),$$

$$\alpha'(t) = (1, 2t).$$

Logo, pela regra acima, $f \circ \alpha$ é diferenciável, e

$$(f \circ \alpha)'(t) = f'(\alpha(t)) \cdot \alpha'(t) = (2t, 2t^2) \cdot (1, 2t) = 2t + 4t^3.$$

Nota. Poderíamos ter feito o cálculo diretamente:

$$(f \circ \alpha)(t) = f(\alpha(t)) = f(t, t^2) = t^2 + (t^2)^2 = t^2 + t^4.$$

Portanto $(f \circ \alpha)'(t) = 2t + 4t^3$.

Exemplo 2.6.5. (Teorema de Euler). Vamos dar uma aplicação da regra em questão, que dá um resultado chamado Teorema de Euler.

---

[18] As derivadas parciais calculadas em $\alpha(t)$.

• Se $f: D_f \subset \mathbb{R}^n \to \mathbb{R}$ é tal que $f(tP) = t^k f(P)$ para todo $t > 0$ e algum $k \in \mathbb{R}$, f se diz *homogênea de grau k*.

• *Exemplos*

$f: \mathbb{R}^2 - \{0\} \to \mathbb{R}, f(x, y) = 1/(x^2 + y^2)$ é homogênea de grau –2, pois $f(tP) = f(tx, ty) = 1/[(tx)^2 + (ty)^2] = 1/[t^2(x^2 + y^2)] = t^{-2}f(P)$;

$f: \mathbb{R}^3 \to \mathbb{R}, f(x, y, z) = x^3 + y^3 + z^3$ é homogênea de grau 3, pois $f(tx, ty, tz) = t^3(x^3 + y^3 + z^3) = t^3 f(x, y, z)$;

$f: \mathbb{R}^2 \to \mathbb{R},\ f(x, y) = \sqrt[4]{x^3 + y^3}$ é homogênea de grau 3/4. (Prove!)

• (*Teorema de Euler*). Seja $f: D_f \subset \mathbb{R}^n \to \mathbb{R}$ diferenciável. Então f é homogênea de grau $k \Leftrightarrow P \cdot f'(P) = kf(P)$ para todo $P \in D_f$.

[No caso $n = 3$, por exemplo, a relação acima fica

$$x\frac{\partial f}{\partial x} + y\frac{\partial f}{\partial y} + z\frac{\partial f}{\partial z} = kf(x, y, z)\Bigg].$$

Prova. a) $\Rightarrow$ Seja $P \in D_f$ fixo. Então, por hipótese, $f(tP) = t^k f(P)$. Derivando como função de t, e usando a regra da cadeia, vem [aqui $\alpha(t) = tP$, portanto $\alpha'(t) = P$]:

$$f'(tP) \cdot P = kt^{k-1} f(P).$$

Em particular, fazendo $t = 1$, resulta a tese.

b) $\Leftarrow$ Indicaremos no Exercício 2.6.12.

Exemplo 2.6.6. O objetivo deste exemplo é dar uma aplicação importante da regra da cadeia que estamos focalizando. Trata-se de mostrar que $\nabla f(P_0) = f'(P_0) = (\partial f/\partial x_1(P_0), ..., \partial f/\partial x_n(P_0))$ é perpendicular em P_0 à curva de nível de f que passa por P_0, a saber $f(P) = f(P_0)$, num sentido que veremos a seguir. Para que a gente não se perca durante as considerações tomaremos um exemplo concreto.

Seja $f: D_f \subset \mathbb{R}^n \to \mathbb{R}$ diferenciável em P_0, e $N_{f(P_0)} = \{P \in \mathbb{R}^n \mid f(P) = f(P_0)\}$ o conjunto de nível de f que passa por P_0. Suponhamos $\alpha: I \subset \mathbb{R} \to \mathbb{R}^n$ uma "curva" diferenciável em t_0, sendo $\alpha(t_0) = P_0$ e $\alpha(I) \subset N_{f(P_0)}$.

Exemplo concreto: $f: \mathbb{R}^2 \to \mathbb{R}, f(x, y) = x^2 + y^2$,

$$P_0 = \left(\frac{\sqrt{2}}{2}, \frac{\sqrt{2}}{2}\right),\ f(P_0) = 1,\ N_{f(P_0)} = \{(x, y) | x^2 + y^2 = 1\}$$

é um círculo (Fig. 2-48).

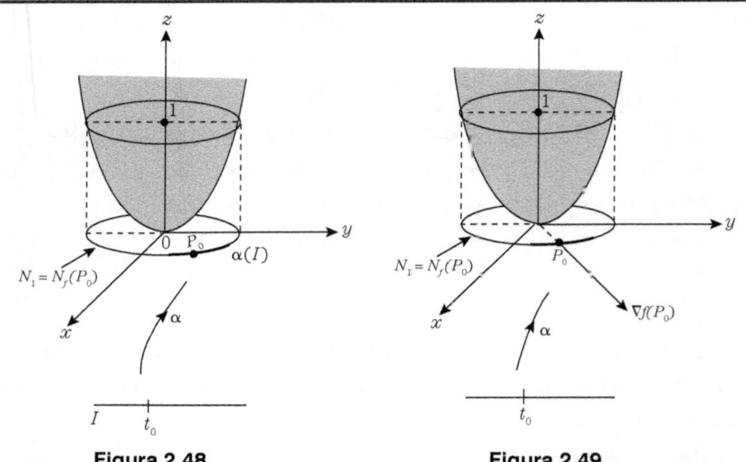

Figura 2.48 **Figura 2.49**

Continuando, como $\alpha(I) \subset N_k$, devemos ter

$$f(\alpha(t)) = f(P_0) \quad \text{para todo } t \in I.$$

Derivando ambos os membros (como funções de t) em t_0, e usando a regra da cadeia, vem

$$f'(\alpha(t_0)) \cdot \alpha'(t_0) = 0,$$

ou seja,

$$\nabla f(P_0) \cdot \alpha'(t_0) = 0.$$

Bom, admitindo $\nabla f(P_0) \neq 0$, e $\alpha'(t_0) \neq 0$, essa relação nos diz que $\nabla f(P_0)$ é normal à velocidade $\alpha'(t_0)$ da curva, sendo plausível, pois, dizer que $\nabla f(P_0)$ é perpendicular à curva de nível $f(P) = f(P_0)$ em P_0.

No caso do nosso exemplo concreto, temos

$$\nabla f(x, y) = (2x, 2y).$$

Portanto

$$\nabla f\left(\frac{\sqrt{2}}{2}, \frac{\sqrt{2}}{2}\right) = \left(\sqrt{2}, \sqrt{2}\right)$$

(observe a Fig. 2-49).

Nota. Mais tarde (Exerc. 3.5.4) veremos que a condição $\nabla f(P_0) \neq 0$ implica na existência de α com $\alpha'(t_0) \neq 0$.

Atenção! Com relação ao problema acima, a experiência mostra que há uma confusão que aparece invariavelmente na mente dos alunos. Queremos esclarecer bem este ponto. Veja, demos

$$f : \mathbb{R}^2 \to \mathbb{R},\ f(x, y) = x^2 + y^2$$

e consideramos a curva de nível N_1: $x^2 + y^2 = 1$. Daí mostramos que $\nabla f(x_0, y_0) = (2x_0, 2y_0)$ é perpendicular a N_1 num seu ponto $P_0 = (x_0, y_0)$. Observe que N_1 está desenhada (veja a Fig. 2-49) no plano *OXY*, bem como $\nabla f(P_0)$. Está, então, bem claro que $\nabla f(P_0)$ não é perpendicular ao gráfico G_f de f; aliás, isso nem tem sentido, pois $\nabla f(P_0) \in \mathbb{R}^2$ e $G_f \subset \mathbb{R}^3$. Até aqui tudo bem. Mas acontece que G_f é também um conjunto de nível, a saber, da função φ: $\mathbb{R}^3 \to \mathbb{R}$ dada por $\varphi(x, y, z) = f(x, y) - z = x^2 + y^2 - z$. Claro, $G_f = \left\{(x, y, z) \in \mathbb{R}^3 \middle| \varphi(x, y, z) = 0\right\}$. Ora, sendo um conjunto de nível (nesse caso superfície de nível) de φ. podemos obter um vetor normal a G_f num seu ponto Q_0 que é $\nabla\varphi(Q_0)$! Ora,

$$\nabla\varphi(x, y, z) = \left(\frac{\partial f}{\partial x}, \frac{\partial f}{\partial y} - 1\right) = (2x, 2y, -1).$$

(Se você se lembra da definição que demos de plano tangente ao gráfico G_f de uma função, verá que $\nabla\varphi$ é normal a ele, mostrando a consistência dos conceitos). Assim, temos, falando livremente, o que se segue.

Dada f: $D_f \subset \mathbb{R}^2 \to \mathbb{R}$ diferenciável,

a) $\nabla f = (\partial f/\partial x, \partial f/\partial y)$ é perpendicular aos conjuntos de nível de f (desenhos no plano *OXY*).

b) $\nabla\varphi = (\partial f/\partial x, \partial f/\partial y, -1)$ é perpendicular ao gráfico G_f de f (desenhos no $\mathbb{R}^3$) (Fig. 2-50).

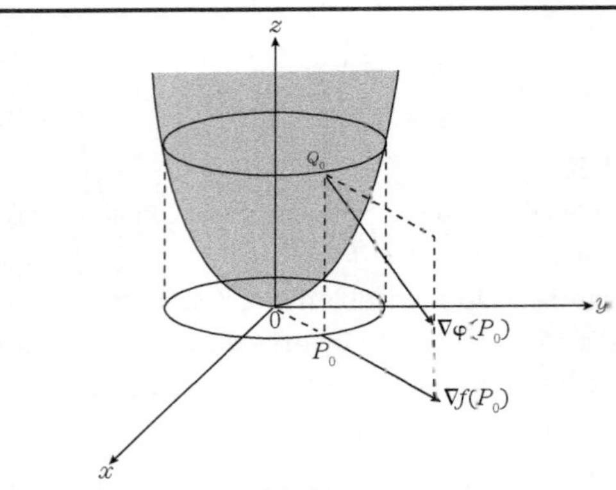

Figura 2.50

Agora vamos passar à demonstração dos resultados registrando-os sob forma de um teorema:

Teorema 2.6.1. (A) Se f e g são diferenciáveis em $P \in \mathbb{R}^n$, então $f+g, f-g, cf (c \in \mathbb{R}), fg$ são diferenciáveis em P e

(i) $(f+g)'(P) = f'(P) + g'(P)$;

(ii) $(f-g)'(P) = f'(P) - g'(P)$;

(iii) $(cf)'(P) = cf'(P)$;

(iv) $(fg)'(P) = f(P)g'(P) + g(P)f'(P)$;

(v) $\left(\dfrac{f}{g}\right)'(P) = \dfrac{g(P)f'(P) - f(P)g'(P)}{g^2(P)}$, se $g(P) \neq 0$

Teorema 2.6.1. (B) (Regra da cadeia)

(i) Se $f: D_f \subset \mathbb{R}^n \to \mathbb{R}$ é diferenciável em P,

$\alpha: D_\alpha \subset \mathbb{R} \to \mathbb{R}$ é diferenciável em $f(P)$;

então $\alpha \circ f: \mathrm{D}_{\alpha \circ f} \subset \mathbb{R}^n \to \mathbb{R}$ é diferenciável em P, e

$$(\alpha \circ f)'(P) = \alpha'(f(P)) \cdot f'(P).$$

(ii) Se $\alpha: D_\alpha \subset \mathbb{R} \to \mathbb{R}^n$ é diferenciável em t,

$f: D_f \subset \mathbb{R}^n \to \mathbb{R}$ é diferenciável em $\alpha(t)$;

então $f \circ \alpha: \mathrm{D}_{f \circ \alpha} \subset \mathbb{R} \to \mathbb{R}$ é diferenciável em t, e

$$(f \circ \alpha)'(t) = f'(\alpha(t)) \cdot \alpha'(t).$$

Prova. Parte (A)

Como f e g são diferenciáveis em P, existem $r > 0$, $\varphi_P: B(0, r) \subset \mathbb{R}^n \to \mathbb{R}$, $\psi_P: B(0, r) \subset \mathbb{R}^n \to \mathbb{R}$, tais que, para todo $H \in B(0, r)$. tem-se

$$f(P+H) = f(P) + A \cdot H + \varphi_P(H) \cdot H,\ A = f'(P),$$
$$\lim_{H \to 0} \varphi_P(H) = \varphi_P(0) = 0; \quad (\alpha)$$

$$f(P+H) = g(P) + B \cdot H + \psi_P(H) \cdot H,\ B = g'(P),$$
$$\lim_{H \to 0} \psi_P(H) = \psi_P(0) = 0. \quad (\beta)$$

(i) Temos

$$(f+g)(P+H) = f(P+H) + g(P+H) \underset{(\beta)}{\overset{(\alpha)}{=}} f(P) +$$
$$+ A \cdot H + \varphi_P(H) \cdot H + g(P) + B \cdot H + \psi_P(H) \cdot$$
$$\cdot H = (f+g)(P) + (A+B) \cdot H + (\varphi_P + \psi_P)(H) \cdot H.$$

Sendo $\zeta_P = \varphi_P + \psi_P$, tem-se $\lim_{H \to 0} \zeta_P(H) = \zeta_P(0) = 0$; logo, a relação acima mostra que $f + g$ é diferenciável em P, e que

$$(f + g)'(P) = A + B = f'(P) + g'(P).$$

(ii) Exercício

(iii) Exercício

(iv)

$$(fg)(P+H) = f(P+H)g(P+H) \underset{(\beta)}{\overset{(\alpha)}{=}}$$
$$= \left[f(P) + A \cdot H + H \cdot \varphi_P(H)\right]\left[g(P) + B \cdot H + H \cdot \psi_P(H)\right] =$$
$$= f(P)g(P) + f(P)B \cdot H + f(P)H \cdot \psi_P(H) +$$
$$+ (A \cdot H)g(P) + (A \cdot H)(B \cdot H) + (A \cdot H)(H \cdot \psi_P(H)) +$$
$$+ (H \cdot \varphi_P(H)g(P) + (H \cdot \varphi_P(H))(B \cdot H) + (H \cdot \varphi_P(H))(H \cdot \psi_P(H))$$
$$= (fg)(P) + (f(P)B + g(P)A) \cdot H +$$
$$+ \left[f(P)\psi_P(H) + (A \cdot H)B + (A \cdot H)\psi_P(H) + g(P)\varphi_P(H) +\right.$$
$$\left.+ (B \cdot H)\varphi_P(H) + (\varphi_P(H) \cdot H)\psi_P(H)\right] \cdot H$$

Introduzindo ζ_P: $B(0, r) \subset \mathbb{R}^n \to \mathbb{R}$ por $\zeta_P(H)$ = termo entre colchetes acima, é fácil ver que $\lim_{H\to 0} \zeta_P(H) = \zeta_P(0) = 0$, e a afirmação se segue.

(v) Será mostrada adiante.

Parte (*B*)

• (i) Como f é diferenciável em P, existem $r > 0$ e φ_P: $B(0, r) \subset \mathbb{R}^n \to \mathbb{R}$ tais que, para todo $H \in B(0, r)$, tem-se

$$f(P+H) = f(P) + A \cdot H + \varphi_P(H) \cdot H,\ A = f'(P),\ \lim_{H\to 0} \varphi_P(H) = \varphi_P(0) = 0. \quad (\alpha)$$

• Como g é diferenciável em $f(P)$, existem $s > 0$ e ψ_P: $B(0, s) \subset \mathbb{R} \to \mathbb{R}$ tais que, para todo $h \in B(0, s)$, tem-se

$$g(f(P)+h) = g(f(P)) + hB + h\psi_{f(P)}(h),\quad B = g'(f(P)),$$

$$\lim_{H\to 0} \psi_{f(P)}(h) = \psi_{f(P)}(0) = 0. \quad (\beta)$$

• Pela continuidade de f em P, podemos supor r escolhido de tal forma que $f(B(P, r) \subset B(f(P), s)$ e, então,

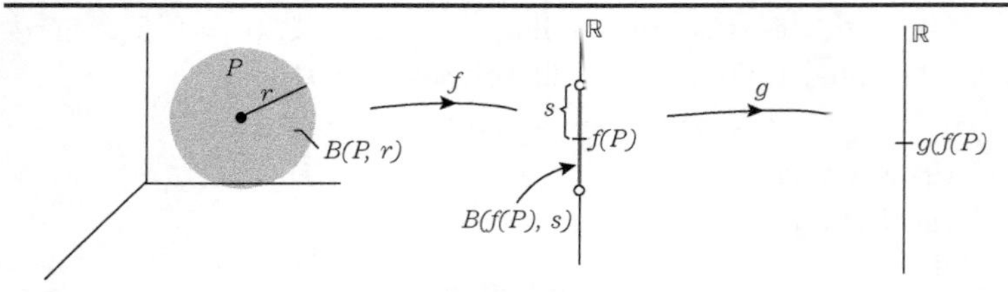

Figura 2.51

$$(g \circ f)(P+H) = g\left(f(P+H) \overset{(\alpha)}{=} g(f(P) + A \cdot H + \varphi_P(H) \cdot H\right) =$$

$$\overset{(\beta)}{=} g(f(P) + (A \cdot H + \varphi_P(H) \cdot H)B + (A \cdot H + \varphi_P(H) \cdot H)$$

$$\psi_{f(P)}(A \cdot H + \varphi_P(H) \cdot H) = (g \circ f)(P) + AB \cdot H +$$

$$+H \cdot \left[B\varphi_P(H) + \psi_{f(P)}(h)A + \psi_{f(P)}(h)\varphi_P(H)\right]$$

onde claramente $h = A \cdot H + \varphi_P(H) \cdot H$. Introduzindo ζ_P: $B(0, r) \to \mathbb{R}$ por $\zeta_P(H)$ = expressão entre colchetes acima, é claro que, se $\lim_{H\to 0} \zeta_P(H) = \zeta_P(0) = 0$, o resultado se segue. Mas

$$\lim_{H\to 0}\zeta_P(H) = \lim_{H\to 0}\Big(B\varphi_P(H) + \psi_{f(P)}\big(A\cdot H + \varphi_P(H)\cdot H\big)A + $$
$$+\psi_{f(P)}\big(A\cdot H + \varphi_P(H)\cdot H\big)\varphi_P(H)\Big)$$
$$= B\varphi_P(0) + \psi_{f(P)}(0)A + \psi_{f(P)}(0)\varphi_P(0) = 0$$

(aqui usamos o corolário do Teorema 2.3.1).

• (ii) Como $\alpha: I \subset \mathbb{R} \to \mathbb{R}^n$ é diferenciável em t, existem $r > 0$ e φ_t: $B(0, r) \subset \mathbb{R} \to \mathbb{R}^n$, tais que

$$\alpha(t + h) = \alpha(t) + h\alpha'(t) + h\varphi_t(h),$$

para todo $h \in B(0, r)$, com $\lim_{h\to 0}\varphi_t(h) = \varphi_t(0) = 0.$ $\qquad(\alpha)$

• Como f: $D_f \subset \mathbb{R}^n \to \mathbb{R}$ é diferenciável em $\alpha(t)$, existem $s > 0$ e $\psi_{\alpha(t)}$: $B(0, s) \subset \mathbb{R}^n \to \mathbb{R}$, tais que

$$f(\alpha(t) + H) = f(\alpha(t)) + f'(\alpha(t)) \cdot H + H \cdot \psi_{\alpha(t)}(H),$$

para todo $H \in B(0, s)$, com $\lim_{H\to 0}\psi_{\alpha(t)}(H) = \psi_{\alpha(t)}(0) = 0.$

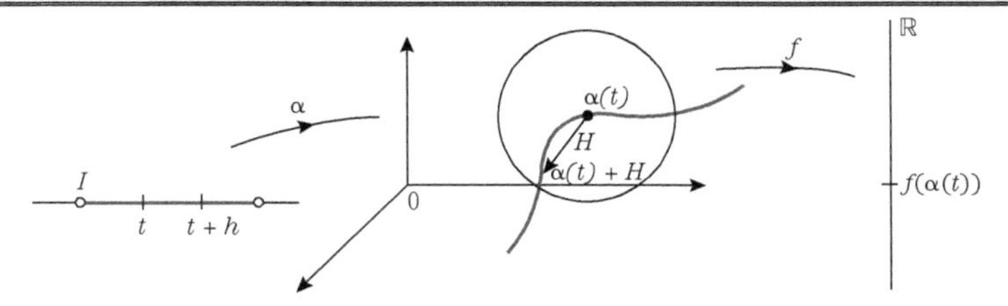

Figura 2.52

• Queremos combinar (α) e (β). Para isso, observemos que podemos supor $\alpha(I) \subset \beta(\alpha(t), s)$ pela continuidade de α, "diminuindo" I se necessário. Nesse caso,

$$(f\circ\alpha)(t+h) = f\big(\alpha(t+h)\big) \overset{(\alpha)}{=} f\big(\alpha(t) + h\alpha'(t) + h\varphi_t(h)\big) \overset{(\beta)}{=}$$
$$= f\big(\alpha(t)\big) + f'\big(\alpha(t)\big)\cdot\big[h\alpha'(t) + h\varphi_t(h)\big] +$$
$$+\big[h\alpha'(t) + h\varphi_t(h)\big]\cdot\psi_{\alpha(t)}\big(h\alpha'(t) + h\varphi_t(h)\big) =$$
$$= f\big(\alpha(t)\big) + hf'\big(\alpha(t)\big)\cdot\alpha'(t) +$$
$$+h\underbrace{\Big[f'\big(\alpha(t)\big)\cdot\varphi_t(h) + \big[\alpha'(t) + \varphi_t(h)\big]\cdot\psi_{\alpha(t)}\big(h\alpha'(t) + h\varphi_t(h)\big)\Big]}_{\zeta_t(H)}.$$

Introduzindo $\zeta_t: B(0, r) \subset \mathbb{R} \to \mathbb{R}$, como se obvia acima, é fácil ver que $\lim_{h\to 0} \zeta_t(h) = \zeta_t(0) = 0$.

Parte (v) da parte (A):

Como $1/g = 1/i \circ g$, onde i é a função identidade de $\mathbb{R}$, concluímos por (i), parte (B), que $1/g$ é diferenciável em P, e

$$\left(\frac{1}{g}\right)'(P) = \left(\frac{1}{i}\right)'(g(P))g'(P) = -\frac{1}{i^2}(g(P))g'(P) = -\frac{g'(P)}{g^2(P)}. \quad (\gamma)$$

Agora, como $f/g = f \cdot 1/g$, temos, usando (iv) da parte (A), que f/g é diferenciável em P e

$$\left(\frac{f}{g}\right)'(P) = f(P)\left(\frac{1}{g}\right)'(P) + \frac{1}{g(P)}f'(P) =$$

$$\overset{(\gamma)}{=} f(P)\left(-\frac{g'(P)}{g^2(P)}\right) + \frac{1}{g(P)}f'(P) = \frac{g(P)f'(P) - f(P)g'(P)}{g^2(P)}.$$

O teorema seguinte é uma versão, para o caso que estamos estudando, do famosíssimo Teorema do Valor Médio (Vol. 1, Cap. 3, Proposição 3.2.1.), que diz que se f é contínua em $[a, b]$, é derivável em $]a, b[$; então existe $c \in\,]a, b[$ tal que

$$f(b) - f(a) = f'(c)(b - a).$$

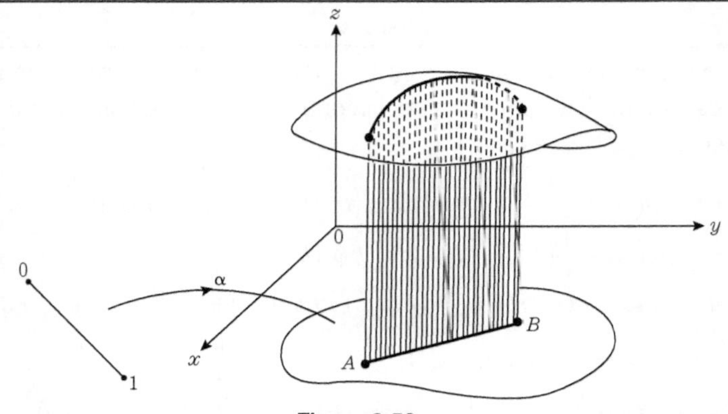

Figura 2.53

Teorema 2.6.2. Seja $f: D_f \subset \mathbb{R}^n \to \mathbb{R}$ diferenciável, e suponha que o segmento $[A, B]$ esteja contido em D_f. Então existe $C \in \,]A, B[$ tal que

$$f(B) - f(A) = f'(C) \cdot (B - A).$$

Prova. Seja α: $[0, 1] \to \mathbb{R}^n$ dada por $\alpha(t) = A + t(B - A)$, cuja trajetória $\alpha([0, 1])$ é $[A, B] \subset D_f$. Considere $f \circ \alpha$: $[0, 1] \to \mathbb{R}$. Pelo Teorema 2.6.1, $f \circ \alpha$ é diferenciável e, portanto, aplica-se a ela o Teorema do Valor Médio acima mencionado: existe $c \in]0, 1[$ tal que

$$(f \circ \alpha)(1) - (f \circ \alpha)(0) = (f \circ \alpha)'(c)(1 - 0),$$

ou seja,

$$f(B) - f(A) = f'(\alpha(c)) \cdot \alpha'(c).$$

Mas $\alpha'(c) = B - A$, e, pondo $C = \alpha(c) \in \,]A, B[$, vem

$$f(B) - f(A) = f'(C) \cdot (B - A).$$

Corolário. Seja f: $D_f \subset \mathbb{R}^n \to \mathbb{R}$ diferenciável, onde D_f é aberto conexo. Suponha que $f'(P) = 0$ para todo $P \in D_f$. Então f é constante.

Prova. Tome $P_0 \in D_f$. Seja

$$M = \{P \in D_f \mid f(P) = f(P_0)\} \text{ e } N = \complement_{D_f} M.$$ [19]

• $M \neq \varnothing$ pois P_0 e M.

• M é aberto. De fato, seja $Q_0 \in M$. Como D_f é aberto, existe uma bola aberta centrada em Q_0 e contida em D_f. Então, se P está nessa bola, $[Q_0, P]$ está contida nessa bola, e podemos aplicar o Teorema 2.6.2:

$$f(P) - f(Q_0) = f'(C) \cdot (Q - Q_0) = 0 \cdot (Q - Q_0) = 0.$$

Portanto $f(P) = f(Q_0)$, para todo P da referida bola, o que mostra que Q_0 é ponto interior de M.

• N é aberto. De fato, se $R_0 \in N$, então $f(R_0) \neq f(P_0)$. Por um raciocínio análogo ao acima, prova-se que existe uma bola aberta centrada em R_0 onde f tem o valor constante $f(R_0)$, logo, tal bola está contida em N.

---

[19] Quer dizer, N é o complementar de M em D_f. Trocando em miúdos, N é o conjunto dos pontos de D_f que não pertencem a M. Então $Q \in N \Leftrightarrow (Q) \neq f(P_0)$.

Concluímos que N deve ser vazio, se não $D_f = M \cup N$, $M \neq \emptyset$, $N \neq \emptyset$, M e N abertos, o que contraria a hipótese de D_f ser aberto conexo. Ora, $N = \emptyset$ quer dizer, pela própria definição de N, que $M = D_f$, isto é, qualquer que seja $P \in D_f$, $f(P) = f(P_0)$, que é a tese.

EXERCÍCIOS

2.6.1. Verifique as propriedades da parte (A) do Teorema 2.6.1 no caso $f, g\colon \mathbb{R}^2 \to \mathbb{R}$, $f(x, y) = x + y^2$, $g(x, y) = x^2 + y^2$, $P = (1, 0)$, $c = 3$.

Explicação. Calcule os primeiros membros e os segundos membros, e verifique se coincidem, respectivamente.

2.6.2. Verifique a propriedade (i), parte (B), do Teorema 2.6.1, nos casos

a) $f\colon \mathbb{R}^2 \to \mathbb{R}, f(x, y) = xy,$
$\alpha\colon \mathbb{R} \to \mathbb{R}, \alpha(t) = e^t;$

b) $f\colon \mathbb{R}^3 \to \mathbb{R}, f(x, y, z) = \ln(x^2 + y^2 + z^2 + 1),$
$\alpha\colon \mathbb{R} \to \mathbb{R}, \alpha(t) = e^t;$

2.6.3. Idem, parte (ii), nos casos

a) $f : \mathbb{R}^2 \to \mathbb{R},\ f(x, y) = \dfrac{y}{x^2 + y^2},$
$\alpha : \mathbb{R} \to \mathbb{R}^2, \alpha(t) = (\cos t, \operatorname{sen} t);$

b) $f\colon \mathbb{R}^3 \to \mathbb{R}, f(x, y, z) = x + y + \operatorname{sen} z,$
$\alpha\colon \mathbb{R} \to \mathbb{R}^3, \alpha(t) = (1, 1, \cos(t)).$

2.6.4. Calcule $f'(x, y, z)$ em termos de $u(x, y, z)$ sendo $f(x, y, z) =$

a) e^u; b) $e^{\operatorname{sen} u}$; c) $\cos(u^2 + 1)$; d) $\operatorname{arc\,tg} \dfrac{1}{1+u^2}$.

2.6.5. Sendo $\alpha\colon \mathbb{R} \to \mathbb{R}^2$, $\alpha(t) = (x(t), y(t))$, diferenciável, calcule $d(f \circ \alpha)/dt$, sendo $f(x, y) =$

a) $x^2 + 3y^2$; b) x^2y^4; c) $\operatorname{sen}(x + y^2)$.

2.6.6. Sendo $\alpha\colon \mathbb{R} \to \mathbb{R}^3$, $\alpha(t) = (x(t)), y(t), z(t))$, diferenciável, calcule $d(f \circ \alpha)/dt$, sendo $f(x, y, z) =$

a) $e^x \cos(y + z)$; b) $\dfrac{x}{\cos z + 2}$.

2.6.7. Sendo $\alpha\colon \mathbb{R} \to \mathbb{R}^2$, $\alpha(t) = (t^2, \operatorname{sen} t)$, calcule $d(f \circ \alpha)/dt$, sendo dada $f\colon \mathbb{R}^2 \to \mathbb{R}$.

2.6.8. Admita diferenciabilidade de f.

a) Sendo $z = f(u)$, $u = x - y$, mostre que $\partial z/\partial x + \partial z/\partial y = 0$.

Nota. $\partial z/\partial x$ é um abuso de notação, adequado para simplificar o enunciado; $\partial z/\partial x$ está por $\partial(f \circ u)/\partial x$. O mesmo se diga para $\partial z/\partial y$.

b) Sendo $z = f(ax - by)$, mostre que $b\ \partial z/\partial x + a\ \partial z/\partial y = 0$.

c) Sendo $z = f(\text{sen}\ x + \cos y)$, mostre que $\text{sen}\ y\ \partial z/\partial x + \cos x\ \partial z/\partial y = 0$.

2.6.9. Quais das funções $f: D_f \to \mathbb{R}$ são homogêneas?[20]

Para o caso afirmativo, dê o grau $\cdot f(x, y) =$

a) $20x^6y - 12x^2y^5$; b) $\dfrac{x - y}{x^2 + y}$;

c) $4x^2y - (xy)^{3/2}$; d) $\dfrac{x - y}{(x + y)(\sqrt{x} + \sqrt{y})}$; e) $\dfrac{y}{x} + \text{sen}\dfrac{y}{x}$.

2.6.10. Verifique o teorema de Euler para cada uma das funções homogêneas do exercício anterior.

2.6.11. Sendo $z = F(y/x)$ diferenciável, mostre que $x(\partial z/\partial x) + y(\partial z/\partial y) = 0$.

2.6.12. Para provar a parte restante do Teorema de Euler, proceda conforme as instruções dadas a seguir.

a) Considere a função $\varphi(t) = f(tP)$, $t > 0$. P fixo. Derive e use a hipótese $P \cdot f'(P) = kf(P)$ para chegar a $t\varphi'(t) = k\varphi(t)$.

b) Derive $\varphi(t)t^{-k}$ e conclua por a) que a derivada é nula, logo, essa função é constante.

c) Determine a constante fazendo $t = 1$.

2.6.13. A pressão P de um gás se relaciona com seu volume V e com sua temperatura através da fórmula $P = cT/V$, onde c é uma constante. Bombeia-se ar num balão; num certo instante, tem-se $V = 1\,200$, $T = 360$, $P = 30$, $dV/dt = 8$, $dT/dt = 4$. Pergunta-se se, nesse instante, a pressão está aumentando ou diminuindo, e a que razão.

2.6.14. Um automóvel percorre uma estrada, e num dado instante, ele está num ponto de abscissa 1 e ordenada 1, e o vetor velocidade é $\mathbf{v} = (-1, 2, 1)$. Sabendo que a altura dos pontos do terreno onde se situa a estrada é dada por $h(x, y) = xy$, diga se a altitude do carro está aumentando ou diminuindo no ponto considerado.

2.7 DERIVADAS DE ORDEM SUPERIOR. TEOREMA DE SCHWARZ

Consideremos a função $f: \mathbb{R}^2 \to \mathbb{R}$ dada por $f(x, y) = x^3y + xy$. Temos

$$\partial_1 f(x, y) = \frac{\partial f}{\partial x}(x, y) = 3x^2y + y.$$

[20] D_f é o "maior" possível.

Vemos, assim, que $\partial_1 f\colon \mathbb{R}^3 \to \mathbb{R}$ e que podemos calcular $\partial_1(\partial_1 f)$:

$$\partial_1(\partial_1 f)(x, y) = 6xy.$$

Costuma-se indicar $\partial_1(\partial_1 f)$ por $\partial_{11} f$. Em outra notação,

$$\partial_1(\partial_1 f) = \frac{\partial}{\partial x}\left(\frac{\partial f}{\partial x}\right) = \frac{\partial^2 f}{\partial x^2}.$$

Poderíamos também ter calculado $\partial_2(\partial_1 f)(x, y) = 3x^2 + 1$. Indica-se $\partial_2(\partial_1 f) = \partial_{21} f$, ou, em outra notação, $\partial_2(\partial_1 f) = \partial/\partial y(\partial f/\partial x) = \partial^2 f/\partial y \partial x$. No presente exemplo, poderíamos calcular $\partial_1(\partial_{21} f)$, $\partial_2(\partial_{21} f)$ etc., que seriam indicados, respectivamente, por $\partial_{121} f$, $\partial_{221} f$.

Em geral, indica-se por $\partial_{ij} f$ a função $\partial_i(\partial_j f)$, i e j inteiros positivos, e é referida por *uma* (função) *derivada de segunda ordem de* f. Analogamente se definem (funções) derivadas de terceira ordem, quarta ordem etc. As derivadas parciais $\partial_1 f, \partial_2 f, \ldots, \partial_n f$, nesse contexto, são referidas como derivadas de primeira ordem.

Exemplo 2.7.1. Calcule $\partial_1 f$, $\partial_2 f$, $\partial_{11} f$, $\partial_{22} f$, $\partial_{12} f$, $\partial_{21} f$, $\partial_{212} f$, $\partial_{211} f$, $\partial_{1122} f$, sendo $f\colon \mathbb{R}^2 \to \mathbb{R}$, $f(x, y) = x^3 + 3x^2 y + y^5 + 10$.

$$\frac{\partial f}{\partial x} = \partial_1 f = 3x^2 + 6xy, \qquad \frac{\partial f}{\partial y} = \partial_2 f = 3x^2 + 5y^4;$$

$$\frac{\partial^2 f}{\partial x^2} = \partial_{11} f = 6x + 6y, \qquad \frac{\partial^2 f}{\partial y^2} = \partial_{22} f = 20y^3;$$

$$\frac{\partial^2 f}{\partial x \partial y} = \partial_{12} f = 6x, \qquad \frac{\partial^2 f}{\partial y \partial x} = \partial_{21} f = 6x;$$

$$\frac{\partial^3 f}{\partial y \partial x \partial y} = \partial_{212} f = 0, \qquad \frac{\partial^3 f}{\partial y \partial x^2} = \partial_{211} f = 6;$$

$$\frac{\partial^4 f}{\partial x^2 \partial y^2} = \partial_{1122} f = 0.$$

Exemplo 2.7.2. Calcule $\partial_{12} f$ e $\partial_{21} f$ nos casos

a) $f\colon \mathbb{R}^2 \to \mathbb{R}$, $f(x, y) = \text{sen}\,(1 + xy)$

b) $f\colon D_f \to \mathbb{R}$, $f(x, y) = x/y$, onde $D_f = \{(x, y) \in \mathbb{R}^2 \mid y \neq 0\}$.

Temos

a) $\partial_{12}f = \partial_1(\partial_2 f) = \partial_1(\cos(1+xy)\cdot x) =$
$= \partial_1(\cos(1+xy))\cdot x + \cos(1+xy)\partial_1 x =$
$= -\text{sen}(1+xy)\cdot y\cdot x + \cos(1+xy);$
$\partial_{21}f = \partial_2(\partial_1 f) = \partial_2(\cos(1+xy)y) =$
$= \partial_2(\cos(1+xy))y + \cos(1+xy)\partial_2 y =$
$= -\text{sen}(1+xy)\cdot x\cdot y + \cos(1+xy).$

b) Fazendo os cálculos resulta

$$\partial_{12}f = \partial_{21}f = -\frac{1}{y^2}.$$

Nos exemplos anteriores, aconteceu sempre $\partial_{12}f = \partial_{21}f$. Isso não ocorre sempre (veja o Apêndice A, n. 6), mas o teorema a seguir nos dá condições *suficientes* para tal ocorrência. Antes, uma definição útil:

Sejam $f: D_f \subset \mathbb{R}^n \to \mathbb{R}$, e k um inteiro positivo; f se diz de *classe* C^k num aberto U se existirem e forem contínuas as derivadas parciais de f até a ordem k. Se isso ocorre para todo inteiro positivo k, f se diz de *classe* C^∞. Dizer-se apenas f é de *classe* C^k ou f é de *classe* C^∞, significa, respectivamente, que f é de *classe* C^k em D_f, e f é de classe C^∞ em D_f.

Assim, $f: D_f \subset \mathbb{R}^2 \to \mathbb{R}$, classe C^1 se existem, e são contínuas $\partial_1 f$ e $\partial_2 f$ e é de classe C^2 se existem, e são contínuas, $\partial_1 f$, $\partial_2 f$, $\partial_{12} f$, $\partial_{21} f$.

Teorema 2.1.1. (*De Schwarz, ou da invertibilidade da ordem de derivação*). Se $f: D_f \subset \mathbb{R}^2 \to \mathbb{R}$ é de classe C^2, então $\partial_{12}f = \partial_{21}f$.[21]

Prova. • Seja $P = (x, y) \in D_f$; então existe $r > 0$ tal que $H = (h, k) \in B(0, r)$ implica que $(x + h, y)$, $(x + h, y + k)$, $(x, y + k)$ pertencem a D_f (por quê?). Faremos uso de

[21] Em outra notação,

$$\frac{\partial^2 f}{\partial x\, \partial y} = \frac{\partial^2 f}{\partial y\, \partial x}.$$

$$A = \left[f\left(x+h,\, y+k\right) - f\left(x+h,\, y\right)\right] - \left[f\left(x,\, y+k\right) - f\left(x,\, y\right)\right].$$

(Fig. 2-54).

A ideia é mostrar que A/hk tende a $\partial_{12} f$ e a $\partial_{21} f$ quando $h, k \to 0$.

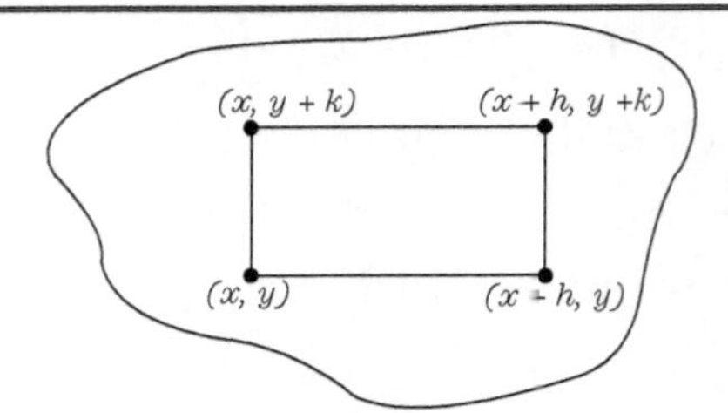

Figura 2.54

• Seja Φ: $D_\Phi \to \mathbb{R}$ dada por

$$\Phi(s) = f\left(x+s,\, y+k\right) - f\left(x+s,\, y\right) \text{ (Fig. 2-55).}$$

onde D_Φ é o intervalo de extremos 0 e h.[22] É fácil ver que

$$A = \Phi(h) - \Phi(0).$$

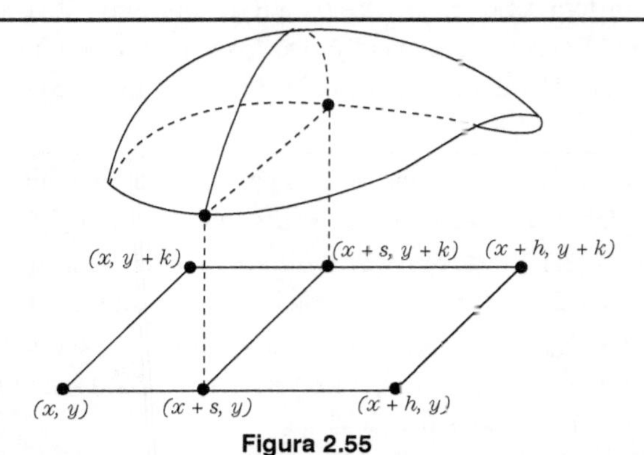

Figura 2.55

[22] Φ está definida para cada h e k.

Usando o Teorema do Valor Médio (Vol. 1, Proposição 3.2.1) vem

$$A = \Phi'(s_1)h \ (s_1 \text{ entre } 0 \text{ e } h).$$

Mas

$$\Phi'(s_1) = \partial_1 f(x+s_1,\ y+k) - \partial_1 f(x+s_1,\ y) =$$
$$= \partial_{12} f(x+s_1,\ y+s_2)k \quad (s_2 \text{ entre } 0 \text{ e } k)$$

(usamos novamente Teorema do Valor Médio). Então

$$A = \partial_{12} f(x+s_1,\ y+s_2)kh. \tag{1}$$

• Introduzindo agora ψ: $D_\psi \to \mathbb{R}$ por

$$\psi(t) = f(x+h,\ y+t) - f(x,\ y+t),$$

sendo D_ψ o intervalo de extremos 0 e k, resulta, por raciocínio análogo ao anterior, que

$$A = \partial_{21}(x+t_2,\ y+t_1)hk \quad (t_1 \text{ entre } 0 \text{ e } k \text{ e } t_2 \text{ entre } 0 \text{ e } h) \tag{2}$$

• De (1) e (2) resulta

$$\partial_{12} f(x+s_1,\ y+s_2) = \partial_{21} f(x+t_2,\ y+t_1).$$

Fazendo agora $h, k \to 0$, e notando que com isso[23] $s_1, s_2, t_1, t_2 \to 0$, vem, pela continuidade de $\partial_{12} f$ e $\partial_{21} f$, que

$$\partial_{12} f(x,\ y) = \partial_{21} f(x,\ y).$$

Notas. 1. O resultado vale sob hipóteses menos restritivas. Citaremos o resultado dado a seguir, cuja prova pode ser encontrada em J. Pierpont, *The Theory of Functions of Real Variables*, Vol. 1, Dover, Secção 420.

Seja f: $D_f \subset \mathbb{R}^2 \to \mathbb{R}$, $P_0 = (x_0, y_0) \in D_f$, tal que

α) $\partial_1 f$ existe em $B(P_0, r)$,

β) $\partial_{12} f$ existe em $B^*(P_0, r)$,

γ) existe $\lambda = \lim_{P \to P_0} \partial_{12} f(P)$.

Então $\partial_{12} f(P_0) = \lambda$. Se, ainda, mais,

∂) $\partial_2 f$ existe nos pontos de $B(P_0, r)$ que estão sobre a reta $y = y_0$, então

$$\partial_{12} f(P_0) = \partial_{21} f(P_0).$$

[23] A afirmação requer uma pequena verificação formal, que cobraremos nos exercícios.

2. Observemos que

$$\partial_{12}f(x, y) = \partial_1(\partial_2 f)(x, y) = \partial_1\left(\lim_{k\to 0}\frac{f(x, y+k) - f(x, y)}{k}\right) =$$

$$= \lim_{h\to 0}\frac{\lim_{k\to 0}\frac{f(x+h, y+k) - f(x+h, y)}{k} - \lim_{k\to 0}\frac{f(x, y+k) - f(x, y)}{k}}{h}$$

$$= \lim_{h\to 0}\lim_{k\to 0}\frac{f(x+h, y+k) - f(x+h, y) - (f(x, y+k) - f(x, y))}{kh}$$

$$= \lim_{h\to 0}\lim_{k\to 0}\frac{A}{kh}. \qquad (\gamma)$$

Do mesmo modo, chega-se a

$$\partial_{21}f(x, y) = \lim_{k\to 0}\lim_{h\to 0}\frac{A}{hk}. \qquad (\delta)$$

Observando (γ) e (δ) vemos que a ordem dos limites está trocada, logo, não é de se esperar sempre igualdade. Veja

$$\lim_{k\to 0}\lim_{h\to 0}\frac{h^2 - k}{h+k} = \lim_{k\to 0} -\frac{k}{k} = -1$$

$$\lim_{h\to 0}\lim_{k\to 0}\frac{h^2 - k}{h+k} = \lim_{h\to 0}\frac{h^2}{h} = \lim_{h\to 0} h = 0.$$

[(Pode-se provar que, se existe $\lim_{(h, k)\to(0, 0)} f(h, k) = L$, então $\lim_{h\to 0}\lim_{k\to 0} F(h, k) = \lim_{k\to 0}\lim_{h\to 0} F(h, k)$.]

Corolário. Seja $f: D_f \subset \mathbb{R}^n \to \mathbb{R}$ tal que as derivadas parciais de ordem $\leq k$ são contínuas em D_f. Então as derivadas parciais

$$\partial i_1\, i_2, \ldots, i_k, \quad 1 \leq i_1, \ldots, i_k \leq n$$

são iguais.

Prova. Basta mostrar que uma permutação de índices sucessivos não altera o valor da derivada, porquanto qualquer permutação de índices pode ser obtida através de permutação de índices sucessivos [por exemplo, a série (1, 3, 2, 4) é obtida de (4, 3, 2, 1) assim: (4, 3, 2, 1) → (3, 4, 1, 2) → (3, 1, 4, 2) → (1, 3, 2, 4)].

Considere a função

$$h\left(x_{i_r}, x_{i_{r+1}}\right) = \partial_{i_{r+2}, \ldots, i_k} f(x_1, \ldots, x_n)$$

(cujo domínio é claro) onde são consideradas constantes todas as variáveis, exceto x_{ir} e x_{ir+1}. Então

$$\partial_{i_r i_{r+1}} h = \partial_{i_r+1 i_r} h,$$

isto é,

$$\partial_{i_r i_{r+1} i_{r+2} \dots i_k} f = \partial_{i_{r+1} i_r i_{r+2} \dots i}$$

Aplicando $\partial_{ir \dots, ir-1}$ a ambos os membros, vem

$$\partial_{i_1 \dots i_{r-1} i_r i_{r+1} i_{r+2} \dots i_k} f = \partial_{i_1 \dots i_{r-1} i_{r+1} i_r i_{r+2} \dots i} f.$$

EXERCÍCIOS

2.7.1. Calcule $\partial^2 f/\partial x^2$, $\partial^2 f/(\partial x \partial y)$, $\partial^2 f/(\partial y \partial x)$, $\partial^2 f/\partial y^2$, nos casos em que $f(x, y)$ é igual a:

a) $\sqrt{x^2+y^2}$; b) $\ln(x^2+y)$; c) $\frac{1}{3}\sqrt{\left(x^2+y^2\right)^3}$;

d) $\ln\left(x+\sqrt{x^2+y^2}\right)^{1/3}$; e) $\text{arc tg}\, \frac{y}{x}$;

f) $\text{sen}^2(2x+y)$; g) $\text{arc sen}(xy)$.

2.7.2. Mostre que a função dada em *e* do Exercício 2.7.1 satisfaz a equação de Laplace $\partial^2 f/\partial x^2 + \partial^2 f/\partial y^2 = 0$.

2.7.3. Idem para $f(x, y) = \ln 1/r$, $r = \sqrt{(x-a)^2+(y-b)^2}$.

2.7.4. Ache $\partial^3 u/(\partial x\, \partial y\, \partial z)$, sendo $u = x^3y^4z^5$.

2.7.5. Mostre que a função dada satisfaz a relação dada, nos casos

a) $u(x, t) = A\, \text{sen}(a\, \lambda t + \varphi)\, \text{sen}\, \lambda x$; $\dfrac{\partial^2 u}{\partial t^2} = a^2 \dfrac{\partial^2 u}{\partial x^2}$ (equação da corda vibrante);

b) $u(x, t) = f(x-at) + g(x+at)$; $\dfrac{\partial^2 u}{\partial t^2} = a^2 \dfrac{\partial^2 u}{\partial x^2}$ (f e g de classe C^2);

c) $u(x, y, z, t) = \dfrac{1}{\left(2a\sqrt{\pi t}\right)^3} e - \left[(x-x_0)^2+(y-y_0)^2+(z-z_0)^2\right] / 4a^2 t$

$$\frac{\partial u}{\partial t} = a^2\left(\frac{\partial^2 u}{\partial x^2}+\frac{\partial^2 u}{\partial y^2}+\frac{\partial^2 u}{\partial z^2}\right)$$ (equação de condução do calor).

2.7.6. Prove que se $z = f(x, y)$ é homogênea, de grau k e de classe C^2, então

$$x^2\frac{\partial^2 z}{\partial y^2} + 2xy\frac{\partial^2 z}{\partial x \partial y^2} + y^2\frac{\partial^2 z}{\partial x^2} = k(k-1)z.$$

Sugestão. Derive em relação a x, em relação a y, a relação de Euler $x\, \partial z/\partial x + y\, \partial z/\partial y = kz$. Multiplique por x e y respectivamente, e some.

2.7.7. Ache todas as derivadas parciais de ordem 3 da função $f(x, y)$ igual a:

a) $\dfrac{x}{\sqrt[3]{y}}$, b) $x^3 + x^2y + y^3$.

2.7.8. Complete o detalhe da prova do Teorema 2.7.1 que se usou intuitivamente.

2.8 FÓRMULA DE TAYLOR

• *Objetivos*

Vimos, no Vol. 2, Proposição 5.10.2, o seguinte: se g tem derivadas até a ordem $n + 1$, num intervalo aberto I, e se $x, x_0 \in I$, então

$$g(x) = g(x_0) + \frac{g'(x_0)}{1!}(x - x_0) + \frac{g''(x_0)}{2!}(x - x_0)^2 + \cdots +$$

$$+ \frac{g^{(n)}(x_0)}{n!}(x - x_0)^n + r_n(x), \quad (1)$$

onde $r_n(x) \dfrac{g^{(n+1)}(c)}{(n+1)!}(x - x_0)^{n+1}$, c um número entre x_0 e x.

A fórmula (1) é brevemente referida como fórmula de Taylor de g em torno de x_0. O que pretendemos nesta secção é dar uma fórmula análoga para o caso de uma função de várias variáveis.

• *Um cálculo auxiliar*

$$\text{Hipótese} \begin{cases} f : D_f \subset \mathbb{R}^2 \to \mathbb{R} \text{ é de classe } C^r; \\ P_0 = (x_0, y_0) \in D_f,\ H = (h, k) \in \mathbb{R}^2; \\ \alpha : I \subset \mathbb{R} \to D_f,\ \alpha(t) = P_0 + tH, \text{ onde } I \text{ e um} \\ \text{intervalo aberto contendo } [0, 1]. \end{cases}$$

Considere $g = f \circ \alpha: I \to \mathbb{R}$. Vamos calcular as derivadas de g em $t = 0$.

$$g(t) = (f \circ \alpha)(t) = f(\alpha(t)) = f(x + th, y + tk).$$

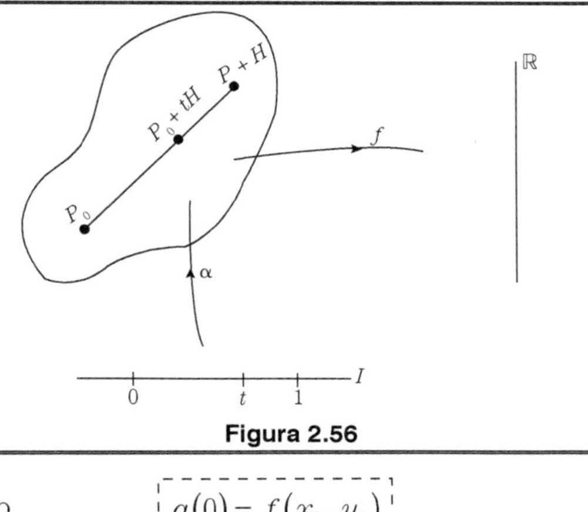

Figura 2.56

Portanto $$\boxed{g(0) = f(x_0, y_0)}$$

$$g'(t) = \frac{\partial f}{\partial x}(\alpha(t))h + \frac{\partial f}{\partial y}(\alpha(t))k.$$

Portanto $$\boxed{g'(0) = \frac{\partial f}{\partial x}h + \frac{\partial f}{\partial y}k}$$ [24]

$$g''(t) = \left[\frac{\partial f}{\partial x}(\alpha(t))\right]' h + \left[\frac{\partial f}{\partial y}(\alpha(t))\right]' k = \left[\frac{\partial}{\partial x}\left(\frac{\partial f}{\partial x}\right)h + \frac{\partial}{\partial y}\left(\frac{\partial f}{\partial x}\right)k\right]h +$$

$$+\left[\frac{\partial}{\partial x}\left(\frac{\partial f}{\partial y}\right)h + \frac{\partial}{\partial y}\left(\frac{\partial f}{\partial y}\right)k\right]k = \frac{\partial^2 f}{\partial x}(\alpha(t))h^2 + 2\frac{\partial^2 f}{\partial x \partial y}(\alpha(t))hk + \frac{\partial^2 f}{\partial y^2}(\alpha(t))k^2.$$

Portanto $$\boxed{g''(0) = \frac{\partial^2 f}{\partial x^2}h^2 + 2\frac{\partial^2 f}{\partial x \partial y}hk + \frac{\partial^2 f}{\partial y^2}k^2}$$ [24]

Se você calcular $g'''(0)$, obterá

$$g'''(0) = \frac{\partial^3 f}{\partial x^3}h^3 + 3\frac{\partial^3 f}{\partial x^2 \partial y}h^2 k + 3\frac{\partial^3 f}{\partial x \partial y^2}hk^2 + \frac{\partial^3 f}{\partial y^3}k^3.$$ [24]

[24] As derivadas parciais calculadas em $P_0 = (x_0, y_0)$.

Observe a semelhança com o desenvolvimento do binômio de Newton:

$$(Ah + Bk)^1 = Ah + Bk;$$

$$(Ah + Bk)^2 = A^2h^2 + 2ABhk + B^2k^2;$$

$$(Ah + Bk)^3 = A^3h^3 + 3A^2Bh^2k + 3AB^2hk^2 + B^3k^3.$$

Vamos tirar partido dessa semelhança para arranjarmos um símbolo que condense a expressão das derivadas e, ao mesmo tempo, nos dê um meio de acharmos essas derivadas. Vamos convencionar:

$$\left(h\frac{\partial}{\partial x} + k\frac{\partial}{\partial y}\right)^1 = h\frac{\partial}{\partial x} + k\frac{\partial}{\partial y}$$

$$\left(h\frac{\partial}{\partial x} + k\frac{\partial}{\partial y}\right)^2 = h^2\frac{\partial^2}{\partial x^2} + 2hk\frac{\partial^2}{\partial x\partial y} + k^2\frac{\partial^2}{\partial y^2}.$$

Veja, tudo se passa como se desenvolvêssemos segundo o binômio de Newton, mas, quando elevamos $\partial/\partial x$ ao quadrado, tomamos $\partial^2/\partial x^2$, quando multiplicamos $\partial/\partial x$ por $\partial/\partial y$, tomamos $\partial^2/(\partial x\partial y)$ etc. Vamos ver se você entendeu:

$$\left(h\frac{\partial}{\partial x} + k\frac{\partial}{\partial y}\right)^3 = h^3\frac{\partial^3}{\partial x^3} + 3h^2k\frac{\partial^3}{\partial x\partial y^2} + 3hk^2\frac{\partial^3}{\partial x^2\partial y} + k^3\frac{\partial^3}{\partial y^3}.$$

Em geral,

$$\left(h\frac{\partial}{\partial x} + k\frac{\partial}{\partial y}\right)^r = h^r\frac{\partial^r}{\partial x^r} + \binom{r}{1}h^{r-1}k\frac{\partial^r}{\partial x\partial y^{r-1}} + \cdots +$$

$$+\binom{r}{r-1}hk^{r-1}\frac{\partial^r}{\partial x^{r-1}y} + k^r\frac{\partial^r}{\partial y^r}.$$

Convencionando que $(h\ \partial/\partial x + k\ \partial/\partial y)^n f$ é igual ao segundo membro acima onde f aparece nos lugares apropriados após os símbolos de derivadas parciais, então temos

$$g'(0) = \left(h\frac{\partial}{\partial x} + k\frac{\partial}{\partial y} \right)^1 f;$$

$$g''(0) = \left(h\frac{\partial}{\partial x} + k\frac{\partial}{\partial y} \right)^2 f; \qquad (2)$$

$$g^{(r)}(0) = \left(h\frac{\partial}{\partial x} + k\frac{\partial}{\partial y} \right)^r f.$$

- ***Dedução da fórmula de Taylor (n = 2)***

Teorema 2.8.1. Seja f: $Df \subset \mathbb{R}^2 \to \mathbb{R}$ de classe C^{n+1}, $P_0 = (x_0, y_0)$, $H = (h, k)$, tais que $[P_0, P_0 + H] \subset D_f$. Então

$$f(x_0 + h, y_0 + k) = f(x_0, y_0) + \frac{1}{1!}\left(h\frac{\partial}{\partial x} + k\frac{\partial}{\partial y} \right)^1 f + \frac{1}{2!}\left(h\frac{\partial}{\partial x} + k\frac{\partial}{\partial y} \right)^2 f$$

$$+ \cdots + \frac{1}{n!}\left(h\frac{\partial}{\partial x} + k\frac{\partial}{\partial y} \right)^n f + R_n,$$

as derivadas parciais calculadas em $P_0 = (x_0, y_0)$, onde

$$R_n = \frac{1}{(n+1)!}\left(h\frac{\partial}{\partial x} + k\frac{\partial}{\partial y} \right)_{\overline{P}}^{n+1} f,$$

sendo $\overline{P}$ um ponto de $]P_0, P_0 + H[$.

Explicação. A notação $\left(h\frac{\partial}{\partial x} + k\frac{\partial}{\partial y} \right)_{\overline{P}}^{n+1} f$ tem o seguinte significado: desenvolva, como vimos, o binômio, aplique à f, mas calcule as derivadas parciais em $\overline{P}$.

Prova. É fácil ver que estamos nas hipóteses feitas no *cálculo auxiliar acima*. Mantenhamos as notações como lá. Podemos aplicar a fórmula de Taylor (1) para g.[25]

$$g(1) = g(0) + \frac{g'(0)}{1!} + \frac{g''(0)}{2!} + \cdots + \frac{g^{(n)}(0)}{n!} + r_n \quad (1),$$

[25] 1 no papel de x, 0 no de x_0.

onde $$r_n(1) = \frac{g^{(n+1)}(c)}{(n+1)!}, \quad 0 < c < 1.$$

Como $g(0) = f(P_0) = f(x_0, y_0)$, $g(1) = f(P + H) = f(x + h, y + k)$, e, usando as relações (2), resulta

$$f(x_0 + h, y_0 + k) = f(x_0, y_0) + \frac{1}{1!}\left(h\frac{\partial}{\partial x} + k\frac{\partial}{\partial y}\right)^1 f + \frac{1}{2!}\left(h\frac{\partial}{\partial x} + k\frac{\partial}{\partial y}\right)^2 f +$$

$$+ \cdots + \frac{1}{n!}\left(h\frac{\partial}{\partial x} + k\frac{\partial}{\partial y}\right)^n f + R_n$$

onde $$R_n = r_n(1) = \frac{1}{(n+1)!}\left(h\frac{\partial}{\partial x} + k\frac{\partial}{\partial y}\right)^{n+1}_{\overline{P}} f,$$

sendo $\overline{P} = \alpha(c) = P + cH$, $0 < c < 1$.

Pergunta. Onde usamos o fato de que f é de classe C^{n+1} na demonstração?

Nota. Costuma-se chamar o polinômio p_n,

$$p_n(x, y) = f(x_0, y_0) + \frac{1}{1!}\left(h\frac{\partial}{\partial x} + k\frac{\partial}{\partial y}\right)^1 f + \cdots +$$

$$+ \frac{1}{n!}\left(h\frac{\partial}{\partial x} + k\frac{\partial}{\partial y}\right)^n f,$$

de polinômio de Taylor de f em $P_0 = (x_0, y_0)$ de ordem n.

- ***Exemplos***

Exemplo 2.8.1. Escreva a fórmula de Taylor para f: $\mathbb{R}^2 \to \mathbb{R}$, dada por $f(x, y) = xy^2$, em torno de $(1, 2)$,

a) usando $n = 2$, b) usando $n = 3$, c) usando $n = 4$,

d) usando n qualquer, $n \geq 3$.

Temos $x_0 = 1$, $y_0 = 2$. Façamos $x = x_0 + h = 1 + h$, $y = y_0 + k = 2 + k$, portanto $h = x - 1$, $k = y - 2$. A tabela dada a seguir será utilizada.

	$f(x_0, y_0) = xy^2$	$\frac{\partial f}{\partial x} = y^2$	$\frac{\partial f}{\partial y} = 2xy$	$\frac{\partial^2 f}{\partial x^2} = 0$	$\frac{\partial^2 f}{\partial x \partial y}$	$\frac{\partial^2 f}{\partial y^2} = 2x$
$x_0 = 1$ $y_0 = 2$	4	4	4	0	4	2

	$\frac{\partial^3 f}{\partial x^3} = 0$	$\frac{\partial^3 f}{\partial x^2 \partial y} = 0$	$\frac{\partial^3 f}{\partial x \partial y^2} = 2$	$\frac{\partial^3 f}{\partial y^3} = 0$
$x_0 = 1$ $y_0 = 2$	0	0	2	0

a) $$f(x_0 + h, y_0 + k) = f(x_0, y_0) + \frac{1}{1!}\left(h\frac{\partial}{\partial x} + k\frac{\partial}{\partial y}\right)^1 f +$$

$$+\frac{1}{2!}\left(h\frac{\partial}{\partial x} + k\frac{\partial}{\partial y}\right)^2 f + R_2 = f(x_0, y_0) + h\frac{\partial}{\partial x} + k\frac{\partial f}{\partial y} +$$

$$+\frac{1}{2}\left(h^2\frac{\partial^2 f}{\partial x^2} + 2hk\frac{\partial^2 f}{\partial x \partial y} + k^2\frac{\partial^2 f}{\partial y^2}\right) + R_2.$$

Então, usando a tabela anterior, temos

$$f(x, y) = xy^2 = 4 + (x-1)4 + (y-2)4 +$$

$$+\frac{1}{2}\left[(x-1)^2 \cdot 0 + 2(x-1)(y-2)4 + (y-2)^2 \cdot 2\right] + R_2$$

$$= 4 + 4(x-1) + 4(y-2) + 4(x-1)(y-2) + (y-2)^2 + R_2,$$

onde

$$R_2 = \frac{1}{3!}\left(h\frac{\partial}{\partial x} + k\frac{\partial}{\partial y}\right)^3_{\overline{P}} f =$$

$$= \frac{1}{6}\left(h^3\frac{\partial^3 f}{\partial x^3} + 3h^2k\frac{\partial^3 f}{\partial x^2 \partial y} + 3hk^2\frac{\partial^3 f}{\partial x \partial y^2} + k^3\frac{\partial^3 f}{\partial y^3}\right)_{\overline{P}} f =$$

$$= \frac{1}{6}\left(3(x-1)(y-2)^2\, 2\right) = (x-1)(y-2)^2.$$

b) $f(x_0+h, y_0+k) = f(x_0, y_0)+$

$$+\frac{1}{1!}\left(h\frac{\partial}{\partial x}+k\frac{\partial}{\partial y}\right)^1 f+\frac{1}{2!}\left(h\frac{\partial}{\partial x}+k\frac{\partial}{\partial y}\right)^2 f+\frac{1}{3!}\left(h\frac{\partial}{\partial x}+k\frac{\partial}{\partial y}\right)^3 f+R_3=$$

$$=f(x_0, y_0)+h\frac{\partial}{\partial x}+k\frac{\partial f}{\partial y}+\frac{1}{2}\left(h\frac{\partial^2 f}{\partial x^2}+2hk\frac{\partial^2 f}{\partial x\partial y}+k^2\frac{\partial^2 f}{\partial y^2}\right)+$$

$$+\frac{1}{6}\left(h^3\frac{\partial^3 f}{\partial x^2}+3h^2k\frac{\partial^3 f}{\partial x^2\partial y}+3hk^2\frac{\partial^3 f}{\partial x\partial y^2}+k^3\frac{\partial^3 f}{\partial y^3}\right)+R_3.$$

Usando a tabela acima, vem

$$f(x, y)=xy^2=4+4(x-1)+4(y-2)+$$
$$+4(x-1)(y-2)+(y-2)^2+(x-1)(y-2)^2+R_3,$$

onde $R_3 = 0$, pois envolve derivadas de ordem 4, claramente nulas.

c) A resposta é a mesma de b.

d) A resposta é a mesma de b.

Exemplo 2.8.2. Escreva a fórmula de Taylor para f $\mathbb{R}^2 \to \mathbb{R}$, dada por $f(x, y) = \cos(xy)$ em torno de $(0, 1)$, usando termos até a ordem 2 $(n = 2)$.

Temos $x_0 = 0$, $y_0 = 1$, $h = x - x_0 = x$, $k = y - y_0 = y - 1$, e a tabela

	$x_0 = 0, y_0 = 1$
$f(x, y) = \cos(xy)$	1
$\frac{\partial f}{\partial x} = -y\ \text{sen}(xy)$	0
$\frac{\partial f}{\partial y} = -x\ \text{sen}(xy)$	0
$\frac{\partial^2 f}{\partial x^2} = -y^2\cos(xy)$	−1
$\frac{\partial^2 f}{\partial x\partial y} = -\text{sen}(xy) - yx\cos(xy)$	0
$\frac{\partial^2 f}{\partial y^2} = -x^2\cos(xy)$	0

$\dfrac{\partial^3 f}{\partial x^3} = y^3 \operatorname{sen}(xy)$
$\dfrac{\partial^3 f}{\partial x^2 \partial y} = -2y \cos(xy) + y^2 x \operatorname{sen}(xy)$
$\dfrac{\partial^3 f}{\partial x \partial y^2} = -2x \cos(xy) + x^2 y \operatorname{sen}(xy)$
$\dfrac{\partial^3 f}{\partial y^3} = x^3 \operatorname{sen}(xy)$

Então $f(x_0 + h, y_0 + k) = f(x_0, y_0) +$

$$+\frac{1}{1!}\left(h\frac{\partial}{\partial x} + k\frac{\partial}{\partial y}\right)^1 f + \frac{1}{2!}\left(h\frac{\partial}{\partial x} + k\frac{\partial}{\partial y}\right)^2 f + R_2 =$$

$$= f(x_0, y_0) + h\frac{\partial f}{\partial x} + k\frac{\partial f}{\partial y} +$$

$$+\frac{1}{2}\left(h^2\frac{\partial^2 f}{\partial x^2} + 2hk\frac{\partial^2 f}{\partial x \partial y} + k^2\frac{\partial^2 f}{\partial y^2}\right) + R_2.$$

Portanto, $f(x, y) = \cos(xy) = 1 + x \cdot 0 + (y-1) \cdot 0 +$

$$+\frac{1}{2}\left[x^2 \cdot (-1) + 2x(y-1) \cdot 0 + (y-1)^2 \cdot 0)\right] + R_2.$$

Portanto, $\cos(xy) = 1 - \frac{1}{2}x^2 + R_2$, onde

$$R_2 = \frac{1}{3!}\left(h\frac{\partial}{\partial x} + k\frac{\partial}{\partial y}\right)^3_{\overline{P}} f =$$

$$= \frac{1}{6}\left(h^3\frac{\partial^3 f}{\partial x^3} + 3h^2k\frac{\partial^3 f}{\partial x^2 \partial y} + 3hk^2\frac{\partial^3 f}{\partial x \partial y^2} + k^3\frac{\partial^3 f}{\partial y^3}\right)_{\overline{P}} =$$

$$= \frac{1}{6}\Big[x^3 \cdot \overline{y}^3 \operatorname{sen}(\overline{x}\,\overline{y}) + 3x^2(y-1)\left[-2\overline{y}\cos(\overline{x}\,\overline{y}) + \overline{y}^2\overline{x} \operatorname{sen}(\overline{x}\,\overline{y})\right] +$$

$$+ 3x(y-1)^2\left[-2\overline{x}\cos(\overline{x}\,\overline{y}) + \overline{x}^2\,\overline{y}\operatorname{sen}(\overline{x}\,\overline{y})\right] + (y-1)^3\,\overline{x}^3 \operatorname{sen}(\overline{x}\,\overline{y})\Big],$$

sendo $(\overline{x}, \overline{y})$ um ponto do segmento aberto de extremos (0, 1) e (x, y) (portanto $\overline{x}$ está entre 0 e x, e $\overline{y}$ entre 1 e y).

Exemplo 2.8.3. Idem para $f: D_f \subset \mathbb{R}^2 \to \mathbb{R}$, dada por $f(x, y) = \ln(x + y + 2)$,[26] em torno de (0, 0), com $n = 2$.

Temos $x_0 = y_0 = 0$, $x = x_0 + h = h$, $y = y_0 + k = k$ e

	$x_0 = y_0 = 0$
$f(x, y) = \ln(x + y + 2)$	$\ln 2$
$\frac{\partial f}{\partial x} = \frac{\partial f}{\partial y} = \frac{1}{x+y+2}$	$\frac{1}{2}$
$\frac{\partial^2 f}{\partial x^2} = \frac{\partial^2 f}{\partial x \partial y} = \frac{\partial^2 f}{\partial y^2} = \frac{-1}{(x+y+2)^2}$	$-\frac{1}{4}$
$\frac{\partial^3 f}{\partial x^3} = \frac{\partial^3 f}{\partial x^2 \partial y} = \frac{\partial^3 f}{\partial x \partial y^2} = \frac{\partial^3 f}{\partial y^3} = \frac{2}{(x+y+2)^3}$	

Temos $$f(x_0 + h, y_0 + k) = f(x_0, y_0) + \frac{1}{1!}\left(h\frac{\partial}{\partial x} + k\frac{\partial}{\partial y}\right)^1 f + \frac{1}{2!}\left(h\frac{\partial}{\partial x} + k\frac{\partial}{\partial y}\right)^2 f + R_2$$

$$= f(x_0, y_0) + h\frac{\partial f}{\partial x} + k\frac{\partial f}{\partial y} + \frac{1}{2}\left(h^2\frac{\partial^2 f}{\partial x^2} + 2hk\frac{\partial^2 f}{\partial x \partial y} + k^2\frac{\partial^2 f}{\partial y^2}\right) + R_2.$$

Portanto, $$f(x, y) = \ln(x + y + 2) = \ln 2 + x \cdot \frac{1}{2} + y \cdot \frac{1}{2} + \frac{1}{2}\left[x^2\left(-\frac{1}{4}\right) + 2xy\left(-\frac{1}{4}\right) + y^2\left(-\frac{1}{4}\right)\right] + R_2 =$$

$$= \ln 2 + \frac{1}{2}(x + y) - \frac{1}{8}(x^2 + 2xy + y^2) + R_2.$$

Portanto, $$\ln(x + y + 2) = \ln 2 + \frac{1}{2}(x + y) - \frac{1}{8}(x + y)^2 + R_2,$$

[26] $D_f = \{(x, y) \in \mathbb{R}^2 \mid x + y + 2 > 0\}$.

onde $$R_2 = \frac{1}{3!}\left(h\frac{\partial}{\partial x} + k\frac{\partial}{\partial y}\right)^3_{\bar{P}} f =$$

$$= \frac{1}{6}\left(h^3\frac{\partial^3 f}{\partial x^3} + 3h^2k\frac{\partial^3 f}{\partial x\partial y^2} + 3hk^2\frac{\partial^3 f}{\partial x^2 y} + k^3\frac{\partial^3 f}{\partial y^3}\right)_{\bar{P}} =$$

$$= \frac{1}{3(2+\bar{x}+\bar{y})}\left(x^3 + 3x^2y + 3xy^2\right),$$

onde $\bar{P} = (\bar{x}, \bar{y})$ está no segmento aberto de extremos (0, 0) e (x, y).

- ***A fórmula de Taylor no caso geral***

A forma do teorema anterior no caso geral facilmente se adivinha. No entanto, para que as fórmulas não fiquem incômodas para serem escritas, convém introduzir o seguinte: o correspondente de $h(\partial/\partial x) + k(\partial/\partial y)$ será uma expressão da forma

$$h_1\frac{\partial}{\partial x_1} + h_2\frac{\partial}{\partial x_2} + \cdots + h_m\frac{\partial}{\partial x_m} = \sum_{i=1}^{m} h_i\frac{\partial}{\partial x_i},$$

onde $H = (h_1, ..., h_m)$, $P = (x_1, ..., x_m)$. E essa expressão parece um produto escalar, a saber, com o símbolo $\nabla = \partial/\partial x_1, ..., \partial/\partial x_m$ com vetor $H = (h_1, ..., h_m)$. Vamos então representar a soma anterior por $\nabla \cdot H$. O significado de $(\nabla \cdot H)^r$ é o mesmo que demos anteriormente: você eleva $\nabla \cdot H = \Sigma_{i=1}^{m} h_i(\partial/\partial x_i)$ a r, interpretando produto de derivadas como derivada: por exemplo.

$$\left(\frac{\partial^3}{\partial x_4^3}\right)^5 = \frac{\partial^{15}}{\partial x_4^{15}}, \frac{\partial^3}{\partial x_4^3}\cdot\frac{\partial^4}{\partial x_1^4} = \frac{\partial^7}{\partial x_4^3\,\partial x_1^4} \text{ etc.}$$

Então o resultado será o teorema dado a seguir.

Teorema 2.8.1. Seja $f\colon D_f \subset \mathbb{R}^m \to \mathbb{R}$ de classe C^{n+1}, sejam $P_0 \in D_f$, $H \in \mathbb{R}^m$ tais que $[P_0, P_0 + H] \subset D_f$. Então

$$f(P_0 + H) = f(P_0) + \frac{(\nabla\cdot H)}{1!}f + \frac{(\nabla\cdot H)^2}{2!}f + \cdots + \frac{(\nabla\cdot H)^n}{n!}f + R_n,$$

onde $$R_n = \frac{(\nabla\cdot H)^{n+1}_{\bar{P}}\, f}{(n+1)!}, \qquad \bar{P} \in\,]P_0, P_0 + H[.$$

As derivadas parciais que aparecem em $(\nabla \cdot H)^r$ $r = 1, 2, ..., m$ são calculadas em P_0, e as que aparecem em R_n o são em P.

Prova. a) Mostremos que, se $\alpha: I \to D_f$, $\alpha(t) = P_0 + tH$, onde I é um intervalo aberto contendo $[0, 1]$, então

$$\left[(\nabla \cdot H)^r f\right](\alpha(t)) = \frac{d^r}{dt^r}(f \circ \alpha).$$

Faremos por indução sobre r.

$(\cdot)$ $r = 1$

$$\left[(\nabla \cdot H)^1 f\right](\alpha(t)) = \left[\sum_{i=1}^{m} h_i \frac{\partial^1}{\partial x_i} f\right](\alpha(t)) = \sum_{i=1}^{m} h_i \frac{\partial f}{\partial x_i}(\alpha(t)) =$$

$$= f'(\alpha(t)) \cdot \alpha'(t) = \frac{d}{dt}(f \circ \alpha).$$

$(\cdot\cdot)$ Admitindo válida a fórmula para $r = k$, mostremos que ela vale para $r = k + 1$.

$$\left[(\nabla \cdot H)^{k+1} f\right](\alpha(t)) = \left[(\nabla \cdot H)^k \underbrace{(\nabla \cdot H)^1 f}\right](\alpha(t)) =$$

$$= (\nabla \cdot H)^k \left\{\left[(\nabla \cdot H)^1 f\right](\alpha(t))\right\} \overset{(\cdot)}{=} (\nabla \cdot H)^k \left\{\frac{d}{dt}(f \circ \alpha)\right\} =$$

$$= \frac{d^k}{dt^k}\left\{\frac{d}{dt}(f \circ \alpha)\right\} = \frac{d^{k+1}}{dt^{k+1}}(f \circ \alpha).$$

b) Agora o resto é simples: sendo $g = f \circ \alpha: I \to \mathbb{R}$ podemos usar sua fórmula de Taylor para escrever

$$g(1) = g(0) + \frac{g'(0)}{1!} + \cdots + \frac{g^{(n)}(0)}{n!} + r_n(1),$$

onde
$$r_n(1) = \frac{g^{(n+1)}(c)}{(n+1)!}, \quad 0 < c < 1.$$

Mas

$$g(1) = f(P + H),\ g(0) = f(P),\ g^{(r)}(0) = \left(\frac{d^r}{dt^r} f \circ \alpha\right)(0) =$$

$$= \left[(\nabla \cdot H)^r f\right](P), \quad r = 1, 2, \ldots, n, \quad e \quad g^{(n+1)}(c) = \left[(\nabla \cdot H)^{n+1} f\right](\bar{P}),$$

onde $\overline{P} = \alpha(c)$. Substituindo na última relação acima resulta a tese.

Nota. O polinômio $p_n(H) = f(P_0) + 1/1!\,(\nabla \cdot H)^1 f + ... + 1/n!(\nabla\, \mathrm{H})^n f$ se diz *polinômio de Taylor de f em* P_0 *de ordem n*.

Exemplo 2.8.4. Dê o polinômio de Taylor de f: $\mathbb{R}^3 \to \mathbb{R}$ dada por $f(x, y, z) = e^{x+y+z}$, no ponto (0, 0, 0), de ordem 2.

Esta função é camarada. Todas as derivadas parciais são iguais a ela mesma e, no ponto (0, 0, 0), valem 1. Então, colocando $H = (h, k, \upsilon)$,

$$f\left(x_0 + h,\, y_0 + k,\, z_0 + \upsilon\right) = f\left(x_0,\, y_0,\, z_0\right) + \left(h\frac{\partial}{\partial x} + k\frac{\partial}{\partial y} + \upsilon\frac{\partial}{\partial z}\right)^1 f +$$

$$+\frac{1}{2!}h\frac{\partial}{\partial x} + k\frac{\partial}{\partial y} + \upsilon\frac{\partial^2}{\partial z} f + R_2 = f\left(x_0,\, y_0,\, z_0\right) + h\frac{\partial}{\partial x} + k\frac{\partial}{\partial y} + \upsilon\frac{\partial}{\partial z} +$$

$$+\frac{1}{2}\left(h^2\frac{\partial^2 f}{\partial x^2} + k^2\frac{\partial^2 f}{\partial y^2} + \upsilon^2\frac{\partial^2 f}{\partial z^2} + 2hk\frac{\partial^2 f}{\partial x\partial y} + 2h\upsilon\frac{\partial^2 f}{\partial x\partial y} + 2k\upsilon\frac{\partial^2 f}{\partial y\partial z}\right) + R_2.$$

Sendo $P_0 = (x_0, y_0, z_0) = (0, 0, 0)$, $(x, y, z) = P_0 + H = (h, k, \upsilon)$, vem

$$e^{x+y+z} = 1 + x + y + z + \frac{1}{2}\left(x^2 + y^2 + z^2 + 2xy + 2xz + 2yz\right) + R_2 =$$

$$= 1 + \left(x + y + z\right) + \frac{1}{2}(x + y + z)^2 + R_2,$$

onde

$$R_2 = \left(h\frac{\partial}{\partial x} + k\frac{\partial}{\partial y} + \upsilon\frac{\partial}{\partial z}\right)^3_{\overline{P}} f,\ \overline{P} \in \left]P_0,\, P\right[.$$

Logo, o polinômio procurado é

$$p\left(x,\, y,\, z\right) = 1 + x + y + z + \frac{1}{2}\left(x^2 + y^2 + z^2 + 2xy + 2xz + 2yz\right).$$

- ***Complementos***

Pode-se provar ainda o seguinte: com a notação do Teorema 2.8.1., tem-se

$$\lim_{H \to 0} \frac{R_n}{|H|} = 0, \quad (\alpha)$$

ou seja,

$$\lim_{H \to 0} \frac{f(P_0 + H) - Q(H)}{|H|} = 0,$$

onde Q é o polinômio de Taylor de f em P_0, de ordem n. Pode-se provar que, se R é um polinômio de ordem n, tal que

$$\lim_{H \to 0} \frac{f(P_0 + H) - R(H)}{|H|} = 0,$$

então R é o polinômio de Taylor de f em P_0 de ordem n.

Podemos nos valer dessa unicidade para achar polinômios de Taylor de uma função. Por exemplo, seja $f(x, y, z) = e^{x+y+z}$; sabemos que $e^t = 1 + t + t^2/2 + r(t)$, com $\lim_{t \to 0} r(t)/t^2 = 0$. Então

$$e^{x+y+z} = 1 + (x + y + z) + \frac{1}{2}(x + y + z)^2 + r(x + y + z).$$

Ora,

$$\frac{r(x+y+z)}{|(x, y, z)|^2} = \frac{r(x+y+z)}{x^2+y^2+z^2} = \frac{r(x+y+z)}{(x+y+z)^2} \cdot \frac{x+y+z}{x^2+y^2+z^2} \cdot (x+y+z).$$

Mas

$$\lim_{(x, y, z) \to (0, 0, 0)} \frac{r(x+y+z)}{(x+y+z)^2} = \lim_{t \to 0} \frac{r(t)}{t^2} = 0$$

$$\lim_{(x, y, z) \to (0, 0, 0)} (x + y + z) = 0$$

e

$$\left| \frac{x+y+z}{x^2+y^2+z^2} \right| \leq \frac{|x|}{x^2+y^2+z^2} + \frac{|y|}{x^2+y^2+z^2} + \frac{|z|}{x^2+y^2+z^2} \leq 3,$$

logo,

$$\lim_{(x, y, z) \to (0, 0, 0)} \frac{r(x+y+z)}{|(x, y, z)|^2} = 0.$$

Pela unicidade referida anteriormente, o polinômio de Taylor de e^{x+y+z} em (0, 0, 0), de ordem 2 é $p_2 = (x, y, z) = 1 + (x + y + z) + \frac{1}{2}(x + y + z)^2$ (conforme o Exemplo 2.8.4).

EXERCÍCIOS

2.8.1. Dê a fórmula de Taylor em torno de (1, 2) usando $n = 3$ para $f(x, y) = x^3 - 2y^3 + 3xy$.

2.8.2. Idem para $f(x, y) = -x^2 + 2xy + 3y^2 - 6x - 2y - 1$ em torno de (–2, 1).

2.8.3. Dê o polinômio de Taylor, em tomo de (0, 0), de ordem 2, de

$$f(x, y) = \sqrt{1 + x^2 + y^2}.$$

2.8.4. Idem para $f(x, y) = e^{xy} \operatorname{sen}(x + y)$, em torno de (0, 0), de ordem 3.

2.8.5. Idem para $f(x, y) = e^x \operatorname{sen} y$, em torno de (0, 0), de ordem 3.

2.8.6. Idem para $f(x, y) = \cos x \cos y$, em torno de (0, 0), de ordem 4.

2.8.7. Dê a fórmula de Taylor, em torno de $(\pi/4, \pi/4)$, de $f(x, y) = \operatorname{sen} x \operatorname{sen} y$, com $n = 2$.

2.8.8. Idem para $f(x, y) = x + y + e^y \cos x$, em torno de (0, 0), para $n = 1$.

2.8.9. Idem para $f(x, y) = \cos(xy)$, em torno de (0, 0), para $n = 2$.

2.9 MÁXIMOS E MÍNIMOS

Máximos e mínimos locais

Quando estudamos problemas de máximos e mínimos de funções de uma variável real no Vol. 1 de nosso curso, ressaltamos, lá, a importância de se atacar esse tipo de problema, inclusive mostrando exemplos importantes para a prática. Sendo, assim compreende-se a importância de se estudar máximos e mínimos de funções de várias variáveis. Apenas para citar um exemplo, pode-se querer saber quais devem ser as dimensões de uma caixa retangular com área lateral fixada de modo a ter o maior volume possível. Veremos uma solução desse problema mais adiante.

Inicialmente, vamos definir o conceito de máximo local e mínimo local (compare com o caso de uma variável).

Seja $f: D_f \subset \mathbb{R}^n \to \mathbb{R}$ e $P_0 \in D_f$. Dizemos que P_0 é *ponto de máximo local de f* se existe $r > 0$ tal que

$$P \in B(P_0, r) \cap D_f \Rightarrow f(P) \le f(P_0),$$

e nesse caso $f(P_0)$ se diz um *(valor) máximo local de f*. Trocando $\le$ por $\ge$ teremos *ponto de mínimo local e (valor) mínimo local de f*.

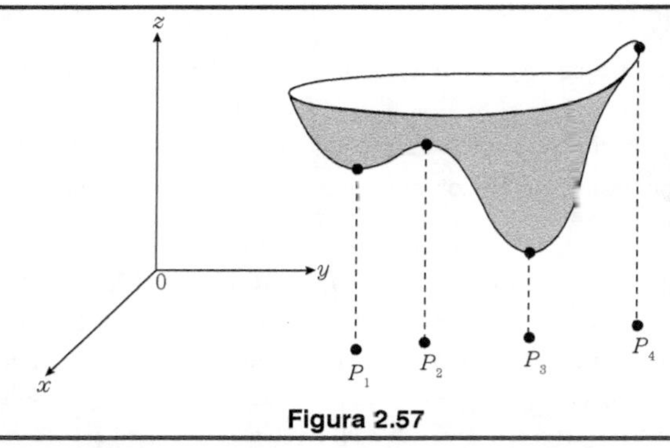

Figura 2.57

Pela Fig. 2-58 é fácil intuir que se P_0 é um ponto de máximo local (ou mínimo local) da função, e é *um ponto interior de* D_f, então o plano tangente (suposto existente) ao gráfico, no ponto correspondente, é horizontal, isto é, paralelo ao plano OXY (veja o Teorema 2.9.1). Observe que isso não é verdade, no caso de P_0 não ser interior de D_f (veja P_4 na Fig. 2-57).

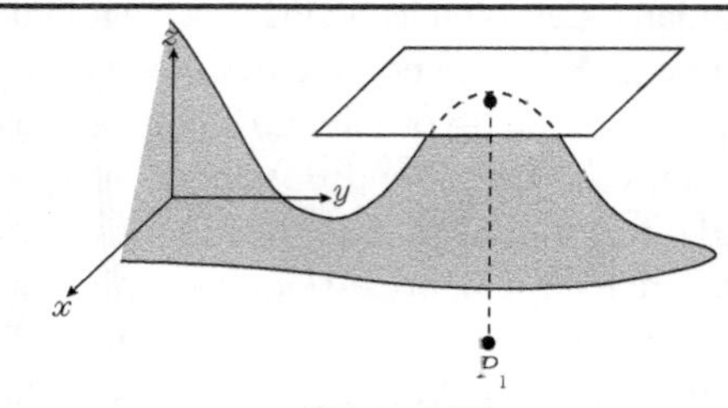

Figura 2.58

Teorema 2.9.1. Se f: $D_f \subset \mathbb{R}^n \to \mathbb{R}$ é diferenciável em P_0 e P_0 é ponto de máximo local (ou mínimo local) da função, então $f'(P_0) = 0$.

Prova. Observe que, automaticamente, P_0 é ponto interior de D_f, pois a função é diferenciável em P_0. Por isso, dado $H \in \mathbb{R}^n$, existe um intervalo aberto $I \subset \mathbb{R}$ contendo 0, tal que $P_0 + tH$ está na bola garantida na definição anterior, de modo que podemos considerar g: $t \mapsto f(P_0 + tH)$ de domínio I. Ora, essa função (real de variável real) tem máximo local em $t = 0$ [pois $f(P_0 + tH) \leq f(P_0)$ para todo $t \in I$]. Então deve-se ter $g'(0) = 0$, ou seja,

$$f'(P_0) \cdot H = 0.$$

Como H é qualquer, resulta $f'(P_0) = 0$. (O caso mínimo local fica como exercício).

Nota. Costuma-se chamar de *ponto crítico de uma função* $f: D_f \subset \mathbb{R}^n \to \mathbb{R}$ a um ponto P_0, tal que $f'(P_0) = 0$.

É importante observar que a recíproca não é verdadeira. Assim, como no caso de função de uma variável, o fato da derivada se anular num ponto não implica que tal ponto seja de máximo local ou de mínimo local, o mesmo sucede no caso de função de várias variáveis reais. Uma função típica dessa situação é $f: \mathbb{R}^2 \to \mathbb{R}, f(x, y) = xy$, cujo gráfico é conhecido como sela de cavalo, a qual já foi apresentada (Exemplo 2.2.7). Sendo $P_0 = (0, 0)$, é fácil calcular $\partial_1 f(P_0) = \partial_2 f(P_0) = 0$, e igualmente fácil ver que P_0 não é nem ponto de máximo local, nem de mínimo local da função (Fig. 2-60). Baseados nesse fato, damos a seguinte definição:

P_0 é dito *ponto-sela* de f se $f'(P_0) = 0$, e P_0 não é ponto de mínimo ou de máximo local de f.

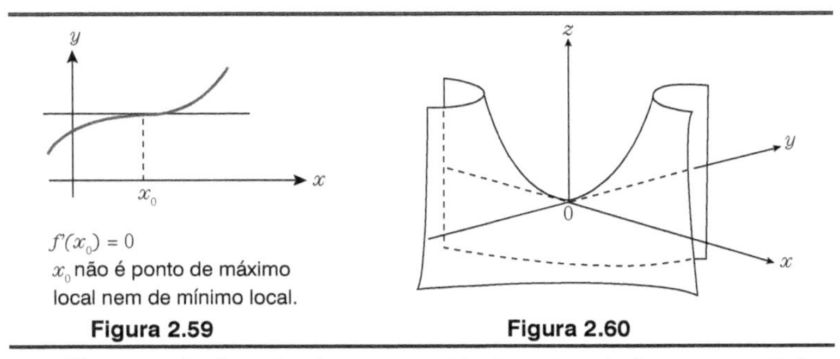

Figura 2.59 **Figura 2.60**

No caso de função de uma variável real, estudamos condições suficientes para que um ponto seja de máximo local e de mínimo local, usando derivada segunda. Relembremos (veja o enunciado completo no Vol. 1, Proposição 3.4.4).

Se $f'(x_0) = 0$ (tangente horizontal), então

a) $f''(x_0) < 0 \Rightarrow x_0$ ponto de máximo local,

b) $f''(x_0) > 0 \Rightarrow x_0$ ponto de mínimo local.

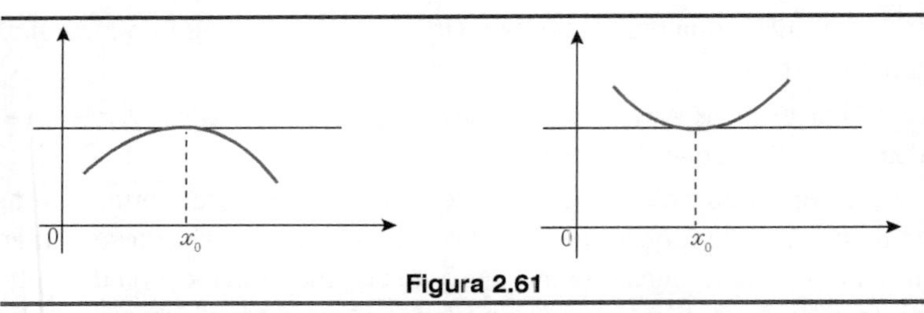

Figura 2.61

Um resultado análogo vale no caso de funções de várias variáveis. Vamos apresentá-lo no caso de duas variáveis. Introduzimos a seguinte definição:

Dada $f: D_f \subset \mathbb{R}^2 \to \mathbb{R}$ de classe C^2, define-se $\mathcal{H}: D_f \to \mathbb{R}$ por

$$\mathcal{H}(P) = \begin{vmatrix} \partial_{11}f(P) & \partial_{12}f(P) \\ \partial_{12}f(P) & \partial_{22}f(P) \end{vmatrix},$$

chamada *função hessiana* da função dada. $\mathcal{H}(P)$ é o *hessiano em P*.

Agora, o resultado anunciado.

Teorema 2.9.2. Seja $f: D_f \subset \mathbb{R}^2 \to \mathbb{R}$ de classe C^2, e P_0 e D_f um ponto crítico dessa função (isto é $f'(P_0) = 0$).

(I) Seja $\mathcal{H}(P_0) > 0$. Então

$\partial_{11} f(P_0) < 0 \Rightarrow P_0$ é ponto de máximo local da função.

$\partial_{11} f(P_0) > 0 \Rightarrow P_0$ é ponto de mínimo local da função.

(II) Seja $\mathcal{H}(P_0) < 0$. Então P_0 é ponto-sela de f.

(III) Seja $\mathcal{H}(P_0) = 0$. Então podem ocorrer as conclusões em (I) e em (II).

Antes da demonstração e dos exemplos vamos tentar motivar o aparecimento das condições do enunciado. Para isso, imagine um plano π vertical por $(x_0, y_0, f(x_0, y_0))$, onde $P_0 = (x_0, y_0)$. Indicando por H um versor da intersecção de π com o plano OXY, obtemos a função f_H, já nossa conhecida (veja a Secção 2.4[27]): $f_H(t) = f(P + tH)$, cujo gráfico está contido na intersecção de G_f com π. Sabemos que $f'_H(0) = (\partial f/\partial H)(P_0)$. Bem, admita que se tenha

[27] Mas veja *mesmo*!

$$\begin{cases} f_H'(0) = 0, \\ f_H''(0) > 0. \end{cases} \quad (\alpha)$$

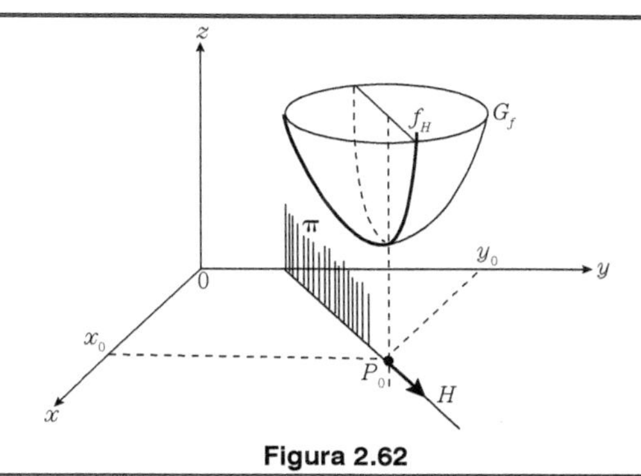

Figura 2.62

Então sabemos, pelo resultado que recordamos anteriormente, que f_H tem um mínimo local em 0. Vejamos o que significam as condições (α) em termos de f. A primeira delas é, claramente,

$$0 = \frac{\partial f}{\partial H}(P_0) = f'(P_0) \cdot H \qquad \text{(Teorema 2.5.2).}$$

Quanto à segunda: seja $H = (h, k)$;

$$f_H''(t) = \frac{d^2}{dt^2} f_H(t) = \frac{d^2}{dt^2} f(P + tH) = \frac{d}{dt}\left(\frac{d}{dt} f(P + tH)\right) =$$

$$= \frac{d}{dt} f'(P + tH) \cdot H = \left[\frac{d}{dt} f'(P + tH)\right] \cdot H =$$

$$= \frac{d}{dt}\left(\frac{\partial f}{\partial x}(P + tH), \frac{\partial f}{\partial y}(P + tH)\right) \cdot H =$$

$$= \left(\frac{\partial^2 f}{\partial x^2} h + \frac{\partial^2 f}{\partial x \partial y} k, \frac{\partial^2 f}{\partial x \partial y} h + \frac{\partial^2 f}{\partial y^2} k\right) \cdot (h, k) =$$

$$= \frac{\partial^2 f}{\partial x^2} h^2 + 2hk \frac{\partial^2 f}{\partial x \partial y} + k^2 \frac{\partial^2 f}{\partial y^2}$$ [28]

---

[28] Esse cálculo já foi feito na Secção 2.8, um *cálculo auxiliar*, fórmula para $g''(0)$.

(as derivadas parciais calculadas em $P_0 + tH$). Em particular,

$$f_H''(0) = \frac{\partial^2 f}{\partial x^2}(P_0)\cdot h^2 + 2hk\frac{\partial^2 f}{\partial x \partial y}(P_0) + k^2\frac{\partial^2 f}{\partial y^2}(P_0) = ah^2 + 2chk + bk^2,$$

com $$a = \frac{\partial^2 f}{\partial x^2}(P_0),\quad b = \frac{\partial^2 f}{\partial y^2}(P_0),\quad c = \frac{\partial^2 f}{\partial x \partial y}(P_0).$$

Então as condições (α) são equivalentes a

$$\begin{cases} f'(P_0)H = 0, \\ ah^2 + 2chk + bk^2 > 0. \end{cases} \qquad (\beta)$$

É natural que, impondo que (α) [∴ (β)] se verifique para todo H [quer dizer, "rodando" π em torno da reta vertical por $(x_0, y_0, 0)$], se *espere* ter o seguinte: P_0 é ponto de mínimo local de f. Continuando *provisoriamente* com essa esperança, obteremos da primeira relação de (β), com a hipótese $H = (h, k)$ qualquer, que $f'(P_0) = 0$ e, para obter a segunda, é suficiente que.[29]

$$\begin{cases} a > 0 \\ \text{e} \\ \Delta = (2c)^2 - 4ab < 0 \Leftrightarrow \begin{vmatrix} a & c \\ c & b \end{vmatrix} > 0, \end{cases}$$

que são as imposições $f'(P_0) = 0$, $\partial_{11}f(P_0) > 0$, $\mathcal{H}(P_0) > 0$ do teorema.

Exemplo 2.9.1. Ache os pontos de máximo local e de mínimo local de f: $\mathbb{R}^2 \to \mathbb{R}$, $f(x, y) = x^3 - xy^2 - x^2 - y^2 + 1$.

• ***Pontos críticos***

$$\partial_1 f(x, y) = 3x^2 - y^2 - 2x \qquad \partial_2 f(x, y) = -2xy - 2y.$$

Igualando a zero, obteremos os pontos críticos:

$$3x^2 - y^2 - 2x = 0 \qquad -2xy - 2y = 0.$$

Resolvendo o sistema resulta o conjunto-solução

$$\left\{(-1, \sqrt{5}), (-1, -\sqrt{5}), (0, 0), \left(\frac{2}{3}, 0\right)\right\}$$

que é o conjunto dos pontos críticos.

---

[29] Considere $ah^2 + 2chk^2 + bk^2$ como trinômio do segundo grau em h.

Função hessiana

$$\partial_{11}f(x, y) = 6x - 2 \quad \partial_{12}f(x, y) = -2y \quad \partial_{22}f(x, y) = -2x - 2$$

$$\therefore \mathcal{H}(P) = \begin{vmatrix} 6x-2 & -2y \\ -2y & -2x-2 \end{vmatrix} = -4\begin{vmatrix} 3x-1 & y \\ -y & x+1 \end{vmatrix}.$$

Daí,

$\mathcal{H}\left(-1, \sqrt{5}\right) = -20 < 0,$ $\quad\therefore \left(-1, \sqrt{5}\right)$ é ponto-sela;

$\mathcal{H}\left(-1, -\sqrt{5}\right) = -20 < 0,$ $\quad\therefore \left(-1, -\sqrt{5}\right)$ é ponto-sela;

$\mathcal{H}(0, 0) = 4 > 0, \quad \partial_{11}f(0, 0) = -2 < 0,$ $\quad\therefore (0, 0)$ é ponto de máximo local;

$\mathcal{H}\left(\frac{2}{3}, 0\right) = -\frac{20}{3} < 0,$ $\quad\therefore \left(\frac{2}{3}, 0\right)$ é ponto-sela.

Exemplo 2.9.2. Ache a de modo que a função $f\colon \mathbb{R}^2 \to \mathbb{R}, f(x, y) = ax^2 + y^2$ tenha (pelo menos um)

a) ponto de máximo local,

b) ponto de mínimo local,

c) ponto-sela.

Temos

$$\partial_1 f(x, y) = 2ax, \quad \partial_2 f(x, y) = 2y$$

$$\partial_{11}f(x, y) = 2a, \quad \partial_{12}f(x, y) = 0, \quad \partial_{22}f(x, y) = 2$$

$$\mathcal{H}(x, y) = \begin{vmatrix} 2a & 0 \\ 0 & 2 \end{vmatrix} = 4a.$$

Os pontos críticos serão dados por

$$2\,ax = 0, \qquad 2\,y = 0.$$

Temos os casos $a \neq 0$ e $a = 0$.

(i) $a \neq 0$, nesse caso, $(0, 0)$ é o único ponto crítico. Então se $a > 0$: $\mathcal{H}(0, 0) = 4a > 0$, $\partial_{11}f(0, 0) = 2a > 0$, e $(0, 0)$ é ponto de mínimo local
se $a < 0$: $\mathcal{H}(0, 0) = 4a < 0$ e $(0, 0)$ é ponto-sela.

(ii) $a = 0$, nesse caso, o conjunto dos pontos críticos é $\left\{(x, y) \in \mathbb{R}^2 \,\middle|\, y = 0\right\}$. Como $\mathcal{H}(x, y) = 4a = 0$, não se aplica o Teorema 2.9.2.

Devemos analisar a função diretamente. Temos, no caso em questão, $f(x, y) = y^2$, e é fácil ver que qualquer ponto crítico é de mínimo local (Fig. 2-63).

Resposta. a) não existe a, b) $a \geq 0$, c) $a < 0$

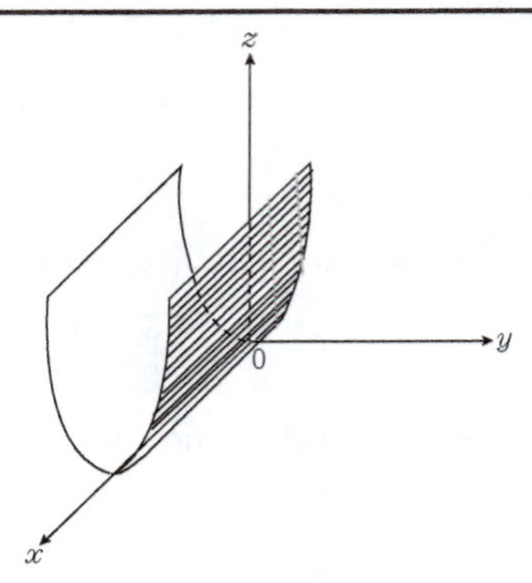

Figura 2.63

Vamos nos preocupar agora com a prova do Teorema 2.9.2. Utilizaremos três lemas.

Lema 1. Seja ψ: $\mathbb{R}^2 \to \mathbb{R}$ dada por $\psi(H) = ah^2 + 2chk + bk^2$, onde $H = (h, k)$, e seja

$$\Delta = \begin{vmatrix} a & c \\ c & b \end{vmatrix} = ab - c^2.$$

(I) Suponhamos $\Delta > 0$. Então

(i) $a > 0$ e $H \neq 0 \Rightarrow \psi(H) > 0$

(ii) $a < 0$ e $H \neq 0 \Rightarrow \psi(H) < 0$.

(II) Suponhamos $\Delta < 0$. Então existem H_1, H_2 tais que $\psi(H_1)$ $\psi(H_2) < 0$. Podemos tomá-los unitários, i.e., $|H_1| = |H_2| = 1$.

Prova. (I) Se $a \neq 0$, para cada k fixado $\psi(h, k)$ "é" um trinômio do segundo grau em h, cujo discriminante é $(2ck)^2 - 4abk^2 = -4k^2\Delta$. Tomando $k \neq 0$, vemos que tal discriminante é < 0; logo, para qualquer h, o trinômio tem o mesmo sinal que a, i.e., $a\psi(h, k) > 0$, e a afirmação se segue.

(II) Observemos que se existem H_1 e H_2 com $\psi(H_1)\ \psi(H_2) < 0$, logo necessariamente $H_1 \neq 0$, $H_2 \neq 0$), por ser $\psi(tH) = t^2\psi(H)$, teremos $\psi(t_1\ H_1)\psi(t_2\ H_2) = t_1^2 t_2^2 \psi(H_1)\psi(H_2) < 0$ para todo $t_1 \neq 0$ e todo $t_2 \neq 0$.

Tomando $t_1 = 1/|H_1|$, $t_2 = 1/|H_2|$ teremos o resultado para vetores unitários. Basta então mostrarmos que existem H_1 e H_2 com $\psi(H_1)$ $\psi(H_2) < 0$.

• Se $a = b = 0$, $\psi(H) = 2chk$, e $\psi(h, k)\ \psi(-h, k) = (2chk)\ (2c(-h)k) =$ $= -4c^2h^2k^2 < 0$ se $(h, k) \neq (0, 0)$.

• Se $a \neq 0$, $\psi(h, k)$ "é" um trinômio do segundo grau em h, para cada k fixado, cujo discriminante é $-4k^2\Delta$. Tomando $k \neq 0$, tal discriminante é positivo, logo tem duas raízes. Tomando h_1, entre as raízes, e h_2 fora das raízes, resulta $\psi(h_1, k)\ \psi(h_2, k) < 0$.

• Se $b \neq 0$, a prova é análoga à do caso acima.

Lema 2. Sejam f: $D_f \subset \mathbb{R}^2 \to \mathbb{R}$ de classe C^2, e $P_0 \in D_f$. Vamos supor que para todo H unitário se verifiquem as condições:

(i) $f'_H(0) = 0$

(ii) Existe $r > 0$, tal que $f''_H(t) > 0$ $[f''_H(t) < 0]$ para todo $t \in]-r, r[$. Então P_0 é ponto de mínimo [máximo] local de f.

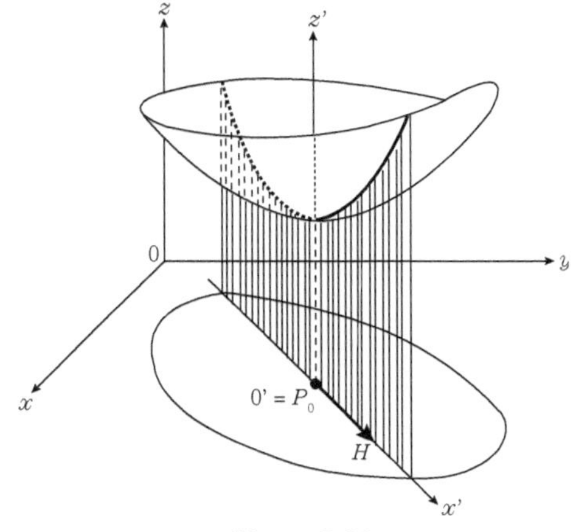

Figura 2.64

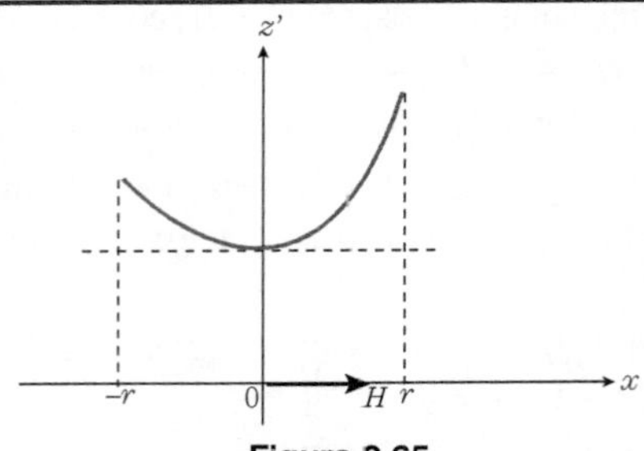

Figura 2.65

Prova. Se você lembrar do significado geométrico de f_H (veja a Secção 2.4) então as condições (i) e (ii) são geometricamente evidentes, conforme se ilustra nas Figs. 2-64 e 2-65, a saber, f_H tem um ponto de mínimo em $t = 0$. Daí, a prova é fácil: se $P \in B^*(P_0, r)$, seja $H = (P - P_0)/|P - P_0|$. Então (Vol. 1, Proposição 3.4.2) f_H tem 0 como ponto de mínimo (máximo) e, portanto,

$$f_H(|P - P_0|) > f_H(0) \quad [f_H(|P - P_0|) < f_H(0)],$$

ou seja,

$$f(P) > f(P_0) \qquad [f(P) < f(P_0)]$$

Lema 3. Sejam $f: D_f \subset \mathbb{R}^2 \to \mathbb{R}$ de classe C^2, P_0 e D_f. Então, sendo $H = (h, k)$, tem-se

$$f_H''(t) = ah^2 + bk^2 + 2chk,$$

onde $a = \partial_{11} f(P_0 + tH)$, $b = \partial_{22} f(P_0 + tH)$, $c = \partial_{12} f(P_0 + tH)$.

Prova. Já foi feita nas considerações após o enunciado do Teorema 2.9.2.

Prova do Teorema 2.9.2. (I) Suponhamos $\mathcal{H}(P_0) > 0$ e $\partial_{11} f(P_0) = \partial^2 f/\partial x^2(P_0) > 0$. Portanto, pela continuidade de $\mathcal{H}$ e $\partial_{11} f$, existe $r > 0$, tal que $\mathcal{H}(P) > 0$ e $\partial_{11} f(P) > 0$ para todo $P \in B[P_0, r)$. Então, se $t \in]-r, r[$, $P = P_0 + tH \in B(P_0, r)$, onde $|H| = 1$; temos, sendo a, b, c como acima:

$$\mathcal{H}(P) = \begin{vmatrix} a & c \\ c & b \end{vmatrix} > 0, \quad \partial_{11} f(P) = c > 0;$$

resulta, pelo Lema 1, que $ah^2 + bk^2 + 2chk > 0$, ou seja, pelo Lema 3,

$$f''_H(t) > 0, \quad \text{para todo} \quad t \in]-r, r[.$$

Isso, juntamente com

$$f_H'(0) = h\frac{\partial f}{\partial x}(P_0) + k\frac{\partial f}{\partial y}(P_0) = 0,$$

nos dá o resultado, pelo Lema 2.

O caso $\partial_{11}f(P_0) < 0$ se faz analogamente; deixamo-lo como exercício.

(II) Sendo $a_0 = \partial_{11}f(P_0)$, $b_0 = \partial_{22}f(P_0)$, $c_0 = \partial_{12}f(P_0)$ temos, pela hipótese, que

$$\mathscr{H}(P_0) = a_0 b_0 - c_0^2 < 0$$

e, pelo Lema 3, sendo $H = (h, k)$, com $|H| = 1$, que

$$f_H''(0) = a_0 h^2 + b_0 k^2 + 2c_0 hk$$

Então, pelo Lema 1, existem H_1 e H_2 tais que $f_{H_1}''(0) > 0$ e $f_{H_2}''(0) < 0$. Como $f'_{H1}(0) = f'_{H2}(0) = 0$, resulta que existe $\delta > 0$ tal que $|t| < \delta \Rightarrow f_{H_2}(t) < f_{H_2}(0) = f(P_0) = f_{H_1}(0) < f_{H_1}(t)$, ou seja, $|t| < \delta \Rightarrow f(P_0 + tH_2) < f(P_0) < f(P_0 + tH_1)$, logo P_0 não é nem ponto de máximo local nem de mínimo local de f.

(III) Para $f\colon \mathbb{R}^2 \to \mathbb{R}, f(x, y) = x^4 + y^4$, temos $\mathscr{H}(0, 0) = 0$ e $O = (0, 0)$ é ponto de mínimo local.[30] Considerando $-f$ $\mathscr{H}(0, 0)$ ainda vale 0, e $O = (0, 0)$ é ponto de máximo local. Para $f\colon \mathbb{R}^2 \to \mathbb{R}, f(x, y) = x^3y^3$, $\mathscr{H}(0,0) = 0$, e $O = (0, 0)$ é ponto-sela. (Prove!)

Nota. A generalização do Teorema 2.9.2 para n variáveis é feita em cursos de Cálculo Avançado (por exemplo, Widder, *Advanced Calculus*, Prentice-Hall, Índia, 1968. Cap, 4, §4. faz para $n = 3$; Pierpont, *The Theory of Functions of Real Variables*, Vol. 1. Dover, 476-486, faz em geral, usando um resultado de álgebra, que pode ser achado em Perlis, *Theory of Matrices*. Addison-Wesley, 1952, Teorema 9.26).

Eis o enunciado:

Teorema 2.9.2. Sejam $f\colon D_f \subset \mathbb{R}^n \to \mathbb{R}$ de classe C^2, $P_0 \in D_f$ um ponto crítico de f. Seja $A = (\partial_{ij}f(P_0))$, e suponhamos $\det A \neq 0$. Ponhamos $\Delta_0 = 1$, e Δ_{n-k} o determinante da matriz obtida de A por supressão das últimas k linhas e colunas.

[30]Basta notar que $x^4 + y^4 \geq 0$ e $x^4 + y^4 = 0 \Leftrightarrow x = 0, y = 0$.

(a) Se $\Delta_0, \Delta_1, ..., \Delta_n$ são todos positivos, então P_0 é ponto de mínimo local de f.

(b) Se $\Delta_0, \Delta_1, ..., \Delta_n$ são alternadamente positivos e negativos, P_0 é ponto de máximo local de f.

Elucidação. Por exemplo se $n = 3$.

$$A = \begin{bmatrix} \partial_{11}f & \partial_{12}f & \partial_{13}f \\ \partial_{21}f & \partial_{22}f & \partial_{23}f \\ \partial_{31}f & \partial_{32}f & \partial_{33}f \end{bmatrix}$$

$$\Delta_0 = 1,\ \Delta_1 \partial_{11} f \Delta_2 = \begin{vmatrix} \partial_{11}f & \partial_{12}f \\ \partial_{21}f & \partial_{22}f \end{vmatrix},\ \Delta_3 = \det A,$$

as derivadas parciais calculadas em P_0.

Exemplo 2.9.3. Ache os pontos de máximo local, de mínimo local e pontos-sela de $f: \mathbb{R}^3 \to \mathbb{R}$ dada por $f(x, y) = xy - 2x^2 - y^2 - 3z^2 - 2xz - yz$.

Temos

$$\partial_1 f = y - 4x - 2z,$$
$$\partial_2 f = x - 2y - z,$$
$$\partial_3 f = -6z - 2x - y.$$

Igualando a zero, obtemos $x = y = z = 0$, e $(0, 0, 0)$ é o único ponto crítico. Agora,

$$\partial_{11}f = -4, \quad \partial_{12}f = 1 = \partial_{21}f, \quad \partial_{13} = -2 = \partial_{31}f,$$
$$\partial_{22}f = -2, \quad \partial_{23}f = -1 = \partial_{32}f, \quad \partial_{33}f = -6,$$

E, em particular, são esses os valores em $x = y = z = 0$. Então

$$A = \begin{bmatrix} -4 & 1 & 2 \\ 1 & -2 & -1 \\ -2 & -1 & -6 \end{bmatrix}$$

e
$$\Delta_0 = 1 > 0, \quad \Delta_1 = -4 < 0, \quad \Delta_2 = \begin{vmatrix} -4 & 1 \\ 1 & -2 \end{vmatrix} = 7 > 0,$$
$$\Delta_3 = \det A = -36 < 0.$$

Logo, $P_0 = (0, 0, 0)$ é ponto de máximo local. Não existem pontos de mínimo local nem pontos-sela.

Daremos a seguir uma outra demonstração do Teorema 2.9.2, que faz uso da Fórmula de Taylor, desenvolvida na secção anterior.

Outra prova do Teorema 2.9.2

Pelo Teorema 2.8.1, existe $r_1 > 0$ tal que para $H = (h, k) \in B(0, r)$ se tem

$$f(P_0 + H) = f(P_0) + f'(P_0) \cdot (P - P_0) + R_2$$

e, como P_0 é ponto crítico, $f'(P_0) = 0$, vem

$$f(P_0 + H) - f(P_0) = R_2 = \frac{1}{2}\left(h^2 \partial_{11} f(\bar{P}) + 2hk\partial_{12}(\bar{P}) + k^2 \partial_{22} f(\bar{P})\right), \quad (\alpha)$$

onde $\bar{P}$ está no segmento aberto de extremos P_0 e P_0 + H.

(I) Suponhamos $\mathcal{H}(P_0) > 0$, e $\partial_{11} f(P_0) > 0$. Como $\mathcal{H}$ e $\partial_1 f$ são contínuas em P_0, existe $r_2 > 0$, tal que para todo $H \in B(0, r_2)$, $\mathcal{H}(P_0 + H) >$ > 0, $\partial_{11} f(P_0 + H) > 0$. Daí, se $H \in B(0, r)$, $r = \min\{r_1, r_2\}$, resulta, como $\bar{P}$ está no segmento aberto de extremos P_0 e $P_0 + H$, que $\mathcal{H}(\bar{P}) > 0$ e $\partial_{11} f(\bar{P}) > 0$, e usando o Lema 1, podemos escrever, tendo em vista (α):

$$H \in B^*(0, r) \Rightarrow f(P_0 + H) - f(P_0) > 0.$$

O caso $\partial_{11} f(P_0) < 0$ fica como exercício.

(II) Suponhamos $\mathcal{H}(P_0) < 0$.

Dado $H \in \mathbb{R}^2$, existe um intervalo aberto $I_H \subset \mathbb{R}$ tal que $P_0 + tH \in D_f$. Seja $F_H: I_H \to \mathbb{R}$, $F_H(t) = f(P_0 + tH)$. Então $F'_H(0) = f'(P_0) \cdot H = 0$, $F''_H(0) = (h\ \partial/\partial x + k\ \partial/\partial y)^2 f(P_0)$.

Pelo Lema 1, existe H_1, $= (h_1, k_1)$, tal que $(h1\ \partial/\partial x + k_1\ \partial/\partial y)^2$ $f(P_0) < 0$. Assim, $F_{H1}(0) = 0$, $F''_{H1}(0) < 0$, o que mostra que F_{H1} tem máximo local em $t = 0$:

$F_{H1}(t) < F_{H1}(0)$ Para todo $t \neq 0$ num intervalo aberto contendo 0, ou seja,

$$f(P_0 + tH_1) < f(P_0). \quad (\beta)$$

Com raciocínio análogo, usando H_2 tal que $(h_2\ \partial/\partial x + k_2\ \partial/\partial y)^2$ $f(P_0) > 0$ (pelo Lema 1), chega-se a

$f(P_0 + \lambda H_2) > f(P_0)$, para todo λ, num intervalo aberto contendo 0. (γ)

(β) e (γ) mostram o que se afirmou acima.

Máximos e mínimos globais

Frequentemente nos interessa saber em que ponto uma função atinge seu maior valor, ou seu menor valor (nem sempre existe tal ponto). Introduzimos a definição dada a seguir.

Seja $f: D_f \subset \mathbb{R}^n \to \mathbb{R}$, e seja $P_0 \in D_f$. P_0 se diz ponto de máximo da função dada se, para todo $P \in D_f$, tem-se $f(P) \leq f(P_0)$. Nesse caso, $f(P_0)$ diz-se o (*valor*) *máximo* da função. Trocando-se $\leq$ por $\geq$, tem-se *ponto de mínimo*, e $f(P_0)$ diz-se o (*valor*) *mínimo* da função.

A procura dos pontos de máximo e de mínimo de uma função não é, em geral, fácil. Se o domínio de uma função *contínua* é limitado (isto é, está contido numa bola centrado em 0) e fechado, isso nos garante a existência de ponto de mínimo e de ponto de máximo da mesma. Esse teorema é o análogo da Proposição 2.4.4, Vol. 1, para funções de uma variável real. Daremos aqui apenas o enunciado, sendo a demonstração dada na parte B do Apêndice.

Teorema 2.9.3. Seja $f: D_f \subset \mathbb{R}^n \to \mathbb{R}$ contínua, onde D_f é limitado e fechado. Então existem $P_1, P_2 \in D_f$, tais que $f(P_1) \leq f(P) \leq f(P_2)$, qualquer que seja $P \in D_f$.

Esse resultado nos permite estabelecer um programa na busca de máximos e mínimos. Nas condições do teorema, sabemos existir um ponto de máximo.

(a) Se ele está no interior de D_f, e a função é diferenciável aí, necessariamente a sua derivada se anula nesse ponto, por ser esse, em particular, um ponto de máximo local (Teorema 2.9.1). Então devemos resolver a equação $f'(P) = 0$, ou seja, achar os pontos críticos da função, que serão os candidatos a ponto de máximo. Calculamos o valor da função nesses pontos.

(b) Se ele ocorre na fronteira[*] de D_f, então analisamos a função na fronteira com relação a máximo, o que em geral nos conduz a funções de uma variável real. Calculamos o valor da função nos pontos de máximo na fronteira.

(c)Comparamos os valores obtidos em (a) e (b), e o maior será o máximo.

---

[*]Ler páginas 210 e 211 do APÊNDICE B, Vol. 2.

É claro que o que foi dito para máximo vale *mutatis mutandis* para mínimo. Observe que o programa mencionado é semelhante ao caso de função de variável real (veja o Exercício 3.1.4, do Vol. 1). Você vai entender tudo o que dissemos através de exemplos.

Exemplo 2.9.4. A distribuição de temperatura na chapa retangular limitada pelas retas $x = 0$, $y = 0$, $x = 1$, $y = 2$ é dada por $T(x, y) = (x + y)^2 - 4x + 8y - y^2 + 83$. Ache as temperaturas máxima e mínima da chapa, bem como os pontos onde elas ocorrem.

Seja $D_T = \left\{(x, y) \in \mathbb{R}^2 \middle| 0 \leq x \leq 1, 0 \leq y \leq 2\right\}$.

Como D_T é limitado e fechado, T assume seu máximo e seu mínimo.

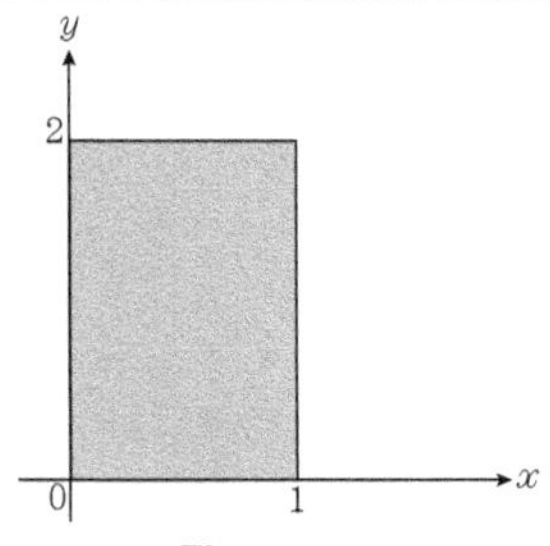

Figura 2.66

- Pontos críticos do interior de D_T. Temos

$$\overset{\circ}{D}_T = \left\{(x, y) \in \mathbb{R}^2 \middle| 0 < x < 1, 0 < y < 2\right\}.$$ [31]

$$\frac{\partial T}{\partial x} = 2(x + y) - 4 = 0, \quad \frac{\partial T}{\partial y} = 2(x + y) + 8 - 2y = 0.$$

Resolvendo, vem que o único ponto crítico é $(-4, 6)$, o qual não pertence a $\overset{\circ}{D}_T$.

- Então o máximo e o mínimo devem ocorrer na fronteira de D_T, que é a reunião dos "lados" do retângulo.

(a) No segmento $y = 0$, $0 \leq x \leq 1$, temos

$$T(x, y) = T(x, 0) = x^2 - 4x + 83.$$

[31] $\overset{\circ}{A}$ é o conjunto dos pontos interior de A, chamado *interior de A*.

Usando agora os nossos conhecimentos de função de variável real, vemos que essa função tem por derivada $2(x-2)$, que é negativa no intervalo $[0, 1]$, sendo, pois, decrescente e, daí, o valor mínimo é atingido em $x = 1$: $1^2 - 4 \cdot 1 + 83 = 80$ e o máximo é atingido em $x = 0$: $0^2 - 4 \cdot 0 + 83 = 83$. Devemos considerar $T(1, 0) = 80$ e $T(0, 0) = 83$.

(b) No segmento $x = 1$, $0 \leq y \leq 2$, temos

$$T(1, y) = (1 + y)^2 - 4 \cdot 1 + 8y - y^2 + 83 = 10y + 80,$$

claramente crescente em $[0, 2]$; logo, seu valor máximo é atingido em $y = 2$: $10 \cdot 2 + 80 = 100$, e o mínimo em $y = 0$: $10 \cdot 0 + 80 = 80$. Devemos considerar $T(1, 2) = 100$ e $T(1, 0) = 80$.

No segmento $y = 2$, $0 \leq x \leq 1$, temos

$$T(x, 2) = x^2 + 99,$$

claramente crescente em $[0, 1]$; logo, seu valor máximo é atingido em $x = 1$: $1^2 + 99 = 100$, e o mínimo em $x = 0$: $0^2 + 99 = 99$. Devemos considerar $T(1, 2) = 100$, $T(0, 2) = 99$.

(d) No segmento $x = 0$, $0 \leq y \leq 2$, temos

$$T(0, y) = 8y + 83,$$

claramente crescente em $[0, 2]$; logo, seu valor máximo é atingido em $y = 2$: $8 \cdot 2 + 83 = 99$, e o mínimo em $y = 0$: $8 \cdot 0 + 83 = 83$. Devemos considerar $T(0, 2) = 99$, $T(0, 0) = 83$.

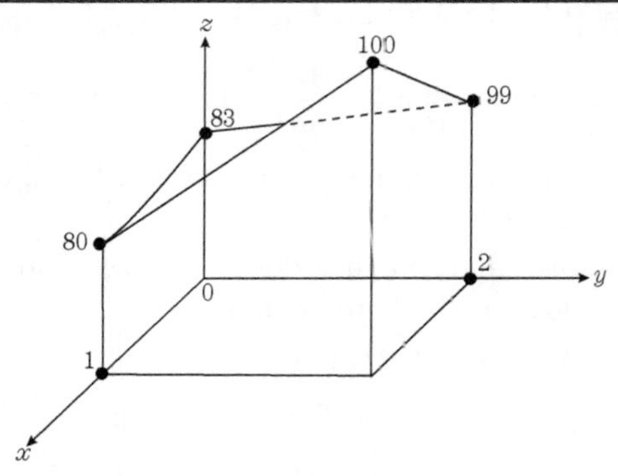

Figura 2.67

• Comparando os valores a considerar,

$$T(1, 0) = 80 \quad T(0, 0) = 83 \quad T(1, 2) = 100 \quad T(0, 2) = 99,$$

vemos que o valor máximo procurado é $T(1, 2) = 100$, sendo $(1, 2)$ ponto de máximo, e o valor mínimo procurado é 80, sendo $(1, 0)$ ponto de mínimo.

Nota. A Fig. 2.67 mostra o gráfico da restrição de $T: D_T \to \mathbb{R}$ à fronteira de D_T (a escala do eixo z é diferente da dos outros).

Exemplo 2.9.5. A densidade da placa circular $x^2 + y^2 \leq 4$ é dada por $\mu(x, y) = e^{-(x^2+y^2)}(2x^2 + 3y^2) + 1$. Determine os pontos de maior e de menor densidade.

Como $\mu = D_\mu \to \mathbb{R}$, $D_\mu = \left\{(x, y) \in \mathbb{R}^2 \middle| x^2 + y^2 \leq 4\right\}$ é contínua, e D é limitado e fechado, então a função assume seu máximo e seu mínimo.

• Pontos críticos no interior de $D_\mu (x^2 + y^2 < 4)$:

$$\frac{\partial \mu}{\partial x} = 2xe^{-(x^2+y^2)}(2 - 2x^2 - 3y^2) = 0 \Leftrightarrow x(2 - 2x^2 - 3y^2) = 0$$

$$\frac{\partial \mu}{\partial y} = 2ye^{-(x^2+y^2)}(3 - 2x^2 - 3y^2) = 0 \Leftrightarrow y(3 - 2x^2 - 3y^2) = 0.$$

Considerando a primeira equação,

a) Se $x = 0$, a segunda equação fica $y(3 - 3y^2) = 0$ e, portanto, ou $y = 0$, ou $y = \pm 1$. Temos as soluções $(0, 0)$, $(0, 1)$, $(0, -1)$, todas no interior de D_μ.

b) Se $2 - 2x^2 - 3y^2 = 0$, considerando a segunda equação,

b$_1$) ou $y = 0$, e o sistema $\begin{cases} 2 - 2x^2 - 3y^2 = 0 \\ y = 0 \end{cases}$

tem as soluções $(\pm 1, 0)$,

b$_2$) ou $3 - 2x^2 - 3y^2 = 0$, e o sistema $\begin{cases} 2 - 2x^2 - 3y^2 = 0 \\ 3 - 2x^2 - 3y^2 = 0 \end{cases}$

é incompatível (subtraia uma equação da outra!).

Portanto, os pontos críticos são $\{(0, 0), (0, 1), (0, -1), (1, 0), (-1, 0)\}$. Devemos considerar

$$\mu(0, 0) = 1 \quad \mu(0, 1) = 3e^{-1} + 1 = \mu(0, -1) \quad \mu(1, 0) = 2e^{-1} + 1 = \mu(-1, 0).$$

Estudemos a função na fronteira de $D_\mu (x^2 + y^2 = 4)$. Temos

$$\begin{cases} \mu(x, y) = e^{-(x^2+y^2)}(2x^2+3y^2)+1 \\ x^2+y^2 = 4. \end{cases}$$

Levando o valor de y^2 da segunda relação na primeira, obtemos[32]

$$\varphi(x) = e^{-4}(12 - x^2) + 1, \text{ onde } -2 \leq x \leq 2.$$

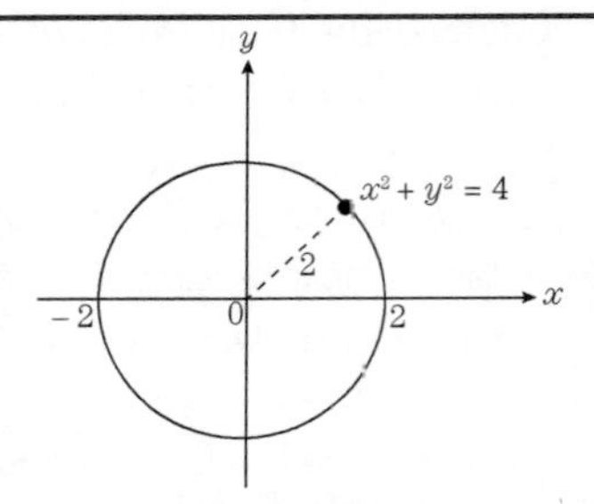

Figura 2.68

Então φ: $[-2, 2] \to \mathbb{R}$ atinge seu mínimo em $x = \pm 2$: $\varphi(\pm 2) = 8e^{-4} + 1$, e seu máximo em $x = 0$: $\varphi(0) = 12e^{-4} + 1$. Para $x = \pm 2$, $y = \pm\sqrt{4 - x^2} = 0$, e, para $x = 0$, $y = \pm\sqrt{4 - x^2} = \pm 2$. Devemos considerar então

$$\mu = (0, 2) = \mu = (0, -2) = 12e^{-4} + 1,$$

$$\mu = (2, 0) = \mu = (-2, 0) = 8e^{-4} + 1.$$

- Comparando todos os valores considerados

$\mu(0, 0) = 1$, $\mu(0, 1) = 3e^{-1} + 1 = \mu(0, -1)$, $\mu(1, 0) = 2e^{-1} + 1 = \mu(-1, 0)$, $\mu(0, 2) = \mu(0, -2) = 12e^{-4} + 1$, $\mu(2, 0) = \mu(-2, 0) = 8e^{-4} + 1$, vemos que o menor é $\mu(0, 0) = 1$, e o maior é $\mu(0, 1) = \mu(0, -1) = 3e^{-1} + 1$, sendo estes os valores procurados.

[32] A rigor, deveríamos considerar $y = \sqrt{4 - x^2}$ e $y = -\sqrt{4 - x^2}$.

Obteríamos $\varphi_1(x) = \mu\left(x, \sqrt{4 - x^2}\right)$ e $\varphi_2(x) = \mu\left(x, \sqrt{4 - x^2}\right)$.

Mas $\varphi_1(x) = \varphi_2(x) = \varphi(x)$.

Nota. Poderíamos, ao estudar o problema na fronteira, ter escrito $x = 2 \cos t$, $y = 2 \text{ sen } t$, $0 \leq t \leq 2\pi$. Daí substituindo em μ resultaria $\phi(t) = \mu(2 \cos t, 2 \text{ sen } t) = e^{-4}(8 + 4 \text{ sen}^2 t)$; daí, se estudaria essa função quanto a máximos e mínimos.

Quando não é fechado e limitado o domínio da função, não se tem regra suficientemente geral para se obter o máximo e o mínimo, podendo mesmo não existirem. Nesse caso, deve-se tentar fazer um raciocínio específico em cada caso. Às vezes, a situação física (quando for o caso) pode nos dar uma informação.

Exemplo 2.9.6. Ache as dimensões de uma caixa retangular sem tampa, de volume máximo, cuja área lateral vale 3 dm^2.

Sendo x, y, z as dimensões procuradas, temos

$$2xz + 2yz + xy = 3. \quad (\alpha)$$

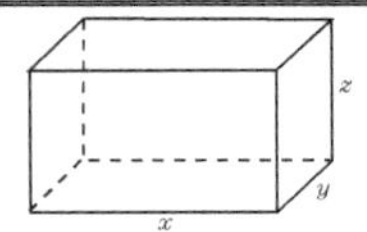

Figura 2.69

O volume é xyz, ou, tirando z de (α), é $xy(3 - xy)/[2(x + y)]$. Devemos, pois, estudar a função $V: D_V \subset \mathbb{R}^2 \to \mathbb{R}$, $V(x, y) = xy(3 - xy)/[2(x + y)]$. Como $x > 0$, $y > 0$, e, além disso, $V(x, y) > 0$ (logo, $3 - xy > 0$), resulta $D_V = \left\{(x, y) \in \mathbb{R}^2 \middle| x > 0,\ y > 0,\ xy < 3\right\}$.

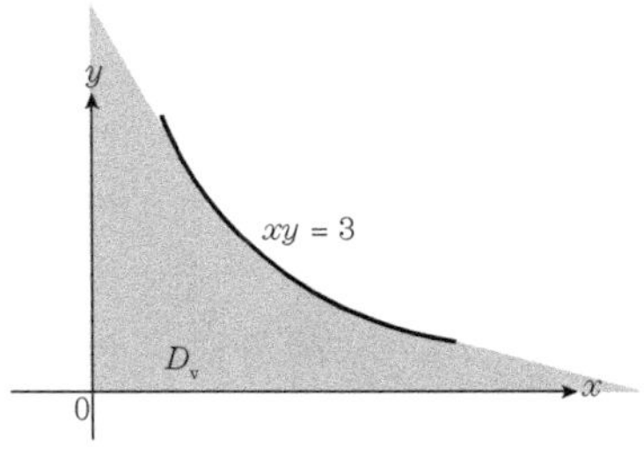

Figura 2.70

Como não sabemos se existe máximo, começamos por tentar achar máximos locais.

- *Pontos críticos*

Calculando-se, chega-se a

$$\partial_1 f(x, y) = \frac{y^2}{2(x+y)^2}\left(3 - 2xy - y^2\right),\ \partial_2 f(x, y) = \frac{x^2}{2(x+y)^2}\left(3 - 2xy - x^2\right).$$

Devemos resolver o sistema

$$3 \times 2xy - y^2 = 0, \quad 3 - 2xy - x^2 = 0.$$

Subtraindo membro a membro vem $x^2 = y^2$ e, como $x > 0$, $y > 0$, resulta $x = y$. Substituindo na primeira equação, vem $x = 1 = y$. O único ponto crítico é (1, 1), e $V(1, 1) = 1$.

• Pensando *fisicamente*, o problema deve ter solução (com uma área lateral fixada, você não pode fazer o volume crescer quanto quiser, e você pode fazê-lo tão pequeno quanto quiser, fazendo a altura $z \to 0$!). Admitindo isto, é claro que (1, 1) é ponto de máximo e a solução é $x = y = z = 1$ [o valor de z é tirado de (α)].

Nota. É claro que o argumento acima deixa a desejar do ponto de vista matemático. Daremos uma análise específica para justificar o resultado acima, apenas para satisfação dos que ficaram descontentes com o que foi dito acima. No conjunto $A_{\varepsilon,\alpha}$ mostrado na Fig. 2.71, fechado, limitado pelas curvas $y = \alpha$; $x = \alpha$; $x + y = \varepsilon$; $xy = 3$, onde $\alpha > 0$, $\varepsilon > 0$, ε é escolhido suficientemente pequeno e α suficientemente grande, V assume seu máximo. Se este ocorrer no interior de $A_{\varepsilon,\alpha}$, deverá ocorrer em (1, 1). Como $x + y \geq x$, $1 - xy \leq 1$ em $A_{\varepsilon,\alpha}$, vem

$$V(x, y) \leq \frac{xy}{x} = y. \qquad (\beta)$$

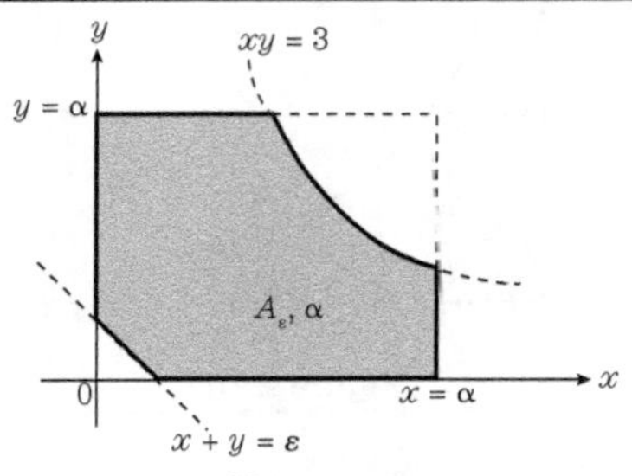

Figura 2.71

Além disso, também $x + y \geq y$ em $A_{\varepsilon,\alpha}$, de forma que

$$V(x, y) \leq \frac{xy}{y} = x. \qquad (\gamma)$$

Então, no segmento $x = \alpha$ de $A_{\varepsilon,\alpha}$, vale, por (β),

$$V(h, y) \leq y \leq \frac{3}{\alpha},$$

e, no segmento $y = \alpha$ de $A_{\varepsilon,\alpha}$, vale, por (γ),

$$V(x, h) \leq x \leq \frac{3}{\alpha},$$

No segmento $x + y = \varepsilon$ de $A_{\varepsilon,\alpha}$, vale, por (γ),

$$V(x, y) \leq x = \varepsilon - y \leq \varepsilon.$$

Nas outras curvas da fronteira de $A_{\varepsilon,\alpha}$, V se anula.

Das desigualdades na fronteira vemos que, escolhendo ε suficientemente pequeno e α suficientemente grande, o máximo em $A_{\varepsilon,\alpha}$ deve ocorrer no ponto (1, 1). Sejam α_0, ε_0 os números assim escolhidos. É fácil ver que $V(x, y)$, nas regiões não limitadas "excluídas", é menor ou igual a $3/\alpha_0$, e, na região triangular "excluída", é menor ou igual a δ_0[33]. Resulta, assim, que (1, 1) é ponto de máximo da função-volume.

EXERCÍCIOS

Nos Exercícios de 2.9.1 a 2.9.7 ache os pontos de máximo local, de mínimo local, e de sela, sendo $f(x, y)$ igual a:

2.9.1. $x^3 + 3xy^2 - 3x^2 - 3y^2$;

2.9.2. $x^3 + 3x^2 - 4xy + y^2 + 1$;

2.9.3. $x^4 + y^4 - 2x^2 + 4xy - 2y^2$;

[33] Tome P na região triangular. Por ele passa uma reta paralela à reta $x + y = \varepsilon_0$, que é de equação $x + y = \varepsilon_1$, com $\varepsilon_1 \leq \varepsilon_0$. Mas já vimos que, no segmento $x + y = \varepsilon_1$ do primeiro quadrante, deve ocorrer $V(x, y) \leq \varepsilon_1 \leq \varepsilon_0$. Em particular $V(P) \leq \varepsilon_0$.

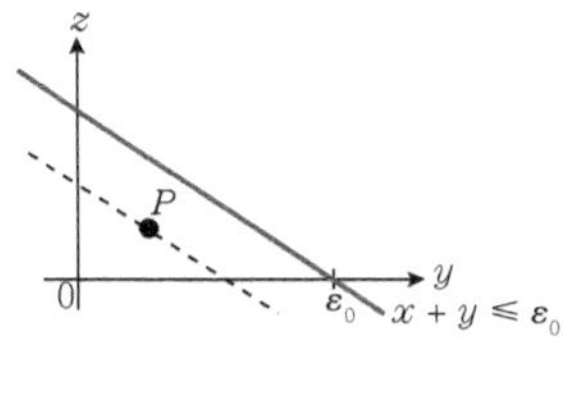

2.9.4. $x^3 + y^3 - 3x - 12y + 1$;

2.9.5. $x^3 + 3xy^2 - 15x - 12y + 4$;

2.9.6. $x^2 - xy + y^4 + 2$;

2.9.7. $y - x^2 - y^2 + x^2y$.

2.9.8. Mostre que $f(x, y) = x^2 + xy + y^2 + 3/x + 3/y + 2$ tem mínimo local em $(1, 1)$.

2.9.9. Mostre que a função $f(x, y) = y^3 + 3x^2y - 3x^2 - 3y^2 + 2$ tem quatro pontos críticos, dois dos quais de sela, um de mínimo local, outro de máximo local.

2.9.10. Ache os pontos críticos de f e decida se são de máximo local, de mínimo local, ou de sela (as hipóteses do Teorema 2.9.2 podem não se verificar!), sendo $f(x, y) =$

a) $x^{60} + y^{100}$; b) $x^6 - y^6$; c) $(x^4 - y^4)^2$.

2.9.11. Mostre que o único ponto crítico de $f(x, y, z) = x^2 + y^2 + z^2 - xy + x - 2z + 1$ é ponto de mínimo local.

2.9.12. Estude $f(x, y, z) = -x^4 + y^2z^2 - xyz + x^2 + 2y^2 + z^2 + 1$ na origem.

2.9.13. Escreva um número $a > 0$ como soma de três números não negativos de produto máximo.

Ajuda, se $a = x + y + z$, $z = a - x - y$. Então $x \geq 0$, $y \geq 0$, $a - x - y \geq 0$.

2.9.14. Conclua, a partir do exercício anterior, que

$$\sqrt[3]{xyz} \leq \frac{x+y+z}{3},$$

quaisquer que sejam x, y, z não negativos.

2.9.15. Dentre os triângulos de mesmo perímetro $2p$, qual o de maior área?

Ajuda. 1. Se a, b, c são as medidas dos lados de um triângulo sua área vale

$$A = \sqrt{p(p-a)(p-b)(p-c)}.$$

2. Maximizar A^2 é equivalente a maximizar A.

3. Então, se x, y, z são as medidas dos lados, considere

$$f(x, y) = p(p - x)(p - y)(x + y - p) \qquad (z = 2p - x - y).$$

4. Estude f para $x \geq 0$, $y \geq 0$ e $x + y \leq 2p$. Esta última decorre de

$$\begin{cases} x \geq 0 \\ y \geq 0 \\ z = 2p - x - y \geq 0 \end{cases}$$

2.9.16. Dos pontos do disco $x^2 + y^2 \leq 1$ quais os que têm soma de coordenadas maxima? mínima?

2.9.17. Ache o máximo e o mínimo de $f(x, y) = 3x^2 + 2y^2$, sendo $x^2 + y^2 \leq 1$.

2.9.18. Idem para $f(x, y) = (x - y)(1 - x^2 - y^2)$.

2.9.19. (Método dos mínimos quadrados). Deseja-se achar uma reta $y = ax + b$, de modo que se "ajuste" aos dados $(x_1, y_1), ..., (x_n, y_n)$ (os x_i são distintos) no seguinte sentido: a e b devem ser escolhidos de modo a minimizar

$$f(a, b) = \sum_{i=1}^{n} \left[y_i - (ax_i + b) \right]^2.$$

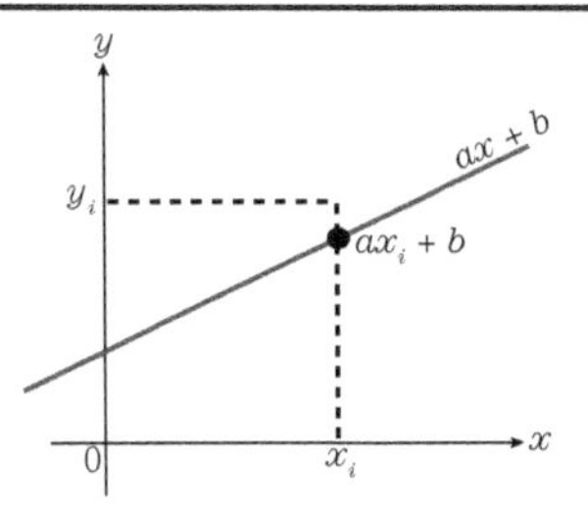

Figura 2.72

a) Ache a e b sendo dados $x_1 = 1, y_1, = 2; x_2 = 0, y_2 = 0; x_3 = 2, y_3 = 2$.

*b) Obtenha a equação da reta no caso geral.

Ajuda. Use

$$n\left(\sum_{i=1}^{n} x_i^2\right) - \left(\sum_{i=1}^{n} x_i\right)^2 = \frac{1}{2}\sum_{i=1}^{n}\sum_{i=1}^{n}\left(x_i - x_j\right)^2 > 0.$$

2.9.20. Pelo ponto $(1, 2, 1)$ conduzir um plano de modo que o volume do tetraedro definido por ele no primeiro oitante e pelos eixos coordenados seja mínimo.

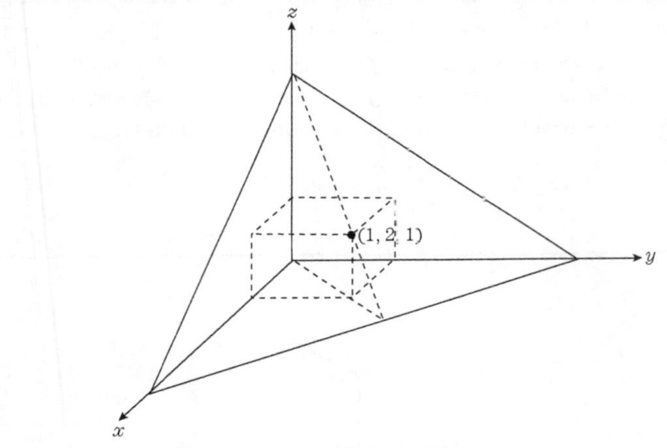

Figura 2.73

2.9.21. Um vaso tem forma de um prisma reto cuja base é um triângulo retângulo. Seu volume é 2 dm². Sabendo que foi gasto o mínimo material para sua construção, mostre que sua área vale $6\left(1+\frac{\sqrt{2}}{2}\right)^{2/3}$ dm².

2.9.22. Mostre que $\left(\frac{3\pi}{2}, \frac{3\pi}{2}\right)$ e $\left(\frac{\pi}{6}, \frac{\pi}{6}\right)$ são pontos de mínimo local e máximo local, respectivamente, de $f(x, y) = \operatorname{sen} x + \operatorname{sen} y + \cos(x + y)$.

2.9.23. Ache o valor máximo de $f(x, y) = \frac{x + y - 1}{x^2 + y^2}$, $(x, y) \neq (0, 0)$.

3 Aplicações de subconjuntos de $\mathbb{R}^m$ em $\mathbb{R}^n$

3.1 MOTIVAÇÃO PARA O ESTUDO. EXEMPLOS

A necessidade da consideração de aplicações do tipo $f: D_f \subset \mathbb{R}^m \to \mathbb{R}^n$ é sentida ao observarmos conceitos introduzidos na Física. Damos, a seguir, alguns exemplos.

Exemplo 3.1.1. Considere um líquido movendo-se em regime estacionário, isto é, sendo a velocidade, em qualquer ponto, independente do tempo. Então, a cada ponto $P = (x, y, z)$ da região, está associado um vetor $\mathrm{v}(x, y, z)$, que é a velocidade da partícula do fluido nesse ponto. Podemos escrever,

$$\mathrm{v}(x, y, z) = v_1(x, y, z)\mathbf{i} + v_2(x, y, z)\mathbf{j} + v_3(x, y, z)\mathbf{k}.$$

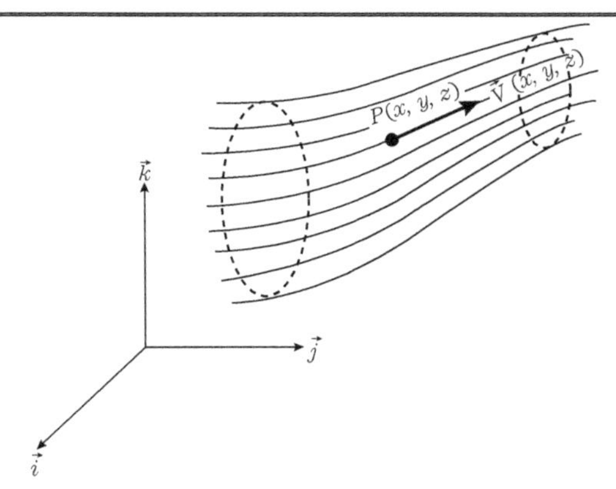

Figura 3.1

Temos, assim, uma aplicação

$$\mathrm{v}:(x, y, z) \mapsto (v_1(x, y, z), v_2(x, y, z), v_3(x, y, z))$$

de um subconjunto de $\mathbb{R}^3$ em $\mathbb{R}^3$.

Agora, se o regime não é estacionário, então v é uma função também do tempo t, e escrevemos $\mathrm{v}(x, y, z, t)$. Então teremos uma aplicação de um subconjunto de $\mathbb{R}^4$ em $\mathbb{R}^3$:

$$\mathrm{v}:(x, y, z, t) \mapsto (v_1(x, y, z, t), v_2(x, y, z, t), v_3(x, y, z, t)).$$

Exemplo 3.1.2. O campo elétrico, num ponto P, gerado por uma carga positiva q situada num ponto 0, é dado por

$$\mathrm{E}(P) = k\frac{q}{r^2}\cdot\lambda,$$

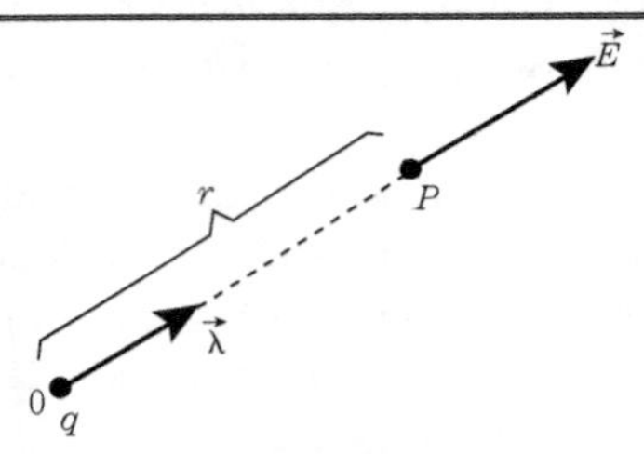

Figura 3.2

onde k é uma constante positiva, r a distância entre 0 e P e um versor de 0 para P. Tomando um sistema cartesiano de coordenadas com origem 0, e escrevendo $P = (x, y, z)$, temos

$$r^2 = x^2 + y^2 + z^2, \quad \lambda = \frac{(x, y, z)}{\sqrt{x^2 + y^2 + z^2}};$$

logo, obtemos uma aplicação de $R^3 - \{0\}$ em $\mathbb{R}^3$ dada por

$$(x, y, z) \mapsto \frac{kq}{(x^2 + y^2 + z^2)^{3/2}}(x, y, z).$$

Além dos exemplos acima, poderíamos citar o campo gravitacional, o campo magnético etc.

Exemplo 3.1.3. Para tomarmos exemplos extraídos do que estudamos até agora, podemos considerar f: $D_f \subset \mathbb{R}^3 \to \mathbb{R}$ diferenciável, e definir seu campo gradiente ∇f: $D_f \to \mathbb{R}^3$ por $\nabla f(P) = (\partial_1 f(P), \partial_2 f(P), \partial_3 f(P))$. Concretamente, se $f(x, y, z) = x^2yz$,

$$\nabla f(x, y, z) = \left(\frac{\partial f}{\partial x}, \frac{\partial f}{\partial y}, \frac{\partial f}{\partial z}\right) = \left(2xyz, x^2z, x^2y\right).$$

Podemos também considerar a função diferencial de f, designada por df: $D_f \times \mathbb{R}^3$[1] $\subset \mathbb{R}^6 \to \mathbb{R}$, sendo dada assim:

$$df(P, H) = df_p(H) = f'(P) \cdot H.$$

Exemplo 3.1.4. Uma aplicação contínua α: $I \subset \mathbb{R} \to \mathbb{R}^3$, que foi estudada no Cap. 1, é o que se poderia chamar *curva*[2]. Agora, uma aplicação contínua f: $A \subset \mathbb{R}^2 \to \mathbb{R}^3$, poderia ser chamada *superfície.*[2] Veja:

• Se $f(u, v) = \left(u, v, \sqrt{1 - u^2 - v^2}\right)$, $A = \left\{(u, v) u^2 + v^2 \leq 1\right\}$, pondo $f(u, v) = (x, y, z)$, vem $x = u$, $y = v$, $z = \sqrt{1 - u^2 - v^2} \geq 0$. Essas equações são equivalentes a $z^2 + x^2 + y^2 = 1$, $z \geq 0$. Temos, assim, um hemisfério.

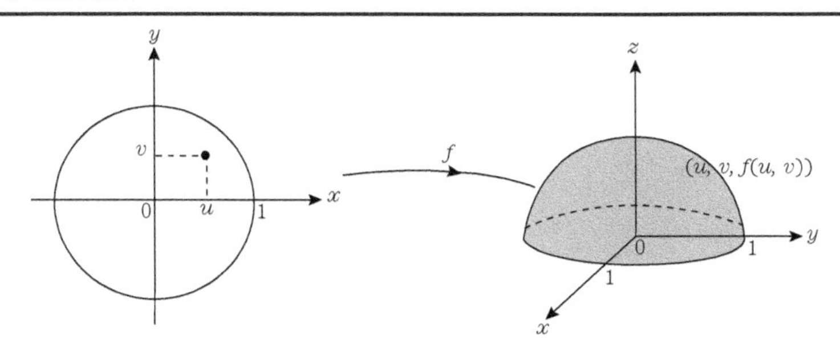

Figura 3.3

Para imaginar esse exemplo, o truque que usamos foi o seguinte: se tomamos φ: $D_\varphi \subset \mathbb{R}^2 \to \mathbb{R}$, então, colocando $z = \varphi(x, y)$, chamamos x de u, y de v, e, daí, $z = \varphi(u, v)$; então, a cada par $(u, v) \in D_\varphi$, tenho, em correspondência, $(x, y, z) = (u, v, \varphi(u, v))$.

[1] $A \times B = \left\{(x, y) | x \in A \text{ e } y \in B\right\}$ é o produto cartesiano do conjunto A e do conjunto B.

[2] Denominação provisória.

• Se $f(\theta, \varphi) = (r \text{ sen } \varphi \cos \theta, r \text{ sen } \varphi \text{ sen } \theta, r \cos \varphi)$, $(r > 0)$ onde D_f é dado por $0 \leq \varphi \leq \pi$, $0 \leq \theta \leq 2\pi$, obtemos a superfície esférica de centro na origem e raio r. Isso pode ser visto intuitivamente a partir da Fig. 3-4, ou, formalmente, colocando $f(\theta, \varphi) = (x, y, z) = (r \text{ sen } \varphi \cos \theta, r \text{ sen } \varphi \text{ sen } \theta, r \cos \varphi)$. Daqui $x = r \text{ sen } \varphi \cos \theta$, $y = r \text{ sen } \varphi \text{ sen } \theta$, $z = r \cos \varphi$, de onde

$$x^2 + y^2 + z^2 = r^2 \text{sen}^2\ \varphi\left(\cos^2\ \theta + \text{sen}^2\ \theta\right) + r^2 \cos^2 \varphi =$$

$$= r^2 \text{sen}^2\ \varphi + r^2\ \cos^2\ \varphi = r^2\left(\text{sen}^2\ \varphi + \cos^2\ \varphi\right) = r^2,$$

o que mostra que $f(D_f) \subset S$. Agora falta mostrar que $S \subset f(D_f)$. Prove isso!

Nota. Veremos posteriormente, no Vol. 4, o estudo de curvas e superfícies, deixando para essa ocasião considerações mais detalhadas a respeito.

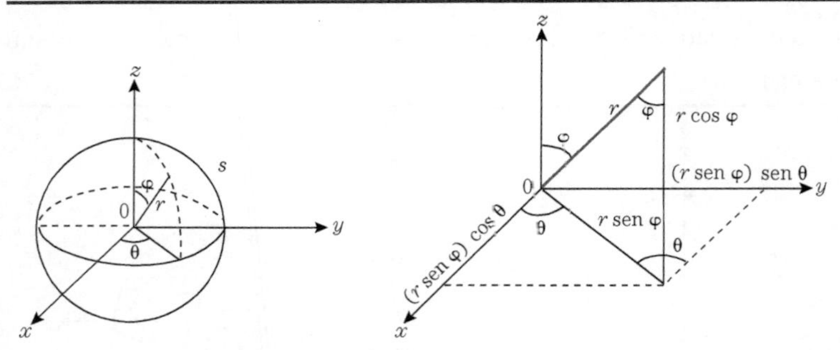

Figura 3.4

Dada $f: D_f \subset \mathbb{R}^m \to \mathbb{R}^n$, se $P \in D_f$, então $f(P) \in \mathbb{R}^n$. Daí, podemos escrever

$$f(P) = (f_1(P), f_2(P), ..., f_n(P))$$

e obtemos, assim, n funções $f_i: D_f \subset \mathbb{R}^m \to \mathbb{R}$, $i = 1, 2,..., n$, ditas *funções coordenadas*, ou *funções componentes* de f. Por exemplo, se $f: \mathbb{R}^3 \to \mathbb{R}^2, f(x, y, z) = (x^2 + y, z + 1)$, então $f_1(x, y, z) = x^2 + y, f_2(x, y, z) = z + 1$. Se $f: \mathbb{R}^2 \to \mathbb{R}, f(x, y) = x + y$, então $f_1(x, y) = x + y = f(x, y)$. Se $f: \mathbb{R}^4 \to \mathbb{R}^3, f(x, y, z, w) = (x, \text{sen } zw, y + z)$ então $f_1(x, y, z, w) = x, f_2(x, y, z, w) = \text{sen } zw, f_3(x, y, z, w) = y + z$. Portanto, uma aplicação $f: Df \subset \mathbb{R}^m \to \mathbb{R}^n$ pode ser descrita por n equações:

$$\begin{aligned} y_1 &= f_1(x_1, x_2, \ldots, x_m) \\ y_2 &= f_2(x_1, x_2, \ldots, x_m) \\ &\vdots \\ y_n &= f_n(x_1, x_2, \ldots, x_m) \end{aligned}$$

Para cada $P = (x_1, x_2, \ldots, x_m) \in \mathbb{R}^m$, fica associado um único elemento $f(P) = (y_1, y^2, \ldots, y_n) \in \mathbb{R}^n$.

Exemplo 3.1.5. Uma classe importante de aplicações de $\mathbb{R}^m$ em $\mathbb{R}^n$ é a das aplicações lineares, conforme a definição seguinte:

$f: \mathbb{R}^m \to \mathbb{R}^n$ é uma *aplicação linear*[3] se

$f(P + Q) = f(P) + f(Q)$, para todo $P, Q \in \mathbb{R}^m$

$f(\lambda P) = \lambda f(P)$, para todo $P \in \mathbb{R}^m$ e todo $\lambda \in \mathbb{R}$.

É fácil deduzir que f é linear se, e somente se,

$$f(\lambda_1 P_1 + \cdots + \lambda_k P_k) = \lambda_1 f(P_1) + \cdots + \lambda_k f(P_k),$$

quaisquer que sejam $P_i \in \mathbb{R}^m$, $\lambda_i \in \mathbb{R}$, $i = 1, 2, \ldots, k$, ou, em notação abreviada.

$$f\left(\sum_{i=1}^{k} \lambda_i P_i\right) = \sum_{i=1}^{k} \lambda_i f(P_i).$$

Talvez, olhando como são as funções componentes de f, tenhamos uma melhor visão do que seja uma aplicação linear. É o que esclarece o próximo teorema.

Teorema 3.1.1. Seja $f = (f_1, f_2, \ldots, f_n): \mathbb{R}^m \to \mathbb{R}^n$. Então f uma aplicação linear $\Leftrightarrow$ existem números $a_{ij} \in \mathbb{R}$ tais que

$$\begin{aligned} y_1 &= f_1(x_1, x_2, \ldots, x_m) = a_{11}x_1 + a_{12}x_2 + \cdots + a_{1m}x_m \\ y_2 &= f_2(x_1, x_2, \ldots, x_m) = a_{21}x_1 + a_{22}x_2 + \cdots + a_{2m}x_m \\ &\vdots \\ y_n &= f_n(x_1, x_2, \ldots, x_m) = a_{n1}x_1 + a_{n2}x_2 + \cdots + a_{nm}x_m. \end{aligned}$$

[3] Também se diz uma *transformação linear*.

Vamos ver a demonstração num caso particular. Depois a daremos no caso geral.

Suponha $f = (f_1, f_2, f_3)\colon \mathbb{R}^2 \to \mathbb{R}^3$. Sejam (E_1, E_2) base canônica de $\mathbb{R}^2$, $(\varepsilon_1, \varepsilon_2, \varepsilon_3)$ base canônica de $\mathbb{R}^3$. Então, dado $P = (x_1, x_2) \in \mathbb{R}^2$, podemos escrever

$$P = x_1E_1 + x_2E_2.$$

Daí, supondo f linear,

$$f(P) = f(x_1E_1 + x_2E_2) = f(x_1E_1) + f(x_2F_2) = x_1f(E_1) + x_2f(E_2). \quad (\alpha)$$

Mas $f(E_1) \in \mathbb{R}^3$; logo, existem números $a_{11}, a_{21}, a_{31} \in \mathbb{R}$, tais que

$$\left.\begin{array}{l} f(E_1) = a_{11}\varepsilon_1 + a_{21}\varepsilon_2 + a_{31}\varepsilon_3 \\ \text{e, da mesma forma, existem } a_{12}, a_{22}, a_{32} \in \mathbb{R}, \text{ tais que} \\ f(E_2) = a_{12}\varepsilon_1 + a_{22}\varepsilon_2 + a_{32}\varepsilon_3. \end{array}\right\} \quad (\beta)$$

Levando (β) em (α), e lembrando que

$$f(P) = (f_1(x_1, x_2),\ f_2(x_1, x_2),\ f_3(x_1, x_2)) =$$
$$= f_1(x_1, x_2)\varepsilon_1 + f_2(x_1, x_2)\varepsilon_2 + f_3(x_1, x_2)\varepsilon_3$$

resulta

$$f_1(x_1, x_2)\varepsilon_1 + f_2(x_1, x_2)\varepsilon_2 + f_3(x_1, x_2)\varepsilon_3 =$$
$$= x_1(a_{11}\varepsilon_1 + a_{21}\varepsilon_2 + a_{31}\varepsilon_3) + x_2(a_{12}\varepsilon_1 + a_{22}\varepsilon_2 + a_{32}\varepsilon_3).$$

Podemos igualar os coeficientes de ε_1, de ε_2 e de ε_3, respectivamente:

$$f_1(x_1, x_2) = a_{11}x_1 + a_{12}x_2;$$
$$f_2(x_1, x_2) = a_{21}x_1 + a_{22}x_2;$$
$$f_3(x_1, x_2) = a_{31}x_1 + a_{32}x_2.$$

Fica, assim, mostrada a parte "⇒" da afirmação. Observe que chamando $y_1 = f_1(x_1, x_2)$, $y_2 = f_2(x_1, x_2)$, $y_3 = f_3(x_1, x_2)$ a relação anterior se escreve matricialmente assim:

$$\begin{bmatrix} f_1(x_1, x_2) \\ f_2(x_1, x_2) \\ f_3(x_1, x_2) \end{bmatrix} = \begin{bmatrix} y_1 \\ y_2 \\ y_3 \end{bmatrix} = \begin{bmatrix} a_{11} & a_{12} \\ a_{21} & a_{22} \\ a_{31} & a_{32} \end{bmatrix} \begin{bmatrix} x_1 \\ x_2 \end{bmatrix}.$$

Quanto à parte "$\Leftarrow$", basta observar que, se $Q = (x'_1, x'_2)$,

$$\begin{bmatrix} a_{11} & a_{12} \\ a_{21} & a_{22} \\ a_{31} & a_{32} \end{bmatrix} \begin{bmatrix} x_1 + x_1' \\ x_2 + x_2' \end{bmatrix} = \begin{bmatrix} a_{11} & a_{12} \\ a_{21} & a_{22} \\ a_{31} & a_{32} \end{bmatrix} \left(\begin{bmatrix} x_1 \\ x_2 \end{bmatrix} + \begin{bmatrix} x_1' \\ x_2' \end{bmatrix} \right) =$$

$$= \begin{bmatrix} a_{11} & a_{12} \\ a_{21} & a_{22} \\ a_{31} & a_{32} \end{bmatrix} \begin{bmatrix} x_1 \\ x_2 \end{bmatrix} + \begin{bmatrix} a_{11} & a_{12} \\ a_{21} & a_{22} \\ a_{31} & a_{32} \end{bmatrix} \begin{bmatrix} x_1' \\ x_2' \end{bmatrix}.$$

o que mostra que

$$f(P+Q) = f(P) + f(Q),$$

e que

$$\begin{bmatrix} a_{11} & a_{12} \\ a_{21} & a_{22} \\ a_{31} & a_{32} \end{bmatrix} \lambda \begin{bmatrix} x_1 \\ x_2 \end{bmatrix} = \lambda \begin{bmatrix} a_{11} & a_{12} \\ a_{21} & a_{22} \\ a_{31} & a_{32} \end{bmatrix} \begin{bmatrix} x_1 \\ x_2 \end{bmatrix},$$

isto é,

$$f(\lambda P) = \lambda f(P).$$

Prova do Teorema 3.1.1. Sejam $(E_1, \ldots, E_m)$ base canônica de $\mathbb{R}^m$ e $(\varepsilon_1, \ldots, \varepsilon_n)$ base canônica de $\mathbb{R}^n$. Posto $P = \Sigma_{i=1}^m x_i E_i \in \mathbb{R}^m$, resulta, supondo f linear, que

$$f(P) = \sum_{i=1}^m x_i f(E_i). \tag{α}$$

Mas existem números a_{ij} e $\mathbb{R}$ tais que

$$f(E_i) = \sum_{i=1}^n a_{ji} \varepsilon_j, \qquad i = 1, 2, \ldots, m. \tag{β}$$

Lembrando que

$$f(P) = (f_1(x_1, \ldots, x_m), \ldots, f_n(x_1, \ldots, x_m)) = \sum_{j=1}^n f_j(x_1, \ldots, x_m) \varepsilon_j$$

e, considerando (β), resulta de (α)

$$\sum_{j=1}^n f_j(x_1, \ldots, x_m) \varepsilon_j = \sum_{i=1}^m x_i \sum_{j=1}^n a_{ji} \varepsilon_j = \sum_{j=1}^n \left(\sum_{i=1}^m a_{ji} x_i \right),$$

e, portanto,

$$f_j(x_1, \ldots, x_m) = \sum_{i=1}^{m} a_{ji} x_i, \quad j = 1, 2, \ldots, n,$$

e fica portanto provado a parte "$\Rightarrow$".

A parte "$\Leftarrow$" fica como exercício.

A matriz $A = (a_{ij})$, onde os a_{ij} são como no teorema anterior, se chama *matriz da aplicação linear* f (em relação às *bases canônicas de* $\mathbb{R}^m$ e $\mathbb{R}^n$).

Damos, a seguir, exemplos concretos de aplicações lineares.

• $f: \mathbb{R}^2 \to \mathbb{R}, f(x, y) = 2x - y$.

Escrevemos $u = 2x - y$ e, daí, $A = \begin{bmatrix} 2 & -1 \end{bmatrix}$.

• $f: \mathbb{R}^2 \to \mathbb{R}^2, f(x, y) = (2x - y, 2x + y)$.

Escrevemos $\begin{cases} u = 2x - y \\ v = 2x + y \end{cases}$ e, daí, $A = \begin{bmatrix} 2 & -1 \\ 2 & 1 \end{bmatrix}$.

• $f: \mathbb{R}^2 \to \mathbb{R}^2, f(x, y) = (x, y, -4x + y)$.

Escrevemos $\begin{cases} u = x \\ v = y \quad \mapsto \\ w = -4x + y \end{cases}$ e, daí, $A = \begin{bmatrix} 1 & 0 \\ 0 & 1 \\ -4 & 1 \end{bmatrix}$.

• $f: \mathbb{R}^3 \to \mathbb{R}^3, f(x, y, z) = (x, y, z)$.

Escrevemos $\begin{cases} u = x \\ v = y \quad \mapsto \\ w = z \end{cases}$ e, daí, $A = \begin{bmatrix} 1 & 0 & 0 \\ 0 & 1 & 0 \\ 0 & 0 & 1 \end{bmatrix}$.

• $f: \mathbb{R}^m \to \mathbb{R}^n, f(x_1, x_2, \ldots, x_m) = (0, 0, \ldots, 0)$.

É claro de $A = 0$, matriz nula $n \times m$.

Pergunta. $f: \mathbb{R}^3 \to \mathbb{R}^2$ dada por $f(x, y, z) = (1, 0, 0)$ é linear?

Nota. De acordo com nossa convenção de identificar $(a_1, a_2, ..., a_m)$ com $\begin{bmatrix} a_1 \\ a_2 \\ \vdots \\ a_m \end{bmatrix}$, uma transformação linear é, às vezes, dada assim:

$$\begin{bmatrix} y_1 \\ y_2 \\ \vdots \\ y_n \end{bmatrix} = f \begin{bmatrix} x_1 \\ x_2 \\ \vdots \\ x_m \end{bmatrix} = \begin{bmatrix} a_{11} & a_{12} \cdots a_{1m} \\ a_{21} & a_{22} \cdots a_{2m} \\ \vdots & \vdots & \vdots \\ a_{n1} & a_{n2} & a_{nm} \end{bmatrix} \begin{bmatrix} x_1 \\ x_2 \\ \vdots \\ x_m \end{bmatrix}.$$

Assim, os exemplos acima poderiam ser dados como segue:

$$f \begin{bmatrix} x \\ y \end{bmatrix} = \begin{bmatrix} 2 & -1 \end{bmatrix} \begin{bmatrix} x \\ y \end{bmatrix}$$

$$f \begin{bmatrix} x \\ y \end{bmatrix} = \begin{bmatrix} 2 & -1 \\ 2 & -1 \end{bmatrix} \begin{bmatrix} x \\ y \end{bmatrix}$$

$$f \begin{bmatrix} x \\ y \end{bmatrix} = \begin{bmatrix} 1 & 0 \\ 0 & 1 \\ -4 & 1 \end{bmatrix} \begin{bmatrix} x \\ y \end{bmatrix}$$

$$f \begin{bmatrix} x \\ y \\ z \end{bmatrix} = \begin{bmatrix} 1 & 0 & 0 \\ 0 & 1 & 0 \\ 0 & 0 & 1 \end{bmatrix} \begin{bmatrix} x \\ y \\ z \end{bmatrix}$$

$$f \begin{bmatrix} x_1 \\ x_2 \\ \vdots \\ x_m \end{bmatrix} = \begin{bmatrix} 0 & 0 & \cdots & 0 \\ 0 & 0 & \cdots & 0 \\ \vdots & & & \vdots \\ 0 & 0 & & 0 \end{bmatrix} \begin{bmatrix} x_1 \\ x_2 \\ \vdots \\ x_m \end{bmatrix}.$$

EXERCÍCIOS

3.1.1. Um campo de forças, ou um campo elétrico, ou um campo de velocidade, podem ser visualizados, geometricamente, do seguinte modo: se $f: D_f \subset \mathbb{R}^2 \to \mathbb{R}^2$ nos dá um tal campo, em cada $(x, y) \in \mathbb{R}^2$ se representa o vetor $f(x, y)$ tomando (x, y) como ponto base.

Exemplo. Se $f(x, y) = (x, y)$, ou seja, $f(P) = P$, então a representação correspondente é dada na Fig. 3-5.

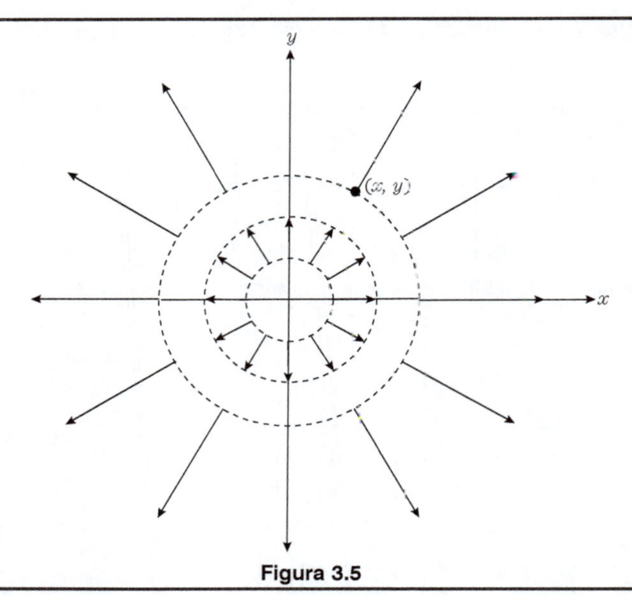

Figura 3.5

Faça o mesmo nos casos

a) $f(P) = P/|P|$,

b) $f(x, y) = -P/|P|$,

c) $f(x, y) = (y, -x)$.

3.1.2. Uma partícula se move numa região onde existe um campo de forças $f(x, y, z) = (1, 1, -z)$, segundo a curva $\alpha(t) = (t^2/2, t^2/2, \text{sen}\, t)$. Qual a força experimentada pela partícula, no instante $t = \pi/2$?

3.1.3. Dada $f: \mathbb{R}^3 \to \mathbb{R}^2$ por $f(x, y, z) = (x^2 + y^2 + z^2, x)$, represente $f(S)$, sendo

a) S a superfície esférica centrada na origem e de raio 1,

b) S o plano YZ.

3.1.4. Dada $f: \mathbb{R}^2 \to \mathbb{R}^2$ por $f(x, y) = (e^x \cos y, e^x \text{sen}\, y)$, represente $f(S)$, sendo

a) S a reta $x = x_0$, b) S a reta $y = y_0$.

3.1.5. Quais das aplicações que aparecem nos Exercícios 3.1.1. a 3.1.4. são lineares?

3.1.6. a) Seja $f: \mathbb{R}^3 \to \mathbb{R}^3$ uma aplicação linear. Mostre que ela leva reta em reta, ou num ponto.

Sugestão. Uma reta se escreve $P + t(Q - P)$; aplique f e use a linearidade.

b) O mesmo para $f: \mathbb{R}^m \to \mathbb{R}^n$.

c) Seja f como em a). Mostre que ela leva plano em plano, ou em reta, ou num ponto.

3.1.7. Verifique que são lineares as aplicações dadas a seguir. Dê uma interpretação geométrica para cada uma.

a) $f\begin{bmatrix} x \\ y \end{bmatrix} = \begin{bmatrix} \cos\alpha - \text{sen}\,\alpha \\ \text{sen}\,\alpha \; \cos\alpha \end{bmatrix} \begin{bmatrix} x \\ y \end{bmatrix}$; b) $f\begin{bmatrix} x \\ y \end{bmatrix} = \begin{bmatrix} 0 & 1 \\ 1 & 0 \end{bmatrix} \begin{bmatrix} x \\ y \end{bmatrix}$;

c) $f\begin{bmatrix} x \\ y \end{bmatrix} = \begin{bmatrix} -1 & 0 \\ 0 & 1 \end{bmatrix} \begin{bmatrix} x \\ y \end{bmatrix}$ d) $f\begin{bmatrix} x \\ y \\ z \end{bmatrix} = \begin{bmatrix} 1 & 1 & 1 \\ 0 & \cos\alpha & -\text{sen}\,\alpha \\ 0 & \text{sen}\,\alpha & \cos\alpha \end{bmatrix} \begin{bmatrix} x \\ y \\ z \end{bmatrix}$.

3.1.8. Mostre que toda aplicação linear leva O em O.

3.1.9. Se $f: \mathbb{R}^m \to \mathbb{R}^n$ é linear e injetora, então f^{-1} é linear.

3.1.10. Seja $f: \mathbb{R}^m \to \mathbb{R}^n$ linear. Prove:

a) se f é injetora, então $m \le n$;

b) se f é sobre $\mathbb{R}^n$, então $m \ge n$;

c) se f é uma bijeção de $\mathbb{R}^m$ sobre $\mathbb{R}^n$, então $m = n$.

3.1.11. Seja $f: \mathbb{R}^n \to \mathbb{R}^n$ linear, e seja A a matriz de f. Então f é uma bijeção de $\mathbb{R}^n$ sobre $\mathbb{R}^n$ se, e somente se, $\det A \neq 0$.

3.2 LIMITE E CONTINUIDADE

Os conceitos de limite e continuidade para o caso de aplicações $f: D_f \subset \mathbb{R}^m \to \mathbb{R}^n$ constituem generalização natural dos casos que estudamos. Eis a definição.

> Seja $f: D_f \subset \mathbb{R}^m \to \mathbb{R}^n$, $P_0 \in D'_f$, $L \in \mathbb{R}^n$. O símbolo
>
> $$\lim_{P \to P_0} f(P) = L,$$
>
> significa que, dado $\varepsilon > 0$, existe $r > 0$, tal que
>
> $$P \in D_f \quad \text{e} \quad 0 < |P - P_0| < r \Rightarrow |f(P) - L| < \varepsilon.$$

Se você confrontar com a definição de continuidade, dada em 2.3, verá que formalmente é a mesma. Apenas que, aqui, há um defeito: em $|P - P_0|$, temos a norma euclidiana em $\mathbb{R}^m$, e em $|f(P) - L|$ temos a norma euclidiana em $\mathbb{R}n$[4]. Mas o uso de um outro símbolo, como $\|f(P)-L\|$, por exemplo, só traria sobrecarga na escrita.

A ideia intuitiva é a de sempre: para todo P, suficientemente próximo de P_0, e distinto deste, $f(P)$ fica, arbitrariamente, próximo de L.

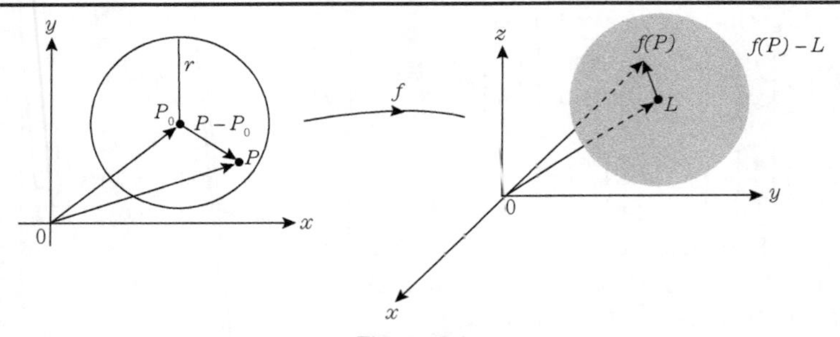

Figura 3.6

Sejam $f: D_f \subset \mathbb{R}^m \to \mathbb{R}^n$, e $P_0 \in D'_f \cap D_f$. Diz-se que f *é contínua em* P_0 se

$$\lim_{P \to P_0} f(P) = f(P_0).$$ [5]

Seja $A \subset \mathbb{R}^m$, f é dita *contínua em* A, se o é em todos os seus pontos; e é dita *contínua*, se o é em D_f.

Como é de se esperar, existe uma relação entre limite e continuidade de f e limite e continuidade de suas componentes.

Teorema 3.2.1. Sejam

$$f = (f_1, f_2, \ldots, f_n): D_f \subset \mathbb{R}^m \to \mathbb{R}^n,\ L = (L_1, L_2, \ldots, L_n) \in \mathbb{R}^n,\ P_0 \in D'_f.$$

[4] Se $X = (x_1, x_2, \ldots, x_m) \in \mathbb{R}^m$, $|X| = \sqrt{x_1^2 + \cdots + x_m^2}$; se $Y = (y_1, y_2, \ldots, y_n) \in \mathbb{R}^n$, temos $|Y| = \sqrt{y_1^2 + \cdots + y_n^2}$. A rigor, deveríamos usar outro símbolo para $|Y|$, por exemplo, $\|Y\|$.

[5] Se $P_0 \in D_f$ e $P_0 \notin D'_f$, isto é, se P_0 é ponto isolado de D_f, então considera-se f contínua em P_0. No entanto, deixaremos esse caso de lado.

Então

$$\lim_{P \to P_0} f(P) = L \Leftrightarrow \lim_{P \to P_0} f_i(P) = L_i, \quad i = 1, 2, \ldots, n.$$

Prova. (Cf. a prova do Teorema 1.2.1).

• $\Rightarrow$ Suponhamos $\lim_{P \to P_0} f(P) = L$. Então, dado $\varepsilon > 0$, existe $r > 0$ tal que

$$P \in D_f \text{ e } 0 \quad |P - P_0| < r \Rightarrow |f(P) - L| < \varepsilon.$$

Como

$$|f_i(P) - L_i| \leq |f(P) - L|,$$

vem

$$P \in D_f \quad \text{e} \quad 0 < |P - P_0| < r \Rightarrow |f_i(P) - L_i| < \varepsilon \quad (i = 1, 2, \ldots, n).$$

• $\Leftarrow$ Faça você essa parte, seguindo a prova do Teorema 1.2.1.

Corolário. Sejam $f = (f_1, f_2, \ldots, f_n)$: $D_f \subset \mathbb{R}^m \to \mathbb{R}^n$, e $P_0 \in \mathbb{R}^m$. f é contínua em $P_0 \Leftrightarrow f_i$ e é contínua em P_0, $i = 1, 2, \ldots, n$.

Exemplo 3.2.1. A aplicação f: $\mathbb{R}^3 \to \mathbb{R}^4$ dada por $f(x, y, z) = (xy, \text{sen}(x + yz), z^2 + 1)$ é contínua, pois as funções componentes f_1, f_2, f_3: $\mathbb{R}^3 \to \mathbb{R}$, dadas por $f_1(x, y, z) = xy$, $f_2(x, y, z) = \text{sen}(x + yz)$, $f_3(x, y, z) = z^2 + 1$ o são.

Podemos definir, de modo semelhante ao feito na Secção 1.2, $f + g$, $f - g$, φf, $f \cdot g$, cf, sendo f, g: $Df \subset \mathbb{R}^m \to \mathbb{R}^n$, φ: $D_\varphi \subset \mathbb{R}^m \to \mathbb{R}$, $c \in \mathbb{R}$; e, caso $n = 3$, podemos definir $f \times g$. Por exemplo,

$D_{f+g} = D_f \cap D_g$ e $(f + g)(P) = f(P) + g(P)$, e é claro que, se $f = (f_1, \ldots, f_n)$, g $= (g_1, \ldots, g_n)$, então $f + g = (f_1 + g_1, \ldots, f_n + g_n)$. O teorema dado a seguir é o correspondente do Teorema 1.2.2.

Teorema 3.2.2. Se $\lim_{P \to P_0} f(P) = L$, $\lim_{P \to P_0} g(P) = M$, $\lim_{P \to P_0} \varphi(P) = L$, $P_0 \in (D_f \cap D_g)'$, então

(i) $\lim_{P \to P_0} (f + g)(P) = L + M$;

(ii) $\lim_{P \to P_0} (f - g)(P) = L - M$;

(iii) $\lim_{P \to P_0} (cf)(P) = cL \quad (c \in \mathbb{R})$;

(iv) $\lim_{P \to P_0} (f \cdot g)(P) = L \cdot M$;

(v) se $n = 3$, $\lim_{P \to P_0} (f \times g)(P) = L \times M$;

(vi) se $P_0 \in (D_f \cap D_\varphi)'$, $\lim_{P \to P_0} (\varphi f)(P) = lL$.

Prova. Apenas de (i), as outras ficando como exercício. Escrevamos $f=(f_1, \ldots, f_n)$, $g=(g_1, \ldots, g_n)$, $L=(L_1, \ldots, L_n)$, $M=(M_1, \ldots, M_n)$.

Por hipótese, e usando o Teorema 3.2.1, concluímos que

$$\lim_{P\to P_0} f_i(P)=L_i, \quad \lim_{P\to P_0} g_i(P)=M_i \quad (i=1, 2, \ldots, n)$$

e, portanto, (Teorema 2.3.2)

$$\lim_{P\to P_0} (f_i+g_i)(P)=L_i+M_i \quad (i=1, 2, \ldots, n).$$

Logo, usando o Teorema 3.2.1, novamente vem

$$\lim_{P\to P_0} (f+g)(P)=L+M$$

Corolário. Se f, g, φ são contínuas em P_0, também são $f+g$, $f-g$, cf, $f\cdot g$, φf, e $(n=3)$ $f\times g$.

Exemplo 3.2.2. Se $\lim_{P\to P_0} f(P)=L$, então $\lim_{P\to P_0} |f|(P)=|L|$, onde, sendo $f\colon D_f \subset \mathbb{R}^m \to \mathbb{R}^n$, se define $|f|\colon D_f \to \mathbb{R}$ por $|f|(P)=|f(P)|$.

Faça como exercício, seguindo o Exemplo 1.2.2. Como consequência, se f é contínua em P_0, então $|f|$ é contínua em P_0. A recíproca não vale (veja o Exercício 3.2.10).

Vejamos agora o teorema que afirma que a composta de funções contínuas é contínua.

Teorema 3.2.3. Se $f\colon D_f \subset \mathbb{R}^m \to \mathbb{R}^n$ é contínua em P_0 e $g\colon D_g \subset \mathbb{R}^n \to \mathbb{R}^k$ é contínua em $f(P_0)$, então $g\circ f$ é contínua em P_0.

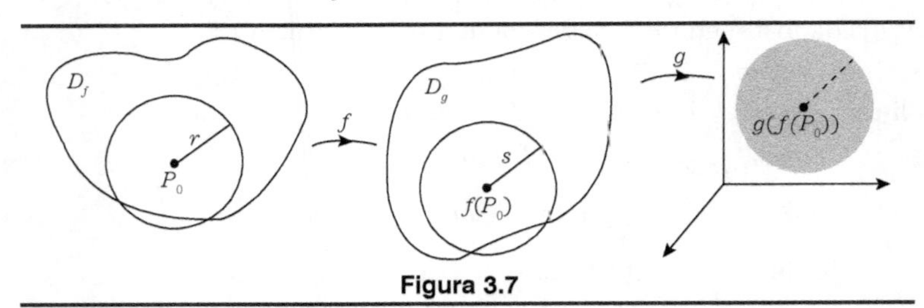

Figura 3.7

Prova.

- Por hipótese, dado $\varepsilon>0$, existe $s>0$ tal que

$$Q\in D_g \quad \text{e} \quad |Q-f(P_0)|<s \Rightarrow |g(Q)-g(f(P_0))|<\varepsilon. \quad (\alpha)$$

- Por hipótese, considerando $s > 0$, existe $r > 0$ tal que

$$P \in D_f \quad \text{e} \quad |P - P_0| < r \Rightarrow |f(P) - f(P_0)| < s. \quad (\beta)$$

- Por (α) e (β), vem

$$P \in D_f \quad \text{e} \quad |P - P_0| < r \Rightarrow |g(f(P)) - g(f(P_0))| < \varepsilon.$$

Exemplo 3.2.3. Sejam f: $\mathbb{R}^3 \to \mathbb{R}^2$, g: $\mathbb{R}^2 \to \mathbb{R}^4$ dadas por $f(x, y, z) = (\cos x, y^2 z)$, $g(u, v) = [\ln (u^2 + v^2 + 1), v/(u^2 + v^2 + 4), 1, u]$, claramente contínuas. Então $g \circ f$: $\mathbb{R}^3 \to \mathbb{R}^4$ é contínua, pelo teorema anterior. Temos

$$(g \circ f)(x, y, z) = g\left(f(x, y, z) = g\left(\underset{\mu}{\underset{\uparrow}{\cos x}}, \underset{v}{\underset{\uparrow}{y^2 z}} \right) \right) =$$

$$= \left(\ln\left(\underset{\mu^2}{\underset{\uparrow}{\cos^2 x}} + \underset{v^2}{\underset{\uparrow}{y^4 z^2}} + 1 \right), \frac{y^2 z}{\cos^2 x + y^4 z^2 + 4}, 1, \cos x \right).$$

EXERCÍCIOS

3.2.1. Quais das aplicações são contínuas? Dê o domínio.

a) $f(x, y, z) = (x + y, y - x, z + x)$;

b) $f(x, y) = (x + y, y - x, z + x, x)$;

c) $f(x, y) = (\text{sen}\, xy, \cos xy, x)$;

d) $f(x, y, z, t) = (x, t, \ln t)$;

e) $f(x, y, z) = ([x \,\text{sen}\, x], 0, yz)$, onde $[x]$ é o maior inteiro contido em x (Vol. 1, p. 23, Exercício 1.2.19);

f) $f(x, y, z) = \left(\dfrac{\text{sen}\, xy}{xy}, z \right)$.

3.2.2. Calcule $\lim_{P \to P_0} f(P)$ para as funções do exercício anterior, sendo

a) $P_0 = (1, 0, 1)$;

b) $P_0 = (0, 0)$;

c) $P_0 = \left(\sqrt{\pi/2}, \sqrt{\pi/2}\right)$;

d) $P_0 = (0, 30, 400, e)$;

e) $P_0 = (0, 0, 0)$;

f) $P_0 = (0, 0, 0)$.

3.2.3. Prove que toda aplicação linear é contínua.

3.2.4. Para que valores de a é f contínua?

a) $$f(x, y) = \begin{cases} \begin{bmatrix} x^4 + y^4 \\ x^3 + y^3 \\ y \end{bmatrix}, & \text{se } (x, y) \neq (0, 0) \\ \begin{bmatrix} a \\ 0 \end{bmatrix}, & \text{se } (x, y) = (0, 0) \end{cases}$$

b) $$f(x, y) = \begin{cases} \begin{bmatrix} \dfrac{\text{sen } xy}{xy} \\ -e^x \end{bmatrix}, & \text{se } (x, y) \neq (0, 0) \\ \begin{bmatrix} |a| \\ a \end{bmatrix}, & \text{se } (x, y) = (0, 0). \end{cases}$$

3.2.5. Sendo $f(x, y) = \begin{bmatrix} x \\ y \\ \sqrt{1 - x^2 - y^2} \end{bmatrix}$, $\quad g(x, y) = \begin{bmatrix} x \\ y \\ \sqrt{1 - 2x^2 - 2y^2} \end{bmatrix}$

ache D_f, D_g, D_{2f}, D_{f+g}, $D_{f \cdot g}$, $D_{f \times g}$, $2f$, $f + g$, $f \cdot g$, $(f \times g)(0, 0)$, $(g \times f)(0, 0)$.

3.2.6. Sendo $f: \mathbb{R}^2 \to \mathbb{R}^3$, $f(x, y) = (x, x \cos y, x \text{ sen } y)$ e $g: D_g \to \mathbb{R}^4$, $g(u, v, w) = \left(uv, vw, uw, \sqrt{1 - u^2 - v^2 - w^2}\right)$ ache D_g, $D_{g \circ f}$, $g \circ f$. As funções são contínuas?

3.2.7. Sejam $f(x, y, z) = (\ln(x - y), \ln z)$, $g(u, v) = (e^{u-v}, e^{v/2})$. Ache D_f, D_g, $D_{g \circ f}$, $g \circ f$. Calcule $\lim_{(x, y, z) \to (2, 0, 1)} (g \circ f)(x, y, z)$.

3.2.8. Prove: a) se $\lim\limits_{P \to P_0} f(P) = L$, então existem $r > 0$, $M > 0$, tais que $P \in B^*(P_0, r) \Rightarrow |f(P)| < M$.

b) Se f é contínua em P_0, f é localmente limitada em P_0, isto é, existem $r > 0$, $M > 0$, tais que $P \in B(P_0, r) \Rightarrow |f(P)| < M$.

**3.2.9. Seja $f: D_f \subset \mathbb{R}^m \to \mathbb{R}^n$ contínua, e D_f aberto. Mostre que f é contínua $\Leftrightarrow f^{-1}(U)$ é aberto se U é aberto.

*3.2.10. Um *homeomorfismo* é uma aplicação contínua, que tem inversa contínua. Uma aplicação é *aberta* se leva abertos em abertos. Prove que f é um homeomorfismo se, e somente se, f é aberta contínua e injetora.

3.2.11. Seja $f: \mathbb{R}^3 \to \mathbb{R}^2$ dada por $f(x, y, z) = (1, 1, g(z))$, onde $g(z) = z/|z|$, se $z \neq 0$ e $g(0) = 1$. Mostre que f não é contínua, mas $|f|$ o é.

3.3 DIFERENCIABILIDADE

Examine o conceito de diferenciabilidade para funções de uma variável real, de várias variáveis reais, e para aplicações de variável real com valores em $\mathbb{R}^n$ (Secções 1.3 e 2.4). É importante que você faça isso! Muito bem, queremos introduzir o conceito no caso $f: D_f \subset \mathbb{R}^m \to \mathbb{R}^n$. Para isso, note que, no caso de aplicação de variável real com valores em $\mathbb{R}^n$, a diferenciabilidade da função é equivalente à diferenciabilidade das funções componentes (e observe, neste capítulo, que a questão da continuidade de aplicações de subconjuntos de $\mathbb{R}^m$ em $\mathbb{R}^n$ é equivalente à continuidade das componentes). Então vamos fazer o seguinte: antes de mais nada, considerar um caso particular, $f: D_f \subset \mathbb{R}^3 \to \mathbb{R}^2$; e, escrevendo $f = (f_1, f_2)$, vamos supor que as funções componentes f_1 e f_2 sejam diferenciáveis. Daí, vamos calcular $f(P + H) - f(P)$, e ver o que resulta. Escreveremos

$$f_1(P+H)-f_1(P)=A_1\cdot H+\varphi_1(H)\cdot H,\ A_1=f_1'(P),\ \lim_{H\to 0}\varphi_1(H)=\varphi_1(0)=0$$

$$f_2(P+H)-f_2(P)=A_2\cdot H+\varphi_2(H)\cdot H,\ A_2=f_2'(P),\ \lim_{H\to 0}\varphi_2(H)=\varphi_2(0)=0$$

onde a omissão de P como índice de φ_1 e φ_2 é para aliviar a notação; vamos supor, o que é sempre possível, o domínio de φ_1 e φ_2 o mesmo.

Antes, porém, vamos escrever (a, b, c) como matriz coluna: $\begin{bmatrix} a \\ b \\ c \end{bmatrix}$.

Recordemos que $(a, b, c) + (e, f, g) = (a + e, b + f, c + g)$

corresponde à soma de matrizes $\begin{bmatrix} a \\ b \\ c \end{bmatrix} + \begin{bmatrix} e \\ f \\ g \end{bmatrix} = \begin{bmatrix} a+e \\ b+f \\ c+g \end{bmatrix}$, o mesmo

ocorrendo com multiplicação por escalar: $\lambda(a, b, c) = (\lambda a, \lambda b, \lambda c)$, e

$$\lambda\begin{bmatrix} a \\ b \\ c \end{bmatrix} = \begin{bmatrix} \lambda a \\ \lambda b \\ \lambda c \end{bmatrix}.$$

Então

$$f(P+H)-f(P)=\begin{bmatrix} f_1(P+H)-f_1(P) \\ f_2(P+H)-f_2(P) \end{bmatrix}=\begin{bmatrix} f_1'(P)\cdot H+\varphi_1(H)\cdot H \\ f_2'(P)\cdot H+\varphi_2(H)\cdot H \end{bmatrix}=$$

$$=\begin{bmatrix} f_1'(P)\cdot H \\ f_2'(P)\cdot H \end{bmatrix}+\begin{bmatrix} \varphi_1(H)\cdot H \\ \varphi_2(H)\cdot H \end{bmatrix}. \quad (\alpha)$$

Colocando

$$f_1'(P)=\left(\frac{\partial f_1}{\partial x}, \frac{\partial f_1}{\partial y}, \frac{\partial f_1}{\partial z}\right), \quad f_2'(P)=\left(\frac{\partial f_2}{\partial x}, \frac{\partial f_2}{\partial y}, \frac{\partial f_2}{\partial z}\right),$$

$$H=(h, k, u),$$

então a primeira matriz do segundo membro de (α) fica

$$\begin{bmatrix} \frac{\partial f_1}{\partial x}h+\frac{\partial f_1}{\partial y}k+\frac{\partial f_1}{\partial z}u \\ \frac{\partial f_2}{\partial x}h+\frac{\partial f_2}{\partial y}k+\frac{\partial f_2}{\partial z}u \end{bmatrix}=\begin{bmatrix} \frac{\partial f_1}{\partial x} & \frac{\partial f_1}{\partial y} & \frac{\partial f_1}{\partial z} \\ \frac{\partial f_2}{\partial x} & \frac{\partial f_2}{\partial y} & \frac{\partial f_2}{\partial z} \end{bmatrix}\begin{bmatrix} h \\ k \\ u \end{bmatrix}. \quad (\beta)$$

Pondo

$$\varphi_1=(\varphi_{11}, \varphi_{12}, \varphi_{13}), \qquad \varphi_2=(\varphi_{21}, \varphi_{22}, \varphi_{23})$$

resulta, analogamente, para a segunda matriz do segundo membro de (α)

$$\begin{bmatrix} \varphi_{11}(H) & \varphi_{12}(H) & \varphi_{13}(H) \\ \varphi_{21}(H) & \varphi_{22}(H) & \varphi_{23}(H) \end{bmatrix}\begin{bmatrix} h \\ k \\ u \end{bmatrix}. \quad (\gamma)$$

Considerando (β) e (γ) em (α), vem

$$f(P+H)-f(P)=AH+\varphi_P(H)H, \quad (\delta)$$

onde:

- interpretamos o primeiro membro como matriz-coluna
- $$A=\begin{bmatrix} \frac{\partial f_1}{\partial x} & \frac{\partial f_1}{\partial y} & \frac{\partial f_1}{\partial z} \\ \frac{\partial f_2}{\partial x} & \frac{\partial f_2}{\partial y} & \frac{\partial f_2}{\partial z} \end{bmatrix}, \quad H=\begin{bmatrix} h \\ k \\ u \end{bmatrix}$$

e AH é o produto matricial usual (as derivadas parciais calculadas em P).

- $$\varphi_P(H) = \begin{bmatrix} \varphi_{11} & \varphi_{12} & \varphi_{13} \\ \varphi_{21} & \varphi_{22} & \varphi_{23} \end{bmatrix}$$

(as funções calculadas em H) e $\lim_{H \to 0} \varphi_P(H) = \varphi_P(0) = 0$, onde o limite é feito em cada elemento da matriz.

Observe a elegância da forma (δ). Tem o mesmo aspecto nos casos de diferenciabilidade que estudamos. Bem, depois deste trabalho, aqui vai a definição. Convém, antes, introduzir o símbolo $\mathcal{M}(n \times m, \mathbb{R})$, para designar o conjunto de todas as matrizes $n \times m$ cujos elementos são números reais. Por exemplo,

$$\begin{bmatrix} 1 & 0 \\ 1 & 3 \end{bmatrix} \in \mathcal{M}(2 \times 2, \mathbb{R}), \quad \begin{bmatrix} 1 & 0 & 1 \\ 3 & 5 & 8 \end{bmatrix} \in \mathcal{M}(2 \times 3, \mathbb{R}), \text{ etc.}$$

- Sejam $f: D_f \subset \mathbb{R}^m \to \mathbb{R}^n$, e $P \in \mathbb{R}^n$. Dizemos que f é diferenciável em P se existirem $A \in \mathcal{M}(n \times m, \mathbb{R})$, $r > 0$, e uma aplicação $\varphi_P: B(0, r) \subset \mathbb{R}^m \to \mathcal{M}(n \times m, \mathbb{R})$ tais que

$$f(P+H) = f(P) + AH + \varphi_P(H)H, \text{ com } \lim_{H \to 0} \varphi_P(H) = \varphi_P(0) = 0^{[6]} \quad (\varepsilon)$$

Este limite deve ser entendido assim: como φ_P toma valores em $\mathcal{M}(n \times m, \mathbb{R})$, existem funções $\varphi_{ij}: B(0, r) \to \mathbb{R}$ tais que $(\varphi_P(H) = (\varphi_{ij}(P))$. Então

$$\lim_{H \to 0} \varphi_P(H) = \left(\lim_{H \to 0} \varphi_{ij}(P)\right).$$

- A, que se prova ser única se existe, é dita *derivada de f em P*, e é indicada por $f'(P)$.
- AH é dita *diferencial de f em P* relativamente ao acréscimo H, e é indicada por $df_P(H)$.
- Se $S \subset \mathbb{R}^m$, f é dita diferenciável em S se o é em todos os pontos de S. Caso f seja diferenciável em seu domínio, ela será dita *diferenciável*.

Nota. Um problema colocado de imediato é a concordância dessa definição com as anteriores. Isto é, se eu particularizo fazendo $m = 1$, essa definição

---

[6] $0 \in \mathcal{M}(n \times m, \mathbb{R})$ é a matriz nula, isto é, todos os seus elementos são nulos.

coincide com a dada no Cap. 1? Do mesmo modo, se $n = 1$, ela coincide com a dada no Cap. 2? Deixaremos isso de lado, por ora, mas faremos uma observação a respeito, no fim da presente secção.

Teorema 3.3.1. $f = (f_1, f_2, ..., f_n): D_f \subset \mathbb{R}^m \to \mathbb{R}^n$ é diferenciável em $P \Leftrightarrow f_i: D_f \subset \mathbb{R}^m \to \mathbb{R}$ é diferenciável em P, $i = 1, 2, ..., n$.

Prova. a) $\Rightarrow$

Escrevendo $A = (aij)$, $\varphi_P = (\varphi_{ij})$, $H = \begin{bmatrix} h_1 \\ \vdots \\ h_m \end{bmatrix}$, resulta, de ($\varepsilon$):

$$\begin{bmatrix} f_1(P+H) \\ \vdots \\ f_n(P+H) \end{bmatrix} = \begin{bmatrix} f_1(P) \\ \vdots \\ f_n(P) \end{bmatrix} + \begin{bmatrix} a_{11} & a_{12} \cdots a_{1m} \\ \vdots & \vdots & \vdots \\ a_{n1} & a_{n2} & a_{nm} \end{bmatrix} \begin{bmatrix} h_1 \\ \vdots \\ h_m \end{bmatrix} +$$

$$+ \begin{bmatrix} \varphi_{11}(H) & \varphi_{12}(H) \cdots \varphi_{1m}(H) \\ \vdots & \vdots & \vdots \\ \varphi_{n1}(H) & \varphi_{n2}(H) \cdots \varphi_{nm}(H) \end{bmatrix} \begin{bmatrix} h_1 \\ \vdots \\ h_m \end{bmatrix} =$$

$$= \begin{bmatrix} f_1(P) \\ \vdots \\ f_n(P) \end{bmatrix} + \begin{bmatrix} A_1 \cdot H \\ \vdots \\ A_n \cdot H \end{bmatrix} + \begin{bmatrix} \varphi_1(H) \cdot H \\ \vdots \\ \varphi_n(H) \cdot H \end{bmatrix} =$$

$$= \begin{bmatrix} f_1(P) + A_1 \cdot H + \varphi_1(H) \cdot H \\ \vdots \\ f_n(P) + A_n \cdot H + \varphi_n(H) \cdot H \end{bmatrix},$$

onde $A_i = (a_{i1}, \ldots, a_{im})$, $\varphi_i(H) = (\varphi_{i1}(H), \ldots, \varphi_{in}(H))$, $i = 1, 2, \ldots, n$. Portanto $f_i = (P+H) = f_i(P) + A_i \cdot H + \varphi_i(H) \cdot H$, $i = 1, 2, \ldots, n$, (ε') e como $\lim_{H \to 0} \varphi_i(H) = \varphi_i(0) = 0$, resulta que as f_i são diferenciáveis. Note-se que

$$A_i = f'(P) = \left(\frac{\partial f_i}{\partial x_1}(P), \ldots, \frac{\partial f_i}{\partial x_m}(P) \right),$$

e que

$$f'(P) = A = \begin{bmatrix} \frac{\partial f_1}{\partial x_1} & \frac{\partial f_1}{\partial x_2} \cdots \frac{\partial f_1}{\partial x_m} \\ \frac{\partial f_2}{\partial x_1} & \frac{\partial f_2}{\partial x_2} \cdots \frac{\partial f_2}{\partial x_m} \\ \vdots & \vdots \quad\quad \vdots \\ \frac{\partial f_n}{\partial x_1} & \frac{\partial f_n}{\partial x_2} \cdots \frac{\partial f_n}{\partial x_m} \end{bmatrix}$$

b) $\Leftarrow$ Faça como exercício. *Sugestão*. Você pode partir de (ε'), com $\lim_{H \to 0} \varphi_i(H) = \varphi_i(0) = 0$. Então

$$\begin{bmatrix} f_1(P+H) \\ \vdots \\ f_n(P+H) \end{bmatrix} = \begin{bmatrix} f_1(P) + A_1 \cdot H + \varphi_1(H) \cdot H \\ \vdots \\ f_n(P) + A_n \cdot H + \varphi_n(H) \cdot H \end{bmatrix}.$$

Mexa no segundo membro, lendo as igualdades da parte a) de trás para frente.

Nota. $f'(P) = A$ é chamado também de *matriz jacobiana de f em P*.

Teorema 3.3.2. f diferenciável em $P \Rightarrow f$ contínua em P.

Prova. Exercício. *Sugestão*. Faça $H \to 0$ em (ε).

$f = (f_1, ..., f_n): D_f \subset \mathbb{R}^m \to \mathbb{R}^n$ é dita de *classe* C^k em A se as $f_i: D_f \to \mathbb{R}$ o são em A.

O teorema a seguir é análogo ao Teorema 2.5.3.

Teorema 3.3.3. Se $f: D_f \subset \mathbb{R}^m \to \mathbb{R}^n$ é de classe C^1, então ela é diferenciável.

Prova. Resulta do Teorema 2.5.3 que as $f_i: D_f \to \mathbb{R}$ são diferenciáveis e, daí, pelo Teorema 3.3.1, $f: D_f \to \mathbb{R}^n$ é diferenciável.

Exemplo 3.3.1. A aplicação $f: \mathbb{R}^2 \to \mathbb{R}^3$ dada por

$$f(x, y) = (x \cos y, x \operatorname{sen} y, \cos y)$$

- é diferenciável, pois suas funções componentes são;
- sua derivada em $P = (x, y)$ é

$$f'(P)=\begin{bmatrix}\dfrac{\partial(x\cos y)}{\partial x} & \dfrac{\partial(x\cos y)}{\partial y}\\ \dfrac{\partial(x\,\mathrm{sen}\,y)}{\partial x} & \dfrac{\partial(x\,\mathrm{sen}\,y)}{\partial y}\\ \dfrac{\partial(x\cos y)}{\partial x} & \dfrac{\partial(x\cos y)}{\partial y}\end{bmatrix}=\begin{bmatrix}\cos y & -x\,\mathrm{sen}\,y\\ \mathrm{sen}\,y & x\cos y\\ 0 & -\mathrm{sen}\,y\end{bmatrix}.$$

Exemplo 3.3.2. A aplicação $f\colon \mathbb{R}^2 \to \mathbb{R}^2$ dada por $f(r, \theta) = (r\cos\theta, r\,\mathrm{sen}\,\theta)$.

- é diferenciável por serem diferenciáveis suas funções componentes;
- sua derivada em $P = (r, \theta)$ é

$$f'(P)=\begin{bmatrix}\dfrac{\partial(r\cos\theta)}{\partial r} & \dfrac{\partial(r\cos\theta)}{\partial\theta}\\ \dfrac{\partial(r\,\mathrm{sen}\,\theta)}{\partial r} & \dfrac{\partial(r\,\mathrm{sen}\,\theta)}{\partial\theta}\end{bmatrix}=\begin{bmatrix}\cos\theta & -r\,\mathrm{sen}\,\theta\\ \mathrm{sen}\,\theta & r\cos\theta\end{bmatrix}.$$

Nota. A aplicação acima advém da "mudança de coordenadas" (polares para retangulares).

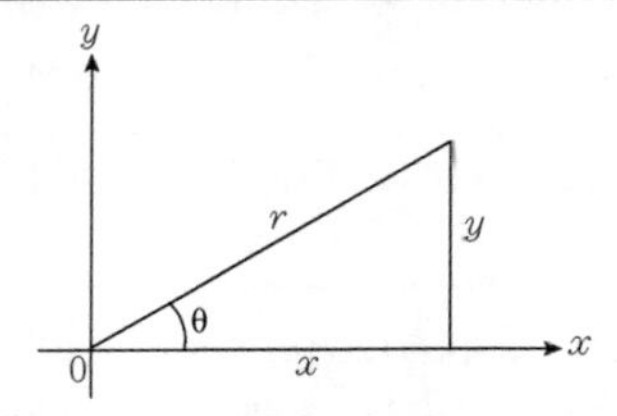

Figura 3.8

Exemplo 3.3.3. Se $f\colon \mathbb{R}^m \to \mathbb{R}^n$ é linear, então, sendo A sua matriz (em relação às bases canônicas de $\mathbb{R}^m$ e $\mathbb{R}^n$), temos $f'(P) = A$.

Isto é muito fácil de provar: como f é linear,

$$f(P+H)=f(P)+f(H)$$

e com a convenção de se escrever vetor como matriz-coluna, $f(H) = AH$, e

$$f(P+H)=f(P)+AH+\varphi_F(H)H,$$

onde $\varphi_P(H) = 0$, para todo $H \in \mathbb{R}^m$. Então $\lim_{H\to 0} \varphi_P(H) = \varphi_P(0) = 0$, e, daí, resulta o afirmado.

Apesar de ser fácil, a gente não "sente" muito esta prova. Então, só para esclarecer, seja $f = (f_1, f_2)$: $\mathbb{R}^3 \to \mathbb{R}^2$ linear. Temos

$$f_1(x, y, z) = a_{11}x + a_{12}y + a_{13}z \qquad A = \begin{bmatrix} a_{11} & a_{12} & a_{13} \\ a_{21} & a_{22} & a_{23} \end{bmatrix}$$
$$f_2(x, y, z) = a_{21}x + a_{22}y + a_{23}z$$

e as f_i são claramente diferenciáveis. Temos

$$f'(P) = \begin{bmatrix} \dfrac{\partial f_1}{\partial x} & \dfrac{\partial f_1}{\partial y} & \dfrac{\partial f_1}{\partial z} \\ \dfrac{\partial f_2}{\partial x} & \dfrac{\partial f_2}{\partial y} & \dfrac{\partial f_3}{\partial z} \end{bmatrix} = \begin{bmatrix} a_{11} & a_{12} & a_{13} \\ a_{21} & a_{22} & a_{23} \end{bmatrix} = A,$$

confirmando o que foi feito anteriormente.

EXERCÍCIOS

3.3.1. Verifique que as aplicações dadas a seguir são diferenciáveis.

a) $f(x, y, z) = (x^2 + \text{sen}\, xy, \ln \cos xyz)$;

b) $f(x, y) = \left(\dfrac{x^2}{1 + x^2 y}, y \text{ tg}\, x \right)$; c) $f \begin{bmatrix} x \\ y \end{bmatrix} = \begin{bmatrix} \cos xy \\ \text{arc sen } \dfrac{1}{1 + x^2 y^2} \end{bmatrix}$.

3.3.2. Ache a derivada $f'(\text{P})$ e $df_p(H)$ das aplicações seguintes. Use a notação $H = (dx, dy)$, ou $H = (dx, dy, dz)$.

a) $f \begin{bmatrix} x \\ y \\ z \end{bmatrix} = \begin{bmatrix} x^2 + y^2 + 4z \\ x^2 - y^2 \end{bmatrix}$; b) $f \begin{bmatrix} x \\ y \end{bmatrix} = \begin{bmatrix} \cos x \\ \cos y \end{bmatrix}$;

c) $f \begin{bmatrix} x \\ y \\ z \end{bmatrix} = \begin{bmatrix} 2 & 1 & 0 \\ 1 & 0 & 1 \\ 1 & 3 & 5 \end{bmatrix} \begin{bmatrix} x \\ y \\ z \end{bmatrix}$; d) $f \begin{bmatrix} x \\ y \end{bmatrix} = \begin{bmatrix} \cos(x + y) \\ \text{sen}(x - y) \end{bmatrix}$.

3.3.3. Ache $f'(P)$ e $df_P(H)$, onde $P = (1, 1, 0)$, $H = (0, 1, 1)$, e

$$f \begin{bmatrix} x \\ y \\ z \end{bmatrix} = \begin{bmatrix} e^{xyz} \\ x^y \end{bmatrix}.$$

3.3.4. Existe função diferenciável num ponto, que não seja contínua nesse ponto?

3.4 REGRAS DE DERIVAÇÃO

Teorema 3.4.1. (A) Se f: $D_f \subset \mathbb{R}^m \to \mathbb{R}^n$, g: $D_g \subset \mathbb{R}^m \to \mathbb{R}^n$, são diferenciáveis em P, e $c \in \mathbb{R}$, então são diferenciáveis em P $f+g, f-g$, cf, e

(i) $(f+g)'(P) = f'(P) + g'(P)$,

(ii) $(f-g)'(P) = f'(P) - g'(P)$,

(iii) $(cf)'(P) = cf'(P)$.

(B) (Regra da cadeia). Se $D_f \subset \mathbb{R}^m \to \mathbb{R}^n$ é diferenciável em P e g: $D_g \subset \mathbb{R}^n \to \mathbb{R}^k$ é diferenciável em $f(P)$, então $g \circ f$ é diferenciável em P e

$$(g \circ f)'(P) = g'(f(P))f'(P).$$

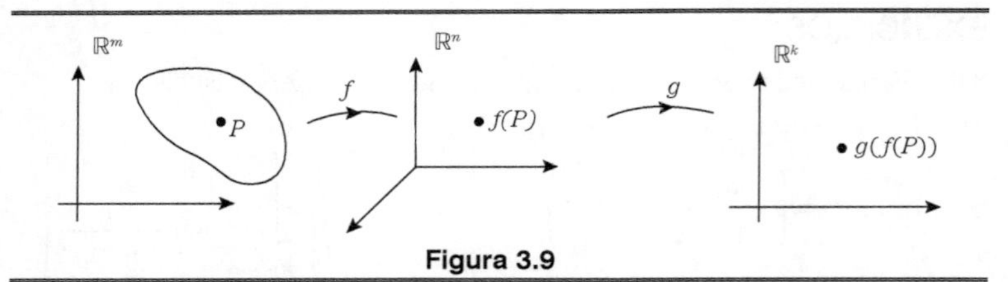

Figura 3.9

Prova. (A). Leia a prova do Teorema 2.6.1 (A), interpretando o símbolo · como produto de matrizes.

• (B) Como f: $D_f \subset \mathbb{R}^m \to \mathbb{R}^n$ é diferenciável em P, existem $r > 0$ e φ_P: $B(0, r) \subset \mathbb{R}^m \to \mathcal{M}(n \times m, \mathbb{R})$ tais que $f(P + H) = f(P) + AH + \psi_P(H)H$, $A = f'(P)$, $\lim_{H \to 0} \varphi_P(H) = \varphi_P(0) = 0$ para todo $H \in B(0, r)$. (α)

• Como g: $D_g \subset \mathbb{R}^n \to \mathbb{R}^k$ é diferenciável em $f(P)$, existem $s > 0$ e $\psi_{f(P)}$: $B(0, s) \subset \mathbb{R}^n \to \mathcal{M}(k \times n, \mathbb{R})$ tais que $g(f(P) + K) = g(f(P)) + BK + \psi_{f(P)}(K)K$, $B = g'(f(P))$ $\lim_{k \to 0} \psi_{f(P)}(K) = \psi_{f(P)}(0) = 0$ para todo $K \in B(0, s)$. (β)

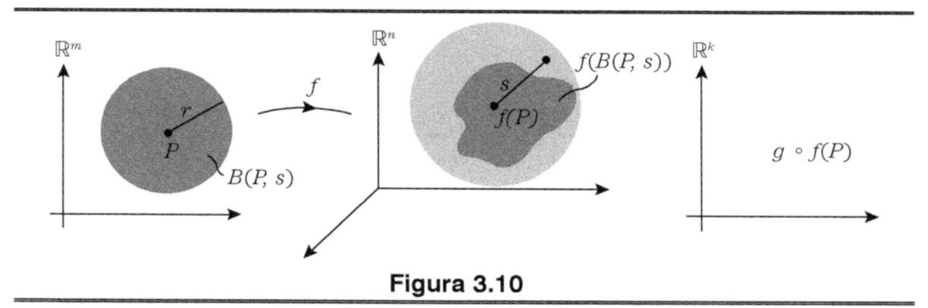

Figura 3.10

Queremos combinar (α) e (β). Para isso, observemos que pela continuidade de f, podemos supor $f(B(P, r) \subset B(f(P), s)$, "diminuindo" r, se necessário. Nesse caso,

$$(g \circ f)(P+H) = g\big(f(P+H)\big) \overset{(\alpha)}{=} g\big(f(P) + \underbrace{AH + \varphi_P(H)H}_{K}\big) =$$

$$\overset{(\beta)}{=} g\big(f(P)\big) + B\big[AH + \varphi_P(H)H\big] + \psi_{f(P)}\big(AH + \varphi_P(H)H\big)\big[AH + \varphi_P(H)H\big] =$$

$$= g\big(f(P)\big) + BAH + \underbrace{\Big[B\varphi_P(H) + \psi_{f(P)}\big(AH + \varphi_P(H)H\big)\big[A + \varphi_P(H)\big]\Big]}_{\eta_P(H)}H.$$

Introduzindo $\eta_P: B(0, r) \to \mathcal{M}(k \times m, \mathbb{R})$ como se indica acima, deixamos, como exercício, a verificação de que $\lim_{H\to} \eta_P(H) = \eta_P(0) = 0$, e, daí, segue a tese.

Nota. É bom observar que $B\varphi_P(H)$, um dos termos entre colchetes acima, é um produto de matrizes: B é $k \times n$ e $\varphi_P(H)$ é $n \times m$; logo, o produto está bem definido, e é uma matriz $k \times m$. ($k \times n$, $n \times m \to k \times m$).

Exemplo 3.4.1. Sendo f: $\mathbb{R}^3 \to \mathbb{R}^2$ dada por $f(x, y, z) = (x, y^2z)$ e g: $\mathbb{R}^3 - \{0\} \to \mathbb{R}^2$ dada por $g(x, y, z) = (1/x, \text{sen}\, xy)$ então, sendo $P = (x, y, z)$,

$$f'(P) = \begin{bmatrix} \dfrac{\partial x}{\partial x} & \dfrac{\partial x}{\partial y} & \dfrac{\partial x}{\partial z} \\ \dfrac{\partial y^2z}{\partial x} & \dfrac{\partial y^2z}{\partial y} & \dfrac{\partial y^2z}{\partial z} \end{bmatrix} = \begin{bmatrix} 1 & 0 & 0 \\ 0 & 2yz & y^2 \end{bmatrix},$$

$$g'(P)=\begin{bmatrix}\dfrac{\partial(1/x)}{\partial x} & \dfrac{\partial(1/x)}{\partial y} & \dfrac{\partial(1/x)}{\partial z}\\ \dfrac{\partial \text{ sen } xy}{\partial x} & \dfrac{\partial \text{ sen } xy}{\partial y} & \dfrac{\partial \text{ sen } xy}{\partial z}\end{bmatrix}=\begin{bmatrix}-\dfrac{1}{x^2} & 0 & 0\\ y\cos xy & x\cos y & 0\end{bmatrix}$$

Então

$$(f+g)'(P)=\begin{bmatrix}1 & 0 & 0\\ 2 & 2yz & y^2\end{bmatrix}+\begin{bmatrix}-\dfrac{1}{x^2} & 0 & 0\\ y\cos xy & x\text{ sen } xy & 0\end{bmatrix}$$

$$=\begin{bmatrix}1-\dfrac{1}{x^2} & 0 & 0\\ y\cos xy & 2yz+x\text{ sen } xy & y^2\end{bmatrix};$$

$$D(10f)(P)=10\begin{bmatrix}1 & 0 & 0\\ 0 & 2yz & y^2\end{bmatrix}=\begin{bmatrix}10 & 0 & 0\\ 0 & 20yz & 10y^2\end{bmatrix}.$$

Os exemplos seguintes visam explicitar a regra da cadeia em casos particulares. Para não nos perdermos com domínios, condições de diferenciabilidade, não explicitaremos nada disso, a fim de ilustrar a regra da cadeia. Um abuso de notação será feito, o que melhora a compreensão.

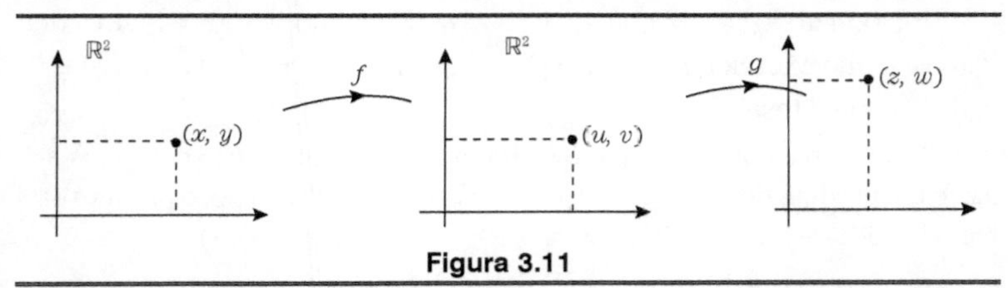

Figura 3.11

Exemplo 3.4.2. Sejam

$$f\begin{cases}u=u(x,y),\\ v=v(x,y);\end{cases}\quad g\begin{cases}z=z(u,v),\\ w=w(u,v).\end{cases}$$

Temos

$$f'(x,y)=\begin{bmatrix}\dfrac{\partial u}{\partial x} & \dfrac{\partial u}{\partial y}\\ \dfrac{\partial v}{\partial x} & \dfrac{\partial v}{\partial y}\end{bmatrix}\quad g'(u,v)=\begin{bmatrix}\dfrac{\partial z}{\partial u} & \dfrac{\partial z}{\partial v}\\ \dfrac{\partial w}{\partial u} & \dfrac{\partial w}{\partial v}\end{bmatrix}.$$

Pela regra da cadeia,

$$(g \circ f)'(x, y) = g'(u, v)f'(x, y)$$

Vamos chamar as componentes de $g \circ f$ de z e w. Isto, a rigor, não é bom, mas evita o uso de novas letras. Entenda assim: escrevendo $\partial z/\partial x$ ou $\partial z/\partial y$, estamos considerando $z = z(u(x, y), v(x, y))$, isto é, z como dependente de x e y, ou seja, componente de $g \circ f$. Escrevendo $\partial z/\partial u$, $\partial z/\partial v$, estamos considerando $z = z(u, v)$ como dependente de u e v, ou seja, componente de g. Assim, a última relação fica

$$\begin{bmatrix} \frac{\partial z}{\partial x} & \frac{\partial z}{\partial y} \\ \frac{\partial w}{\partial x} & \frac{\partial w}{\partial y} \end{bmatrix} = \begin{bmatrix} \frac{\partial z}{\partial u} & \frac{\partial z}{\partial v} \\ \frac{\partial w}{\partial u} & \frac{\partial w}{\partial v} \end{bmatrix} \begin{bmatrix} \frac{\partial u}{\partial x} & \frac{\partial u}{\partial y} \\ \frac{\partial v}{\partial x} & \frac{\partial v}{\partial y} \end{bmatrix}$$

e, daí,

$$\begin{aligned} \frac{\partial z}{\partial x} &= \frac{\partial z}{\partial u}\frac{\partial u}{\partial x} + \frac{\partial z}{\partial v}\frac{\partial v}{\partial x} \\ \frac{\partial z}{\partial y} &= \frac{\partial z}{\partial u}\frac{\partial u}{\partial y} + \frac{\partial z}{\partial v}\frac{\partial v}{\partial y} \end{aligned} \qquad (\alpha)$$

Nota. Talvez, escrevendo um pouco mais explicitamente, essas relações fiquem mais claras (embora não seja prático); por exemplo,

$$\frac{\partial z\big(u(x, y), y(x, y)\big)}{\partial x} = \frac{\partial z(u, v)}{\partial u}\frac{\partial u(x, y)}{\partial x} + \frac{\partial z(u, v)}{\partial v}\frac{\partial v(x, y)}{\partial x}.$$

Vamos fazer agora uma *observação importante do ponto de vista prático*. O uso de matrizes, como foi feito anteriormente, é muito bom, evita dúvidas, mas na prática é bom saber escrever diretamente as relações (α). Fato análogo você já encontrou quando estudamos a regra da cadeia para funções de uma variável. Por exemplo, para derivar $y = \text{sen}\,(x^2 + 1)$, ensinamos assim, no início:

- faça $u = x^2 + 1$, $\quad y = \text{sen}\, u$.
- A regra da cadeia nos diz que

$$\frac{dy}{dx} = \frac{dy}{du} \cdot \frac{du}{dx} = \cos u \cdot 2x.$$

• Volte à variável x: $u = x^2 + 1$. Vem

$$\frac{dy}{dx} = \cos\left(x^2 + 1\right) \cdot 2x.$$

É claro que você não faz mais isso, você deriva *diretamente*.

$$\frac{dy}{dx} = \cos\left(x^2 + 1\right) \cdot 2x.$$

Pois bem, a mesma coisa se passa no caso presente. Então, vamos tentar.

Queremos achar $\partial z/\partial x$. Mas $z = z(u(x, y), v(x, y))$.

• Você deve derivar z em relação à primeira variável, e multiplicar pela "derivada dessa variável" com relação a x: $\partial z/\partial u \cdot \partial u/\partial x$.

• Você deve derivar z em relação à segunda variável, e multiplicar pela "derivada dessa variável" com relação a x: $\partial z/\partial v \cdot \partial v/\partial x$.

• Agora, some:

$$\frac{\partial z}{\partial x} = \frac{\partial z}{\partial u}\frac{\partial u}{\partial x} + \frac{\partial z}{\partial v}\frac{\partial v}{\partial x}.$$

Para achar $\partial z/\partial y$, faça o mesmo, substituindo nas instruções acima x por y.

Atenção! Antes de usar o procedimento exposto anteriormente, é preciso saber se o mesmo é válido. O que quer dizer isso? Quer dizer que você deve saber que f é diferenciável em P, g é diferenciável em $f(P)$; aí você pode usar o Teorema 3.4.1(B), para concluir que $(g \circ f)'(P) = g'(f(P))\, f'(P)$ e, para efeito de calcular o primeiro membro, você usa o procedimento prático acima. Agora, o desagradável é o problema de saber se uma aplicação é diferenciável, mas você tem uma condição suficiente muito boa para aplicar, que é dada pelo Teorema 3.3.3: basta que a aplicação seja de classe C^1, isto é, basta que suas componentes sejam de classe C^1.

Exemplo 3.4.3. Sejam

$$f \begin{cases} u = u(x, y) \\ v = v(x, y) \\ w = w(x, y) \end{cases} \quad g : \mathbb{R}^3 \to \mathbb{R}.$$

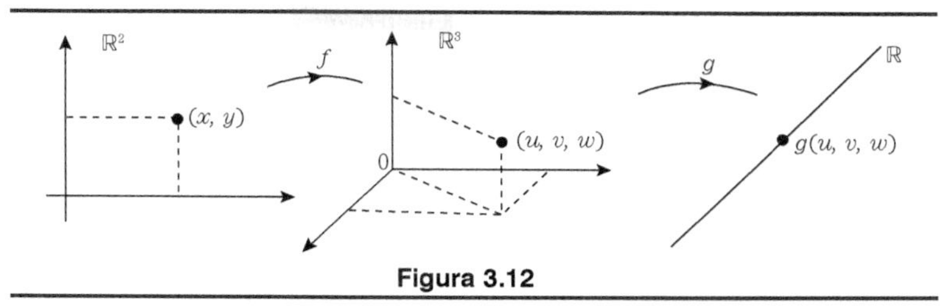

Figura 3.12

A regra da cadeia é

$$(g \circ f)'(x, y) = g'(u, v, w) f'(x, y),$$

ou seja,

$$\begin{bmatrix} \dfrac{\partial g}{\partial x} & \dfrac{\partial g}{\partial y} \end{bmatrix} = \begin{bmatrix} \dfrac{\partial g}{\partial u} & \dfrac{\partial g}{\partial v} & \dfrac{\partial g}{\partial w} \end{bmatrix} \begin{bmatrix} \dfrac{\partial u}{\partial x} & \dfrac{\partial u}{\partial y} \\ \dfrac{\partial v}{\partial x} & \dfrac{\partial v}{\partial y} \\ \dfrac{\partial w}{\partial x} & \dfrac{\partial w}{\partial y} \end{bmatrix}$$

e, daí,

$$\frac{\partial g}{\partial x} = \frac{\partial g}{\partial u}\frac{\partial u}{\partial x} + \frac{\partial g}{\partial v}\frac{\partial v}{\partial x} + \frac{\partial g}{\partial w}\frac{\partial w}{\partial x}$$
$$\frac{\partial g}{\partial y} = \frac{\partial g}{\partial u}\frac{\partial u}{\partial y} + \frac{\partial g}{\partial v}\frac{\partial v}{\partial y} + \frac{\partial g}{\partial w}\frac{\partial w}{\partial y}$$

Nota. Insistimos novamente na parte prática. Queremos derivar $g(u(x, y),$ $v(x, y)\ w(x, y))$, diretamente. Digamos em relação a x: $\partial g/\partial x$.

- Derivamos g em relação á primeira variável, e multiplicamos pela "derivada dessa variável" em relação a x: $\partial g/\partial u \cdot \partial u/\partial x$.

- Derivamos g em relação à segunda variável, e multiplicamos pela "derivada dessa variável" em relação a x: $\partial g/\partial v \cdot \partial v/\partial x$.

- Derivamos g em relação à terceira variável, e multiplicamos pela "derivada dessa variável" em relação a x: $\partial g/\partial w \cdot \partial w/\partial x$.

- Somamos:

$$\frac{\partial g}{\partial x} = \frac{\partial g}{\partial u}\frac{\partial u}{\partial x} + \frac{\partial g}{\partial v}\frac{\partial v}{\partial x} + \frac{\partial g}{\partial w}\frac{\partial w}{\partial x}.$$

Faça, agora, em relação a $\partial g/\partial y$, segundo esse procedimento!

Vejamos um outro exemplo para você se certificar de que está aprendendo: sendo

$$g(u(x,\, y,\, z),\, v(x,\, y,\, z)),$$

então

$$\frac{\partial g}{\partial z} = \frac{\partial g}{\partial u}\frac{\partial u}{\partial z} + \frac{\partial g}{\partial v}\frac{\partial v}{\partial z} + \frac{\partial g}{\partial u}\frac{\partial w}{\partial z}$$

$$\frac{\partial g}{\partial x} = \frac{\partial g}{\partial u}\frac{\partial u}{\partial x} + \frac{\partial g}{\partial v}\frac{\partial v}{\partial x} + \frac{\partial g}{\partial w}\frac{\partial w}{\partial x}.$$

Outro exemplo: sendo

$$g(u(t),\, v(t)),$$

então

$$\frac{dg}{dt} = \frac{\partial g}{\partial u}\cdot\frac{du}{dt} + \frac{\partial g}{\partial v}\frac{\partial v}{\partial t}$$

(aqui não se escreve $\partial u/\partial t$, pois u é uma variável real t).

Exemplo 3.4.4. Sejam

$$f\begin{cases} x = x(t), \\ y = y(t), \\ z = z(t); \end{cases} \quad g\begin{cases} u = u(x,\, y,\, z), \\ v = v(x,\, y,\, z). \end{cases}$$

Temos

$$(g \circ f)'(t) = g'(x,\, y,\, z)\, f'(t).$$

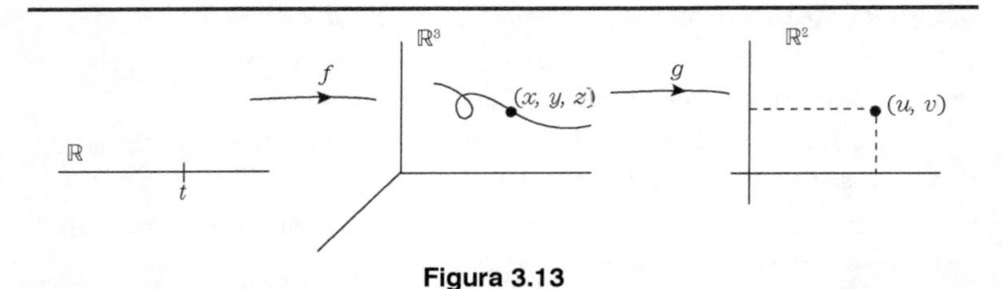

Figura 3.13

ou seja,

$$\begin{bmatrix} \dfrac{du}{dt} \\ \dfrac{dv}{dt} \end{bmatrix}^{[7]} = \begin{bmatrix} \dfrac{\partial u}{\partial x} & \dfrac{\partial u}{\partial y} & \dfrac{\partial u}{\partial z} \\ \dfrac{\partial v}{\partial x} & \dfrac{\partial v}{\partial y} & \dfrac{\partial v}{\partial z} \end{bmatrix} \begin{bmatrix} \dfrac{dx}{dt} \\ \dfrac{dy}{dt} \\ \dfrac{dz}{dt} \end{bmatrix}^{[7]}$$

e, daí,

$$\frac{du}{dt} = \frac{\partial u}{\partial x}\frac{dx}{dt} + \frac{\partial u}{\partial y}\frac{dy}{dt} + \frac{\partial u}{\partial z}\frac{dz}{dt}$$

$$\frac{dv}{dt} = \frac{\partial v}{\partial x}\frac{dx}{dt} + \frac{\partial v}{\partial y}\frac{dy}{dt} + \frac{\partial v}{\partial z}\frac{dz}{dt}.$$

Nota. Já adivinhou o que vai dizer esta nota? Bem, então não preciso dizer nada.

Exemplo 3.4.5. Seja $g\colon D_g \subset \mathbb{R}^2 \to \mathbb{R}$ diferenciável. Acontece que pode ser conveniente passar para coordenadas polares $x = r \cos \theta$, $y = r \operatorname{sen} \theta$. Escrevendo

$$f \begin{cases} x = x(r, \theta) = r \cos \theta, \\ y = y(r, \theta) = r \operatorname{sen} \theta, \end{cases}$$

temos, pela regra da cadeia,

$$(g \circ f)'(r, \theta) = g'(x, y)\, f'(r, \theta),$$

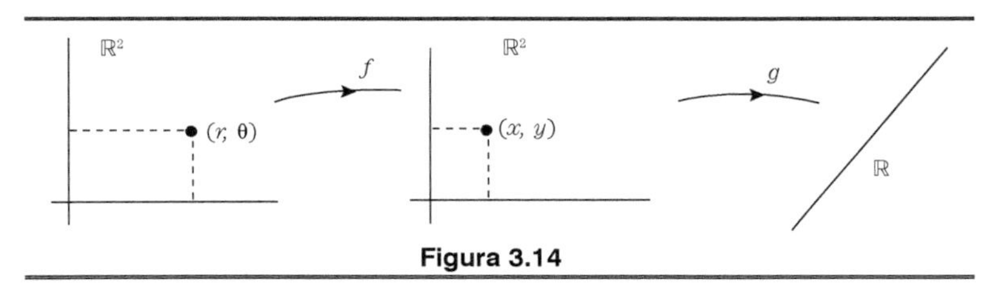

Figura 3.14

[7] Observe que $g \circ f$ é de uma variável real; logo, suas componentes são funções de uma variável real e, daí escrevemos du/dt, dv/dt, dx/dt etc., ao invés de $\partial u/\partial t$, $\partial v/\partial t$ etc.

ou seja,

$$\begin{bmatrix} \dfrac{\partial g \circ f}{\partial r} & \dfrac{\partial g \circ f}{\partial \theta} \end{bmatrix} = \begin{bmatrix} \dfrac{\partial g}{\partial x} & \dfrac{\partial g}{\partial y} \end{bmatrix} \begin{bmatrix} \dfrac{\partial x}{\partial r} & \dfrac{\partial x}{\partial \theta} \\ \dfrac{\partial y}{\partial r} & \dfrac{\partial y}{\partial \theta} \end{bmatrix} =$$

$$= \begin{bmatrix} \dfrac{\partial g}{\partial x} & \dfrac{\partial g}{\partial y} \end{bmatrix} \begin{bmatrix} \cos\theta & -r\,\text{sen}\,\theta \\ \text{sen}\,\theta & r\cos\theta \end{bmatrix}$$

e, daí,

$$\frac{\partial g \circ f}{\partial r} = \frac{\partial g}{\partial x}\cos\theta + \frac{\partial g}{\partial y}\,\text{sen}\,\theta;$$

$$\frac{\partial g \circ f}{\partial \theta} = \frac{\partial g}{\partial x} r\,\text{sen}\,\theta + \frac{\partial g}{\partial y} r\cos\theta.$$

Nota. Sem usar matrizes, o cálculo anterior é feito assim: sendo $g(r\cos\theta, r\,\text{sen}\,\theta)$, então

$$\frac{\partial g}{\partial r} = \frac{\partial g}{\partial x}\cdot\frac{\partial x}{\partial r} + \frac{\partial g}{\partial y}\cdot\frac{\partial y}{\partial r} \text{ etc.}$$

Aqui deveríamos escrever $(\partial g \circ f)/\partial r$, mas estamos usando a convenção prática de, ao escrevermos $\partial g/\partial r$, subentendermos $(\partial g \circ f)/\partial r$ (veja comentário feito no Exemplo 3.4.2).

Exemplo 3.4.6. Seja $g: D_f \subset \mathbb{R}^3 \to \mathbb{R}$ diferenciável. Pode ser útil passar-se para coordenadas cilíndricas (r, θ, z), dadas conforme se mostra na Fig. 3-15. Então temos

$$f \begin{cases} x = x(r, \theta, z) = r\cos\theta, \\ y = y(r, \theta, z) = r\,\text{sen}\,\theta, \\ z = z(r, \theta, z) = z. \end{cases}$$

Pela regra da cadeia (Fig. 3-16),

$$(g \circ f)'(r, \theta, z) = g'(x, y, z)\,f'(r, \theta, z),$$

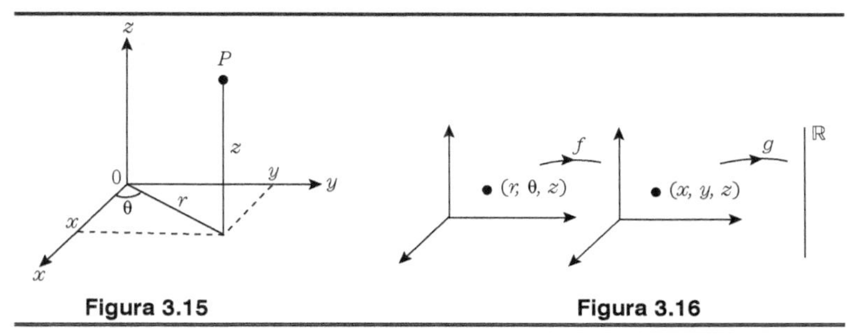

Figura 3.15 **Figura 3.16**

ou seja,

$$\left[\frac{\partial g\circ f}{\partial r}, \frac{\partial g\circ f}{\partial \theta}, \frac{\partial g\circ f}{\partial z}\right] = \left[\frac{\partial g}{\partial x}\ \frac{\partial g}{\partial y}\ \frac{\partial g}{\partial z}\right]\begin{bmatrix}\frac{\partial x}{\partial r} & \frac{\partial x}{\partial \theta} & \frac{\partial x}{\partial z}\\ \frac{\partial y}{\partial r} & \frac{\partial y}{\partial \theta} & \frac{\partial y}{\partial z}\\ \frac{\partial z}{\partial r} & \frac{\partial z}{\partial \theta} & \frac{\partial z}{\partial z}\end{bmatrix} =$$

$$= \left[\frac{\partial g}{\partial x}\ \frac{\partial g}{\partial y}\ \frac{\partial g}{\partial z}\right]\begin{bmatrix}\cos\theta & -r\ \mathrm{sen}\ \theta & 0\\ \mathrm{sen}\ \theta & r\cos\theta & 0\\ 0 & 0 & 1\end{bmatrix}$$

e, daí,

$$\frac{\partial g\circ f}{\partial r} = \frac{\partial g}{\partial x}\cos\ \theta + \frac{\partial g}{\partial y}\mathrm{sen}\ \theta$$

$$\frac{\partial g\circ f}{\partial \theta} = -\frac{\partial g}{\partial x}r\ \mathrm{sen}\ \theta + \frac{\partial g}{\partial y}r\cos\ \theta$$

$$\frac{\partial g\circ f}{\partial z} = \frac{\partial g}{\partial z}.$$

Nota. Faça diretamente, sem matrizes!

Observação sobre a definição de diferenciabilidade

Vamos examinar a definição que demos nesta seção de diferenciabilidade em casos particulares.

1. $m = n = 1$.

Nesse caso, $f\colon D_f \subset \mathbb{R} \to \mathbb{R}$ é diferenciável em $x = P$ se existirem $A \in \mathcal{M}(1 \times 1, \mathbb{R})$, $r > 0$, e $\varphi_P\colon B(0, r) \subset \mathbb{R} \to \mathcal{M}(1 \times 1, \mathbb{R})$ tais que

$$f(x+h) = f(x) + Ah + \varphi_P(h)h$$

onde interpretamos $f(x + h)$, $f(x)$, h, $\varphi_P(h)$ como matrizes 1×1. Ora, se identificarmos matriz 1×1 com o seu único elemento, o produto de matrizes se identificará com o produto de seus elementos, e obteremos, assim, o conceito usual.

2. $m = 1$, $n > 1$.

Nesse caso, $A \in \mathcal{M}(n \times 1, \mathbb{R})$, $f(t + h)$, $f(t)$, $\varphi_P(h)$ são matrizes $n \times 1$, e h é uma matriz 1×1; e, se $f = (f_1, \ldots, f_n)$, $\varphi_P = (\varphi_1, \ldots, \varphi_n)$, temos

$$\begin{bmatrix} f_1(t+h) \\ \vdots \\ f_n(t+h) \end{bmatrix} = \begin{bmatrix} f_1(t) \\ \vdots \\ f_n(t) \end{bmatrix} + \begin{bmatrix} f_1'(t) \\ \vdots \\ f_n'(t) \end{bmatrix} h + \begin{bmatrix} \varphi_1(h) \\ \vdots \\ \varphi_n(h) \end{bmatrix} h.$$

Se identificamos uma matriz 1×1 com seu elemento, então obteremos a definição dada em 1.3.

3. $m > 1$ e $n = 1$.

Nesse caso, $A \in \mathcal{M}(1 \times m, \mathbb{R})$, interpretamos $f(P + H)$, $f(P)$, como matrizes 1×1, H e $\varphi_P(H)$ como matrizes $m \times 1$ e temos

$$f(P+H) = f(P) + AH + \varphi_P(H)H.$$

Observando que os produtos matriciais AH e $\varphi_P(H)H$ são matrizes 1×1, e, feita a identificação da matriz 1×1 com seu elemento, resulta a definição dada na Secção 2.5. (observe)

$$AH = \begin{bmatrix} \frac{\partial f}{\partial x_1} \cdots \frac{\partial f}{\partial x_m} \end{bmatrix} \begin{bmatrix} h_1 \\ \vdots \\ h_m \end{bmatrix} =$$

$$\overset{\text{id.}}{=} \left[\sum_{i=1}^{m} \frac{\partial f}{\partial x_i} h_i \right] = \left[\left(\frac{\partial f}{\partial x_1} \cdots \frac{\partial f}{\partial x_m} \right) \cdot (h_1, \ldots, h_m) \right] \overset{\text{id.}}{=} A \cdot H).$$

O problema das identificações poderia ser evitado, começando com a definição de diferenciabilidade dada nesta secção. Mas isso não seria bom do ponto de vista didático. Por outro lado, começar a definição de diferenciabilidade de $f: D_f \subset \mathbb{R}^m \to \mathbb{R}^n$, para $m = 1$ e $n = 1$, ou $m = 1$ e $n > 1$ com matrizes seria bastante antinatural. Esse é o preço que se paga quando se quer apresentar as coisas de modo a serem aprendidas pelo público a que se destina este livro. Por exemplo, num curso de Cálculo Avançado (em geral, dado em curso de pós-graduação) a definição de diferenciabilidade para o público correspondente já é colocada numa forma mais elegante (e adequada para generalização), que é a seguinte:

$f: D_f \subset \mathbb{R}^m \to \mathbb{R}^n$ é diferenciável em $P \in D_f$ se existe uma aplicação linear $T_P: \mathbb{R}^m \to \mathbb{R}^n$ e uma aplicação $r: D_f \times B(0, \delta) \to \mathbb{R}^n$, tais que

$$f(P + H) = f(P) + T_P(H) + r(P, H),$$

onde $\lim_{H\to 0} r(P, H)/|H| = 0$. Pode-se provar que tal T_P é única, e é indicada por $f'(P)$.

EXERCÍCIOS

3.4.1. Verifique o Teorema 3.4.1(A), para

$$f\begin{bmatrix} x \\ y \\ z \end{bmatrix} = \begin{bmatrix} \ln\left(x^2+y^2+z^2\right) \\ e^{x^2+y^2+z^2} \end{bmatrix},$$

$$g\begin{bmatrix} x \\ y \\ z \end{bmatrix} = \begin{bmatrix} xyz \\ x \end{bmatrix},$$

$c = 17$.

3.4.2. Verifique o Teorema 3.4.1(B), para

$$f\begin{bmatrix} x \\ y \\ z \\ t \end{bmatrix} = \begin{bmatrix} x & \text{sen } x \\ x & \cos y \\ t & \text{sen } z \end{bmatrix},$$

$$g\begin{bmatrix} u \\ v \\ w \end{bmatrix} = \begin{bmatrix} u+v \\ u-v \\ w \end{bmatrix}.$$

3.4.3. Admita diferenciabilidade de todas as aplicações que vão aparecer neste exercício. Mostre que, sendo,

a) $F\begin{cases} u = u(x, y, z) \\ v = v(x, y, z) \\ w = w(x, y, z) \end{cases} \quad G\begin{cases} f = f(u, v, w) \\ g = g(u, v, w), \\ h = h(u, v, w) \end{cases}$

então

$$\frac{\partial f}{\partial x} = \frac{\partial f}{\partial u}\frac{\partial u}{\partial x} + \frac{\partial f}{\partial v}\frac{\partial v}{\partial x} + \frac{\partial f}{\partial w}\frac{\partial w}{\partial x},$$

$$\frac{\partial f}{\partial y} = \frac{\partial f}{\partial u}\frac{\partial u}{\partial y} + \frac{\partial f}{\partial v}\frac{\partial v}{\partial y} + \frac{\partial f}{\partial w}\frac{\partial w}{\partial y},$$

$$\frac{\partial f}{\partial z} = \frac{\partial f}{\partial u}\frac{\partial u}{\partial z} + \frac{\partial f}{\partial v}\frac{\partial v}{\partial z} + \frac{\partial f}{\partial w}\frac{\partial w}{\partial z},$$

$$\frac{\partial g}{\partial x} = \frac{\partial g}{\partial u}\frac{\partial u}{\partial x} + \frac{\partial g}{\partial v}\frac{\partial v}{\partial x} + \frac{\partial g}{\partial w}\frac{\partial w}{\partial x},$$

$$\frac{\partial g}{\partial y} = \frac{\partial g}{\partial u}\frac{\partial u}{\partial y} + \frac{\partial g}{\partial v}\frac{\partial v}{\partial y} + \frac{\partial g}{\partial w}\frac{\partial w}{\partial y},$$

$$\frac{\partial g}{\partial z} = \frac{\partial g}{\partial u}\frac{\partial u}{\partial z} + \frac{\partial g}{\partial v}\frac{\partial v}{\partial z} + \frac{\partial g}{\partial w}\frac{\partial w}{\partial z},$$

$$\frac{\partial h}{\partial x} = \frac{\partial h}{\partial u}\frac{\partial u}{\partial x} + \frac{\partial h}{\partial v}\frac{\partial v}{\partial x} + \frac{\partial h}{\partial w}\frac{\partial w}{\partial x},$$

$$\frac{\partial h}{\partial y} = \frac{\partial h}{\partial u}\frac{\partial u}{\partial y} + \frac{\partial h}{\partial v}\frac{\partial v}{\partial y} + \frac{\partial h}{\partial w}\frac{\partial w}{\partial y},$$

$$\frac{\partial h}{\partial z} = \frac{\partial h}{\partial u}\frac{\partial u}{\partial z} + \frac{\partial h}{\partial v}\frac{\partial v}{\partial z} + \frac{\partial h}{\partial w}\frac{\partial w}{\partial z}.$$

Verifique que essas relações se escrevem

$$\begin{bmatrix} \frac{\partial f}{\partial x} & \frac{\partial f}{\partial y} & \frac{\partial f}{\partial z} \\ \frac{\partial g}{\partial x} & \frac{\partial g}{\partial y} & \frac{\partial g}{\partial z} \\ \frac{\partial h}{\partial x} & \frac{\partial h}{\partial y} & \frac{\partial h}{\partial z} \end{bmatrix} = \begin{bmatrix} \frac{\partial f}{\partial u} & \frac{\partial f}{\partial v} & \frac{\partial f}{\partial w} \\ \frac{\partial g}{\partial u} & \frac{\partial g}{\partial v} & \frac{\partial g}{\partial w} \\ \frac{\partial h}{\partial u} & \frac{\partial h}{\partial v} & \frac{\partial h}{\partial w} \end{bmatrix} \begin{bmatrix} \frac{\partial u}{\partial x} & \frac{\partial u}{\partial y} & \frac{\partial u}{\partial z} \\ \frac{\partial v}{\partial x} & \frac{\partial v}{\partial y} & \frac{\partial v}{\partial z} \\ \frac{\partial w}{\partial x} & \frac{\partial w}{\partial y} & \frac{\partial w}{\partial z} \end{bmatrix},$$

ou seja, é exatamente a regra da cadeia: $(G \circ F)'(P) = G'(F(P))F'(P)$

b) $F\begin{cases} u = u(x, y), & G : \mathbb{R}^2 \to \mathbb{R}, \\ v = v(x, y), & G = G(u, v), \end{cases}$

então

$$\frac{\partial G}{\partial x} = \frac{\partial G}{\partial u}\frac{\partial u}{\partial x} + \frac{\partial G}{\partial v}\frac{\partial v}{\partial x},$$
$$\frac{\partial G}{\partial y} = \frac{\partial G}{\partial u}\frac{\partial u}{\partial y} + \frac{\partial G}{\partial v}\frac{\partial v}{\partial y},$$

ou seja,

$$\begin{bmatrix} \frac{\partial G}{\partial x} \\ \frac{\partial G}{\partial y} \end{bmatrix} = \begin{bmatrix} \frac{\partial G}{\partial u} & \frac{\partial G}{\partial v} \end{bmatrix} \begin{bmatrix} \frac{\partial u}{\partial x} & \frac{\partial u}{\partial y} \\ \frac{\partial v}{\partial x} & \frac{\partial v}{\partial y} \end{bmatrix},$$

que é exatamente a regra da cadeia: $(G \circ F)'(P) = G'(F(P))F'(P)$.

c) $F\begin{cases} u = u(x, y, z), \\ v = v(x, y, z); \end{cases}$ $\alpha\begin{cases} x = x(t), \\ y = y(t), \\ z = z(t). \end{cases}$

Então

$$\frac{du}{dt} = \frac{\partial u}{\partial x}\frac{dx}{dt} + \frac{\partial u}{\partial y}\frac{dy}{dt} + \frac{\partial u}{\partial z}\frac{dz}{dt},$$
$$\frac{dv}{dt} = \frac{\partial v}{\partial x}\frac{dx}{dt} + \frac{\partial v}{\partial y}\frac{dy}{dt} + \frac{\partial v}{\partial z}\frac{dz}{dt},$$

ou seja,

$$\begin{bmatrix} \frac{du}{dt} \\ \frac{dv}{dt} \end{bmatrix} = \begin{bmatrix} \frac{\partial u}{\partial x} & \frac{\partial u}{\partial y} & \frac{\partial u}{\partial z} \\ \frac{\partial v}{\partial x} & \frac{\partial v}{\partial y} & \frac{\partial v}{\partial z} \end{bmatrix} \begin{bmatrix} \frac{dx}{dt} \\ \frac{dy}{dt} \\ \frac{dz}{dt} \end{bmatrix},$$

que é exatamente a regra da cadeia: $(F \circ \alpha)'(t) = \mathrm{F}'(\alpha(t))\alpha'(t)$.

3.4.4. Seja $g\colon D_f \subset \mathbb{R}^3 \to \mathbb{R}$ diferenciável, e

$$f\begin{cases} x = r \text{ sen } \varphi \cos \theta, \\ y = r \text{ sen } \varphi \text{ sen } \theta, \\ z = r \cos \varphi. \end{cases} \qquad \text{(coordenadas esféricas; Fig. 3.17)}$$

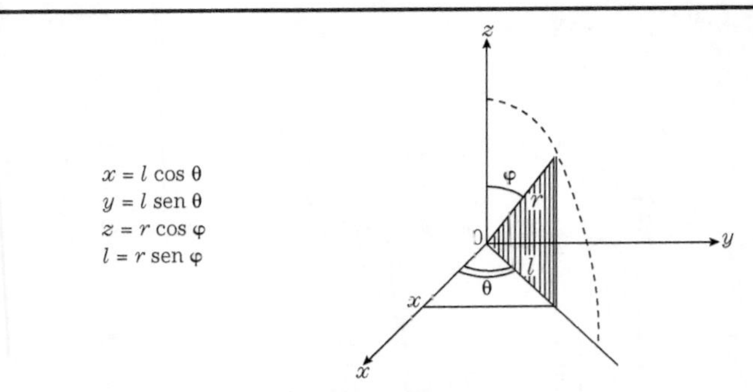

Figura 3.17

Mostre que

$$\left[\frac{\partial g \circ f}{\partial r} \; \frac{\partial g \circ f}{\partial \theta} \; \frac{\partial g \circ f}{\partial \varphi}\right] = \left[\frac{\partial g}{\partial x} \; \frac{\partial g}{\partial y} \; \frac{\partial g}{\partial z}\right] =$$

$$= \begin{bmatrix} \operatorname{sen} \varphi \cos \theta & -r \operatorname{sen} \varphi \cos \theta & r \cos \varphi \cos \theta \\ \operatorname{sen} \varphi \operatorname{sen} \theta & r \operatorname{sen} \varphi \cos \theta & r \cos \varphi \cos \theta \\ \cos \theta & 0 & -r \operatorname{sen} \varphi \end{bmatrix}.$$

Obtenha diretamente $(\partial g \circ f)/\partial \varphi$, usando para ela a notação livre $\partial g/\partial \varphi$, e observando $g(r \operatorname{sen} \varphi \cos \theta, r \operatorname{sen} \varphi \operatorname{sen} \theta, r \cos \varphi)$.

3.4.5. Prove que, nas hipóteses do Teorema 3.4.1,

$$d(f \pm g)_P(H) = df_P(H) \pm dg_P(H),$$
$$d(cf)_P(H) = cdf_P(H),$$
$$d(g \circ f)_P(H) = dg_{f(P)} df_P(H).$$

3.4.6. Um problema comum em Física Matemática é o enunciado a seguir. Deduz-se, em geral, uma equação governando um fenômeno. Em determinadas situações é interessante mudar as coordenadas. Como fica a equação achada? Ou, então, uma mudança de coordenadas pode simplificar a equação. Vejamos um exemplo, no qual você vai trabalhar.

Considere a equação $\partial^2 u/\partial x^2 = \partial^2 u/\partial t^2$, onde a função incógnita é $u(x, t)$, a qual suporemos ser de classe C^2. Esta é uma equação importante, chamada *das cordas vibrantes.*[8] Veremos que essa equação se simplifica mediante uma mudança de variáveis, o que permite achar as soluções.

a) Considere a substituição

$$\begin{cases} x = r + s, \\ t = r - s, \end{cases} \quad \therefore \begin{cases} r = \dfrac{x+t}{2}, \\ s = \dfrac{x-t}{2}. \end{cases}$$

Obtenha

$$\frac{\partial u}{\partial x} = \frac{\partial u}{\partial r} \cdot \frac{1}{2} + \frac{\partial u}{\partial s} \frac{1}{2},$$
$$\frac{\partial u}{\partial t} = \frac{\partial u}{\partial r} \cdot \frac{1}{2} + \frac{\partial u}{\partial x} \left(-\frac{1}{2} \right).$$

b) Calcule agora

$$\frac{\partial^2 u}{\partial x^2} = \frac{1}{4} \left(\frac{\partial^2 u}{\partial r^2} + 2 \frac{\partial^2 u}{\partial r \partial s} + \frac{\partial^2 u}{\partial s^2} \right),$$
$$\frac{\partial^2 u}{\partial t^2} = \frac{1}{4} \left(\frac{\partial^2 u}{\partial r^2} - 2 \frac{\partial^2 u}{\partial r \partial v} + \frac{\partial^2 u}{\partial s^2} \right).$$

c) Substitua na equação dada, $\partial^2 u/\partial x^2$, $\partial^2 u/\partial t^2$, para obter $\partial^2 u/\partial r \partial s = 0$.

Nota. Dessa última equação, sob certas condições, facilmente se acha

$$u = \varphi(r) + \varphi(s) = \varphi\left(\frac{x+t}{2} \right) + \varphi\left(\frac{x-t}{2} \right)$$
$$= f(x+t) + g(x-t).$$

3.4.7. Transforme a equação $x\ \partial z/\partial x + y\ \partial z/\partial y - \mathrm{z} = 0$ ($z = z(x, y)$), efetuando a mudança $u = x$, $v = y/x$ (suponha o que for necessário quanto a diferenciabilidade etc.)

[8] No instante t, $u(x, t)$ dá o deslocamento do ponto de abcissa x, sob certas condições.

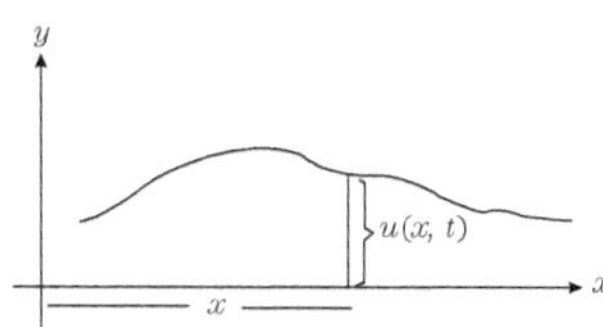

Ajuda. $z = z(u(x, y), v(x, y))$

$$\frac{\partial z}{\partial x} = \frac{\partial z}{\partial u}\frac{\partial u}{\partial x} + \frac{\partial z}{\partial v}\frac{\partial v}{\partial x},$$

$$\frac{\partial z}{\partial y} = \frac{\partial z}{\partial u}\frac{\partial u}{\partial y} + \frac{\partial z}{\partial v}\frac{\partial v}{\partial y}, \text{ sendo } u = x,\ v = y/x.$$

3.4.8. Idem para $y\ \partial z/\partial x - x\ \partial z/\partial y = 0$, sendo $u = x$, $v = x^2 + y^2$.

3.5 O TEOREMA DAS FUNÇÕES IMPLÍCITAS

• *Introdução e objetivo*

No Vol. 1 de nosso curso deparamos com situação do seguinte tipo: "admitindo que a relação $x^2 + v^2 - 1 = 0$ define uma função $y = y(x)$ derivável, calcule $y'(x)$ em termos de x e $y(x)$". É o que chamamos derivação implícita, pois estamos derivando uma função dada implicitamente, pela relação $x^2 + y^2 - 1 = 0$. No caso presente, podemos dar $y = y(x)$ explicitamente (o que nem sempre é possível), pois da relação acima resulta

$$y = \sqrt{1 - x^2} \quad \text{ou} \quad y = -\sqrt{1 - x^2}.$$

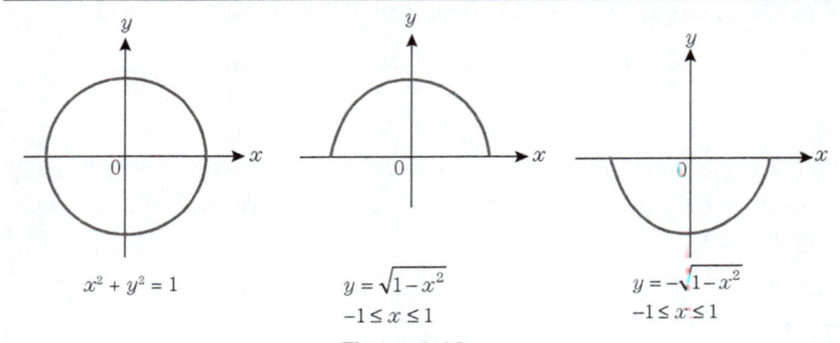

Figura 3.18

Então, escolhido qualquer subintervalo I de $]-1, 1[$, teremos duas funções $f, g: I \to \mathbb{R}$ deriváveis, que verificam a relação dada, isto é, $x^2 + f^2(x) - 1 = 0$, $x^2 + g^2(x) - 1 = 0$. Você se recorda que, para achar $f'(x)$, $g'(x)$, derivamos a relação membro a membro:

$$2x + 2yy' - 0 = 0 \qquad y' = -\frac{x}{y}.$$

Então

$$f'(x) = -\frac{x}{f(x)} \quad \text{e} \quad g'(x) = -\frac{x}{g(x)}.$$

Muito bem, agora que recordamos isso, observe que nem sempre uma relação $F(x, y) = 0$ define y como função derivável de x. Por exemplo, $x^2 + y^2 = 0$ é equivalente a $x = y = 0$, e não temos uma função derivável $y = y(x)$. (Temos só a função de domínio {0}, que leva 0 em 0.) E se tentarmos derivar membro a membro, seríamos conduzidos a $2x + 2yy' = 0$ e, daí, $y' = -x/y$, relação esta sem significado, pois $y = y(x)$ *não é derivável*![9]

O objetivo desta secção é obter condições suficientes que garantam que $F(x, y) = 0$ define uma função $y = y(x)$ derivável (ou uma função $x = x(y)$ derivável), e obter uma fórmula de $y'(x)$ em termos de F. Na verdade, vamos dar o enunciado numa situação mais geral, onde o número de variáveis é qualquer. Este é o teorema das funções implícitas.

- ***Motivação geométrica para as condições da hipótese do teorema das funções implícitas no caso F(x, y) = 0***

Suponha $F: D_F \subset \mathbb{R}^2 \to \mathbb{R}$ de classe C^1. Então $F(x, y) = 0$ é um conjunto (curva) de nível de F, o qual precisamos impor que seja não vazio, se é que queremos que a relação defina $y = y(x)$. Então, suporemos que exista $P_0 = (x_0, y_0)$, tal que

$$F(x_0, y_0) = 0 \qquad (\alpha)$$

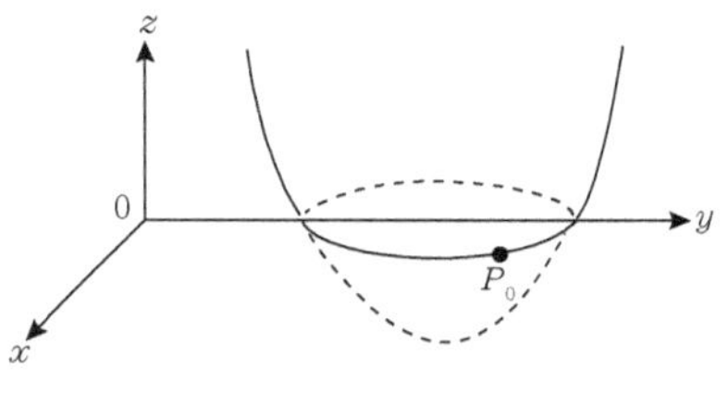

Figura 3.19

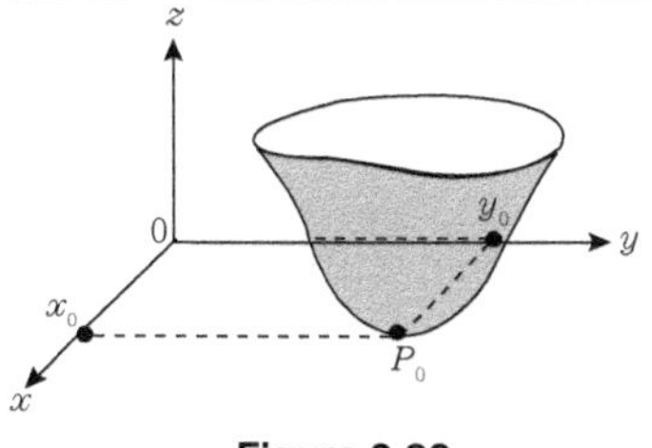

Figura 3.20

[9] Um exemplo mais contundente é $x^2 + y^2 + 1 = 0$, no qual não existem x e y reais que verificam a equação.

Por outro lado, embora o gráfico G_F corte o plano XY [por (α)], pode acontecer que seja tangente a ele numa situação como a que a Fig. 3-20 mostra. Na tentativa de evitar isso, impomos que o plano tangente não seja horizontal em $(x_0, y_0, F(x_0, y_0))$, ou seja, que

$$\left(\frac{\partial F}{\partial x}(P_0),\ \frac{\partial F}{\partial y}(P_0), -1\right)$$

não seja paralelo a (0, 0, 1). Isto é,

$$\frac{\partial F}{\partial x}(P_0) \neq 0, \quad \text{ou} \quad \frac{\partial F}{\partial y}(P_0) \neq 0. \qquad (\beta)$$

- ***Enunciado e demonstração do Teorema das Funções Implícitas no caso F(x, y) = 0***

Teorema 3.5.1. Sejam:

$F: D_F \subset \mathbb{R}^2 \to \mathbb{R}$ de classe C^1, $P_0 = (x_0, y_0) \in D_F$, tais que

$$F(x_0, y_0) = 0, \quad \frac{\partial F}{\partial y}(x_0, y_0) \neq 0.$$

Então existe um intervalo aberto I, centrado em x_0, e uma única função $f: I \to \mathbb{R}$ tais que

(i) $y_0 = f(x_0)$;

(ii) $F(x, f(x)) = 0$, para todo $x \in I$;

(iii) f é de classe C^1, e

$$f'(x) = -\frac{\dfrac{\partial F}{\partial x}(x, f(x))}{\dfrac{\partial F}{\partial y}(x, f(x))}.$$

(Veja a Fig. 3-21).

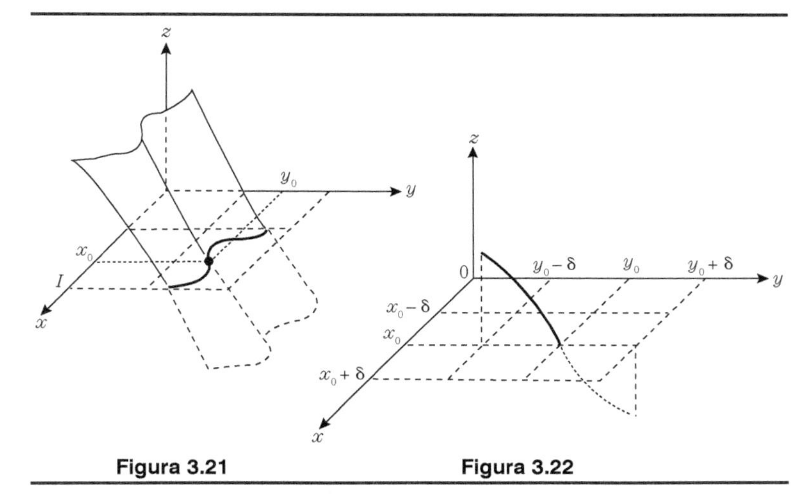

Figura 3.21 **Figura 3.22**

Prova. Podemos supor $\partial F/\partial y(P_0) < 0$.[10]

(a) *Existência e unicidade de f*

Pela continuidade de $\partial F/\partial y$, podemos supor

$$\frac{\partial F}{\partial y}(P) < \frac{3}{2}\frac{\partial F}{\partial y}(P_0) < 0, \tag{1}$$

para todo $P = (x, y)$ de um quadrado $|x - x_0| < \delta$, $|y - y_0| < \delta$, contido em D_F.[11]

A aplicação $y \mapsto F(x_0, y)$, de domínio $]y_0 - \delta, y_0 + \delta[$ é decrescente, pois sua derivada é $\partial F/\partial y(x_0, y) < 0$, por (1); logo,

$F(x_0, y_0 + \delta) < F(x_0, y_0) = 0$, $F(x_0, y_0 - \delta) > F(x_0, y_0) = 0$ (Fig. 3-22); daí, como F é contínua, existe $\eta > 0$ tal que

$$F(x, y_0 + \delta) < 0, \quad F(x, y_0 - \delta) > 0,$$

para todo $x \in]x_0 - \eta, x_0 + \eta[$, onde podemos supor $\eta \leq \delta$ (Fig. 3-23).

[10] Senão, substitua F por $-F$ e repita o que se seguirá.

[11] Se $\lim_{P \to P_0} f(P) = L > 0$, considere $\varepsilon = L/2$ na definição de limite.

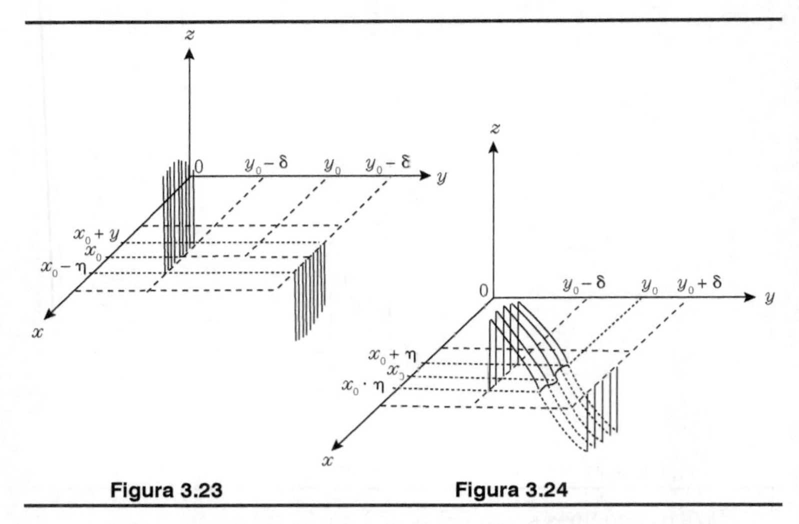

Figura 3.23 **Figura 3.24**

Pelo Teorema do Valor Intermediário (Vol. 1, Corolário da Proposição 2.4.5) podemos, então, concluir que, para cada $x \in]x_0 - \eta, x_0 + + \eta[$, existe um valor $y \in]y_0 - \delta, y_0 + \delta[$ tal que $F(x, y) = 0$, o qual é único, pois $y \mapsto F(x_0, y)$ é decrescente. Fica, assim, definida

$$f : I =]x_0 - \eta, x_0 + \eta[\to]y_0 - \delta, y_0 + \delta[,$$

dada por

$$f(x) = y \text{ (Fig. 3-24).}$$

Pela própria construção, $y_0 = f(x_0)$, e $F(x, f(x)) = 0$, para todo $x \in I$, de modo que (i) e (ii) estão provados.[12]

(b) Provemos a parte (iii).

Para todo h num intervalo conveniente contendo 0, temos, se $x \in I$, que $x + h \in I$. Usando o Teorema do Valor Médio (Teorema 2.6.2), vem

$$F(x+h, f(x+h)), -F(x, f(x)) = \frac{\partial F}{\partial x}(C)h + \frac{\partial F}{\partial y}(C)\big(f(x+h) - f(x)\big), \quad (2)$$

[12] A unicidade também. Esclarecemos o que isso quer dizer: se $g:]x_0 - \eta, x_0 + \eta[\to \mathbb{R}$ é tal que $F(x, g(x)) = 0$ para todo $x \in]x_0 - \eta, x_0 + \eta[$ e $g(x_0) = y_0$, então $f = g$.

onde C está no segmento aberto de extremos $(x,f(x))$ e $(x+h,f(x+h))$. Observe que o primeiro membro vale 0. Passando ao limite para $h \to 0$, e, observando que $\lim_{h \to 0} \partial F/\partial x(C)h = 0$,[13] resulta

$$0 = \lim_{h \to 0} \frac{\partial F}{\partial y}(C)\big(f(x+h) - f(x)\big), \tag{3}$$

o que acarreta

$$\lim_{h \to 0}\big(f(x+h) - f(x)\big) = 0,$$

pois, por (1), $\partial F/\partial y(C) < 3/2\ \partial F/\partial y(P_0)$ e, se este último limite não fosse nulo, (3) não se verificaria. Assim,

$$f \text{ é contínua.} \tag{4}$$

De (2), lembrando que o primeiro membro é nulo, vem

$$\frac{f(x+h) - f(x)}{h} = \frac{\dfrac{\partial F}{\partial x}(C)}{\dfrac{\partial F}{\partial y}(C)}.$$ [14]

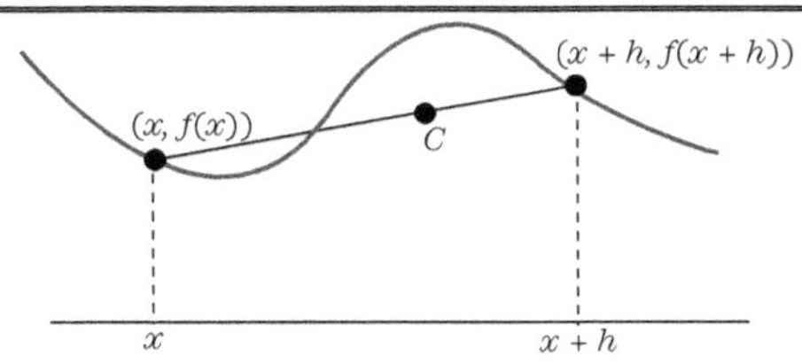

Figura 3.25

Como $\lim_{h\to 0}\big[\big(x+h,\ f(x+h)\big) - \big(x,\ f(x)\big)\big] = 0$,[15] resulta que, se $h \to 0$, $C \to (x,f(x))$,[16] e da última relação temos, pela continuidade de $\partial F/\partial x$ e $\partial F/\partial y$, que

---

[13] Observe que C depende de h. Mas $\partial F/\partial x$ é limitada numa bola centrada em $(x, f(x))$, de modo que o referido limite é nulo.

[14] O denominador é $\neq 0$. por (1).

[15] Usamos (4).

[16] Se φ é contínua em P_0, e $|\psi(P) - P_0| \leq |P - P_0|$, então $\lim_{P \to P_0} (\varphi \cdot \psi)(P) = \varphi(P_0)$. Este é um exercício fácil. Veja também a Fig. 3-25.

$$f'(x) = -\frac{\dfrac{\partial F}{\partial x}(x, f(x))}{\dfrac{\partial F}{\partial y}(x, f(x))},$$

relação esta que ainda mostra, por serem f, $\partial F/\partial x$, $\partial F/\partial y$ contínuas, que f é de classe C^1.

Notas. 1. A fórmula para $f'(x)$ não precisa ser memorizada. Basta derivar $F(x,f(x)) = 0$, usando a regra da cadeia:

$$\frac{\partial F}{\partial x}(x, f(x))\underbrace{\frac{\partial x}{\partial x}}_{1} + \frac{\partial F}{\partial y}(x, f(x))\frac{df}{dx} = \underbrace{\frac{d0}{dx}}_{0};$$

$$f'(x) = \frac{df}{dx} = -\frac{\dfrac{\partial F}{\partial x}(x, f(x))}{\dfrac{\partial F}{\partial y}(x, f(x))}.$$

2. O teorema anterior continua valendo, pode-se provar, se se substitui o símbolo C^1 no enunciado por C^k, $k \geq 1$.

3. O teorema dá condições suficientes para se obter de $F(x, y) = 0$ uma função $y = y(x)$ de classe C^1. Essas condições não são necessárias. Por exemplo, $F(x, y) = y^3$.

Aqui F é de classe C^1 $F(1, 0) = 0$, $\partial F/\partial y\ (1,0) = 0 = \partial F/\partial x(1, 0)$.

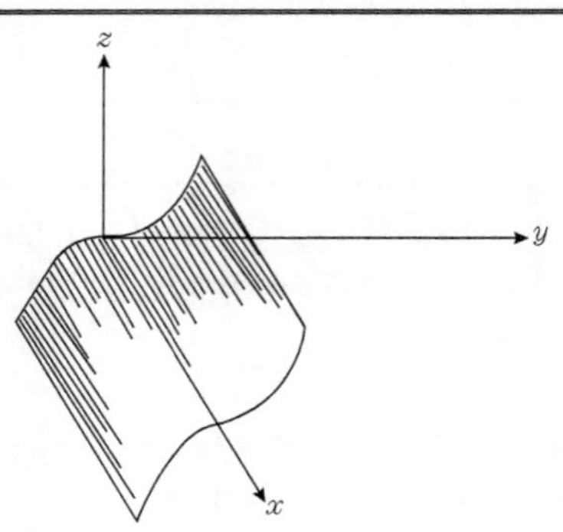

Figura 3.26

Mas a função nula $x \mapsto f(x) = 0$ está definida implicitamente

$$F(x, f(x)) = 0.$$

4. Se, na hipótese do teorema anterior, a condição $\partial F/\partial y\ (P_0) \neq 0$ é substituída por $\partial F/\partial x(P_0) \neq 0$, então tem-se uma conclusão semelhante à dada, só que se verifica $F(f(y), y) = 0, f(y_0) = x_0$.

5. O teorema anterior se generaliza para um número qualquer de variáveis, não implicando a demonstração nenhuma dificuldade adicional além da de notação.

Teorema 3.5.1'. Sejam $F: D_F \subset \mathbb{R}^{n+1} \to \mathbb{R}$ de classe C^k $(k \geq 1)$ $P_0 = (x^0{}_1, \ldots, x^0{}_n, y_0) \in D_F$ tais que

$$F(P_0) = 0 \quad \text{e} \quad \partial_{n+1}F(P_0) \neq 0.$$

Então existe $\delta > 0$ e

$$f : I = \left\{Q = (x_1, \ldots, x_n) \middle| x_i \quad x_i^0 \right| < \delta,\ i = 1, 2, \ldots, n\} \to \mathbb{R},$$

tais que, pondo $Q_0 = \left(x_1^0, \ldots, x_n^0\right)$,

(i) $y_0 = f(Q_0)$,

(ii) $F(Q, f(Q)) = 0$, para todo $Q \in I$,

(iii) f é de classe C^k e

$$\partial_i f(Q) = -\frac{\partial_i F(Q, f(Q))}{\partial_{n+1} F(Q, f(Q))},\quad i = 1, 2, \ldots, n.$$

Exemplo 3.5.1. Considere $F: \mathbb{R}^3 \to \mathbb{R}$, dada por $F(x, y) = 2x^3y + y^3x - 12$. Como $F(1, 2) = 0$ e $\partial F/\partial y\ (1, 2) = 14 \neq 0$, então existe f diferenciável, cujo domínio é um intervalo aberto contendo 1, com $f(1) = 2$ tal que $2x^3 f(x) + f^3(x)x - 12 = 0$.

Abreviadamente, $2x^3y + y^3x - 12 = 0$ define $y = f(x)$, sendo f diferenciável, e $f(1) = 2$.

Agora, como $\partial F/\partial x(1, 2) = 20 \neq 0$, também podemos achar x como função diferenciável de y, $x = g(y)$, com $1 = g(2)$, tal que $2g^3(y)y + y^3g(y) - 12 = 0$.

Para achar as derivadas de f e g, basta olhar para

$$2x^3y + y^3x - 12 = 0,$$

vendo ora $y = f(x)$, ora $x = g(y)$, e derivar. No primeiro caso,

$$2\left(3x^2y + x^3y'\right) + 3y^2y' \cdot x + y^3 = 0$$

$$y' = -\frac{6x^2y + y^3}{2x^3 + 3y^2x}.$$

No segundo,

$$2\left(3x^2x'y + x^3\right) + 3y^2x + y^3x' = 0$$

$$x' = -\frac{2x^3 + 3y^2x}{6x^2y + y^3}.$$

Em particular,

$$y'(1) = f'(1) = -\frac{6 \cdot 1^2 \cdot 2 + 2^3}{2 \cdot 1^3 + 3 \cdot 2^2 \cdot 1} = -\frac{10}{7},$$

$$x'(2) = g'(2) = -\frac{2 \cdot 1^3 + 3 \cdot 2^2 \cdot 1}{6 \cdot 1^2 \cdot 2 + 2^3} = -\frac{7}{10}.$$

Pergunta. Foi coincidência que $f'(1)g'(2) = 1$?

- ***O teorema das funções implícitas para um sistema de equações***

O problema que queremos abordar é o seguinte: dado o sistema

$$\begin{cases} F(x, y, u, v) = 0 \\ G(x, y, u, v) = 0, \end{cases} \qquad (\alpha)$$

achar condições sobre as funções F e G tais que possamos achar (localmente) u e v em função de x e y, isto é, condições que nos garantam a existência de funções f e g, definidas em torno de um ponto de $\mathbb{R}^2$, tais que

$$\begin{cases} F(x, y, f(x, y), g(x, y)) = 0 \\ G(x, y, f(x, y), g(x, y)) = 0. \end{cases}$$

Daremos uma condição suficiente para que isso ocorra. A ideia básica da prova é a seguinte: se da primeira equação de (α) pudermos achar u como função de x, y, v:

$$u = f_1(x, y, v) \qquad (\beta)$$

$$\left[\therefore\ F(x, y, f_1(x, y, v), v) = 0\right], \qquad (\beta')$$

substituindo na segunda equação de (α) vem

$$G(x, y, f_1(x, y, v), v) = 0. \qquad (\gamma)$$

Supondo que de (γ) se possa tirar v como função de x e y,

$$v = g(x, y) \qquad (\delta)$$

$$\left[\therefore \; G\big(x, y, f_1(x, y, g(x, y)), g(x, y)\big) = 0\right]. \qquad (\delta')$$

então, levando em (β), resulta

$$u = f_1\big(x, y, g(x, y)\big) = f(x, y). \qquad (\varepsilon)$$

Então (ε) e (δ) nos dão u e v como função de x e y, e considerando (δ) na expressão (β') vem

$$F\big(x, y, f_1(x, y, g(x, y)), g(x, y)\big) = 0$$

ou, por (ε),

$$F\big(x, y, f(x, y), g(x, y)\big) = 0.$$

Analogamente se chega a

$$G\big(x, y, f(x, y), g(x, y)\big) = 0.$$

Vamos introduzir a seguinte notação:

$$\frac{\partial(F, G)}{\partial(u, v)} = \begin{vmatrix} \frac{\partial F}{\partial u} & \frac{\partial F}{\partial v} \\ \frac{\partial G}{\partial u} & \frac{\partial G}{\partial v} \end{vmatrix}, \frac{\partial(F, G)}{\partial(x, y)} = \begin{vmatrix} \frac{\partial F}{\partial x} & \frac{\partial F}{\partial y} \\ \frac{\partial G}{\partial x} & \frac{\partial G}{\partial y} \end{vmatrix},$$

$$\frac{\partial(F, G)}{\partial(y, v)} = \begin{vmatrix} \frac{\partial F}{\partial y} & \frac{\partial F}{\partial v} \\ \frac{\partial G}{\partial y} & \frac{\partial G}{\partial v} \end{vmatrix} \quad \text{etc.}$$

Teorema 3.5.2. Sejam

$F, G\colon A \subset \mathbb{R}^4 \to \mathbb{R}$ de classe C^1, $P_0 = (x_0, y_0, u_0, v_0) \in A$,

tais que

$$F(P_0) = G(P_0) = 0 \quad \text{e} \quad \frac{\partial(F, G)}{\partial(u, v)} \neq 0 \quad \text{em } P_0.$$

Então existem $\eta > 0$ e um único par de funções $f, g\colon I \subset \mathbb{R}^2 \to \mathbb{R}$ onde $I \subset A$ é o quadrado $|x - x_0| < \eta$, $|y - y_0| < \eta$, tais que

(i) $f(x_0, y_0) = u_0$, $g(x_0, y_0) = v_0$,

(ii) $F(x, y, f(x, y), g(x, y)) = G(x, y, f(x, y), g(x, y)) = 0$ para todo $(x, y) \in I$.

(iii) f e g são de classe C^1 e

$$\frac{\partial f}{\partial x} = -\frac{\dfrac{\partial(F, G)}{\partial(x, v)}}{\dfrac{\partial(F, G)}{\partial(u, v)}}, \quad \frac{\partial f}{\partial y} = -\frac{\dfrac{\partial(F, G)}{\partial(y, v)}}{\dfrac{\partial(F, G)}{\partial(u, v)}}$$

$$\frac{\partial g}{\partial x} = -\frac{\dfrac{\partial(F, G)}{\partial(u, x)}}{\dfrac{\partial(F, G)}{\partial(u, v)}}, \quad \frac{\partial g}{\partial y} = -\frac{\dfrac{\partial(F, G)}{\partial(u, y)}}{\dfrac{\partial(F, G)}{\partial(u, v)}}.$$

Prova. Como $\partial(F, G)/\partial(u, v) \neq 0$ em P_0, então ou $\partial F/\partial u\,(P_0) \neq 0$, ou $\partial F/\partial v(P_0) \neq 0$.[17] Suponhamos $\partial F/\partial u(P_0) \neq 0$, ficando o outro caso como exercício. Então, pelo Teorema 3.5.1', existe uma única função f_1 de classe C^1, tal que

$$f_1(x_0, y_0, z_0) = u_0 \quad \text{e} \quad F(x, y, f_1(x, y, v), v) = 0, \quad (\beta')$$

num quadrado $I_1 \subset \mathbb{R}^3$, centrado em (x_0, y_0, v_0). Ainda pelo citado teorema,

$$\frac{\partial f_1}{\partial v} = -\frac{\dfrac{\partial F}{\partial v}}{\dfrac{\partial F}{\partial u}}.\text{[18]}$$

Considere, agora, a função $(x, y, v) \mapsto G(x, y, f_1(x, y, v), v)$ de domínio I_1, a qual se anula em (x_0, y_0, v_0).[19] A derivada parcial dela em relação a v vale (usaremos a última relação acima):

---

[17] Veja a definição de $\partial(F, G)/\partial(u, v)$.

[18] O primeiro membro calculado em (x, y, v), o segundo membro em $(x, y, f_1(x, y), v)$.

[19] Use (β') e a hipótese.

$$\frac{\partial G}{\partial u}\frac{\partial f_1}{\partial v}+\frac{\partial G}{\partial v}=-\frac{\partial G}{\partial u}\frac{\dfrac{\partial F}{\partial v}}{\dfrac{\partial F}{\partial u}}+\frac{\partial G}{\partial v}=\frac{1}{\dfrac{\partial F}{\partial u}}\frac{\partial(F,G)}{\partial(u,v)}$$

que é pois $\neq 0$ em (x_0, y_0, v_0). Então, novamente pelo teorema 3.5.1', existe uma única função g de classe C^1, tal que

$$g(x_0, y_0) = v_0 \quad \text{e} \quad G(x, y, f_1(x, y, g(x, y)), g(x, y)) = 0, \ (\delta')$$

num quadrado I_2 centrado em (x_0, y_0). Agora I_2 pode ser tomado satisfazendo os itens dados a seguir (veja a Fig. 3-27).

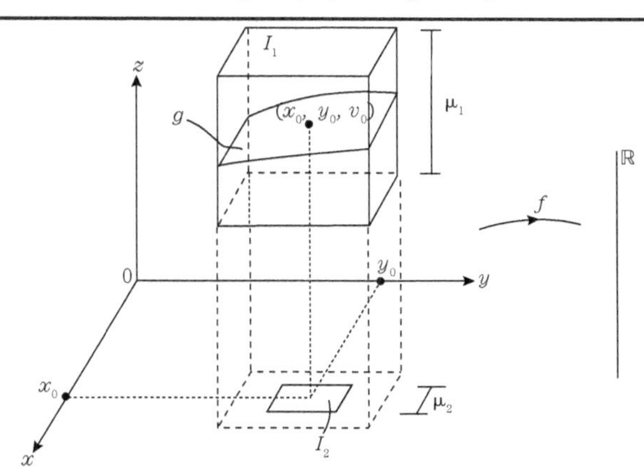

Figura 3.27

a. Se μ_1 é a medida de um lado de I_1, μ_2 a de I_2, então $\mu_1 \leq \mu_2$ (é só diminuir I_2, se necessário, isto é, se $\mu_1 < \mu_2$).

b. μ_2 é tal que $g(I_2) \in \,]v_0 - \mu, v_0 + \mu_1[$, que é possível pela continuidade de g.

Então, com a providência b, podemos definir

$$f : I_2 \to \mathbb{R}$$
$$f(x, y) = f_1(x, y, g(x, y)) \qquad (\varepsilon)$$

e, usando (β') e (δ'), $f(x_0, y_0) = f_1(x_0, y_0, g(x_0, y_0)) = f_1(x_0, y_0, v_0) = u_0$. f é claramente de classe C^1 como composta de funções de classe C^1. A verificação de (i) está completa ($\eta = \mu_1$), e a de (ii) está feita nos comentários que precedem o enunciado deste teorema.

Quanto à parte (iii), resta a verificação das fórmulas. De

$$F\big(x, y, f(x, y), g(x, y\big) = 0$$

resulta, por derivação em relação a x e uso da regra da cadeia, que

$$\frac{\partial F}{\partial x} + \frac{\partial F}{\partial u}\frac{\partial f}{\partial x} + \frac{\partial F}{\partial v}\frac{\partial g}{\partial x} = 0. \qquad (\varphi)$$

Da mesma forma, derivando em relação a x a relação

$$G\big(x, y, f(x, y), g(x, y)\big) = 0$$

resulta

$$\frac{\partial G}{\partial x} + \frac{\partial G}{\partial u}\frac{\partial f}{\partial x} + \frac{\partial G}{\partial v}\frac{\partial g}{\partial x} = 0. \qquad (\iota)$$

Encarando (φ) e (ι) como sistema (linear) nas incógnitas $\partial f/\partial x$, $\partial f/\partial y$ resulta (por exemplo, usando a regra de Cramer)

$$\frac{\partial f}{\partial x} = \frac{\begin{vmatrix} -\dfrac{\partial F}{\partial x} & \dfrac{\partial F}{\partial v} \\ -\dfrac{\partial G}{\partial x} & \dfrac{\partial G}{\partial v} \end{vmatrix}}{\begin{vmatrix} -\dfrac{\partial F}{\partial u} & \dfrac{\partial F}{\partial v} \\ -\dfrac{\partial G}{\partial u} & \dfrac{\partial G}{\partial v} \end{vmatrix}} = -\frac{\dfrac{\partial(F, G)}{\partial(x, v)}}{\dfrac{\partial(F, G)}{\partial(u, v)}}$$

$$\frac{\partial g}{\partial x} = \frac{\begin{vmatrix} \dfrac{\partial F}{\partial u} & -\dfrac{\partial F}{\partial x} \\ \dfrac{\partial G}{\partial u} & -\dfrac{\partial G}{\partial x} \end{vmatrix}}{\begin{vmatrix} \dfrac{\partial F}{\partial u} & \dfrac{\partial F}{\partial v} \\ \dfrac{\partial G}{\partial u} & \dfrac{\partial G}{\partial v} \end{vmatrix}} = -\frac{\dfrac{\partial(F, G)}{\partial(u, x)}}{\dfrac{\partial(F, G)}{\partial(u, v)}}.$$

As fórmulas para $\partial g/\partial x$, $\partial g/\partial y$ são de cálculo análogo.

Nota. O teorema se generaliza para um par de funções de várias variáveis; sem entrar em pormenores óbvios, devemos escrever, na hipótese,

$$\begin{cases} F(x_1, x_2, \ldots, x_n, u, v) = 0 \\ G(x_1, x_2, \ldots, x_n, u, v) = 0 \end{cases}, \quad P_0 = (x_1^0, x_2^0, \ldots, x_n^0, u_0, v_0)$$

$$\Delta_0 = \begin{vmatrix} \frac{\partial F}{\partial u}(P_0) & \frac{\partial F}{\partial v}(P_0) \\ \frac{\partial G}{\partial u}(P_0) & \frac{\partial G}{\partial v}(P_0) \end{vmatrix} \neq 0$$

e, daí, podemos "resolver" $u = \varphi(x_1, x_2, \ldots, x_n)$, $v = \psi(x_1, x_2, \ldots, x_n)$, e escrever

$$\frac{\partial \varphi}{\partial x_i} = -\frac{\dfrac{\partial(F, G)}{\partial(x_i, v)}}{\dfrac{\partial(F, G)}{\partial(u, v)}}, \quad \frac{\partial \psi}{\partial x_i} = -\frac{\dfrac{\partial(F, G)}{\partial(u, x_i)}}{\dfrac{\partial(F, G)}{\partial(u, v)}}.$$

Finalmente, daremos apenas o enunciado do Teorema das Funções Implícitas no caso de m funções de $m + n$ variáveis. Para uma prova, veja, por exemplo, Apostol, *Mathematical Analysis*, Addison-Wesley, 1965, Teorema 7.6. Adotaremos a convenção de que pontos de $\mathbb{R}^{m+n}$ serão representados por $(x; y)$, onde $x = (x_1, x_2, \ldots, x_m)$ e $y = (y_1, y_2, \ldots, y_n)$.

Teorema 3.5.2'. Sejam $F = (F_1, F_2, \ldots, F_n)$: $D_F \subset \mathbb{R}^{m+n} \to \mathbb{R}^n$ de classe $C^k (k \geq 1)$, e $(x_0; y_0) \in D_F$ tais que

$$F(x_0; y_0) = 0$$

$$\det\left(\frac{\partial F_i}{\partial y_j}(x_0; y_0)\right) \neq 0.$$ [20]

[20] Por extenso:

$$\begin{vmatrix} \frac{\partial F_1}{\partial y_1} \cdots \frac{\partial F_1}{\partial y_n} \\ \vdots \qquad \vdots \\ \frac{\partial F_n}{\partial y_1} \cdots \frac{\partial F_n}{\partial y_n} \end{vmatrix} \neq 0.$$

Poderíamos, também, representar por $\partial(F_1, \ldots, F_n)/\partial(y_1, \ldots, y_n) \neq 0$.

Então existe uma única função $f: I \subset \mathbb{R}^m \to \mathbb{R}^n$, onde I é um "quadrado m-dimensional" centrado em x_0 tal que

(i) $f(x_0) = y_0$,

(ii) $F(x; f(x)) = 0$ para todo $x \in I$,

(iii) f é de classe C^k e, sendo $f = (f_1, ..., f_n)$, $\partial f_i / \partial x_j$ é dada pelo sistema

$$\sum_{k=1}^{n} \frac{\partial F_i}{\partial y_k} \frac{\partial f_k}{\partial x_j} + \frac{\partial F_i}{\partial x_j} = 0, \qquad \begin{matrix} i = 1, 2, \ldots, n, \\ j = 1, 2, \ldots, m. \end{matrix}$$

Exemplo 3.5.2. Considere o sistema

$$\begin{cases} xyuv - \cos(xyu) + 1 = 0 \\ x + y + v = 0 \end{cases}$$

o qual é satisfeito por $(x_0, y_0, u_0, v_0) = (\pi/2, 1, 0, -\pi/2 - 1)$. Sendo F, G: $\mathbb{R}^4 \to \mathbb{R}$ dadas por

$$F(x, y, u, v) = xyuv - \cos(xyu) + 1,$$
$$G(x, y, u, v) = x + y + v,$$

temos

$$\frac{\partial(F, G)}{\partial(u, v)} = \begin{vmatrix} \frac{\partial F}{\partial u} & \frac{\partial F}{\partial v} \\ \frac{\partial G}{\partial u} & \frac{\partial G}{\partial v} \end{vmatrix} = \begin{vmatrix} xyv + \operatorname{sen}(xyu)xy & xyu \\ 0 & 1 \end{vmatrix}$$

que, em $P_0 = (\pi/2, 1, 0, -\pi/2 - 1)$, vale $(\pi/2)(-\pi/2) - 1) \neq 0$. Então o sistema acima fornece u e r como funções diferenciáveis de x e y, $u = f(x, y)$, $r = g(x, y)$ com $f(\pi/2, 1) = 0$, $g(\pi/2, 1) = -\pi/2 - 1$, e[21]

$$\frac{\partial u}{\partial x} = \frac{\partial f}{\partial x} = -\frac{\frac{\partial(F, G)}{\partial(x, v)}}{\frac{\partial(F, G)}{\partial(u, v)}} = -\frac{\begin{vmatrix} yuv + \operatorname{sen}(xyu)yu & xyu \\ 1 & 1 \end{vmatrix}}{xyv + \operatorname{sen}(xyu)xy} =$$

[21] Escrevemos para simplificar ∂u/∂x por $\partial f/\partial x$, $\partial u/\partial y$ por $\partial f/\partial y$ etc.

$$= -\frac{yuv + \text{sen}(xyu)yu - xyu}{xyv + \text{sen}(xyu)xy}$$

$$\frac{\partial u}{\partial y} = \frac{\partial f}{\partial y} = -\frac{\dfrac{\partial(F, G)}{\partial(y, v)}}{\dfrac{\partial(F, G)}{\partial(u, v)}} = -\frac{\begin{vmatrix} xuv + \text{sen}(xyu)xu & xyu \\ 1 & 1 \end{vmatrix}}{xyv + \text{sen}(xyu)xy} =$$

$$= -\frac{xuv + \text{sen}(xyu)xu - xyu}{xyv + \text{sen}(xyu)xy}.$$

Da mesma forma se chega a

$$\frac{\partial v}{\partial x} = \frac{\partial g}{\partial x} = -1$$

$$\frac{\partial v}{\partial y} = \frac{\partial g}{\partial y} = -1,$$

aliás, resultados esses que poderiam ser obtidos diretamente, notando que a equação dada $x + y + v = 0$ fornece $v = -(x + y)$.

EXERCÍCIOS

3.5.1. Prove que as relações seguintes definem funções diferenciáveis $y = f(x)$, com $y_0 = f(x_0)$; calcule, $f'(x_0)$.

a) $y^6 + y + xy - x = 0$, $(x_0, y_0) = (0, 0)$;

b) $(x^2 + y^2)^3 - 3(x^2 + y^2) - 2 = 0$, $(x_0, y_0) = (1, 1)$;

c) $x + y - x \text{ sen } y = 0$, $(x_0, y_0) = (0, 0)$;

d) $x^2 + y - \text{sen}(xy) = 0$, $(x_0, y_0) = (0, 0)$.

3.5.2. As relações acima definem funções diferenciáveis $x = g(y)$, com $x_0 = g(y_0)$?

3.5.3. Mesma questão do Exercício 3.5.1, só que agora é para calcular $f'(x)$:

a) $e^x \text{ sen } y - e^y \cos x + 1 = 0$, $(x_0, y_0) = (2\pi, 0)$;

b) $x^2 - y^2 + 4x + 2y + 3 = 0$, $(x_0, y_0) = (1, 2)$;

c) $2 \text{ sen } x + \cos y - 1 = 0$, $(x_0, y_0) = (11\pi/6, \pi/2)$.

3.5.4. Prove que se $f: D_f \subset \mathbb{R}^2 \to \mathbb{R}$ é de classe C^1, e $\nabla f(P_0) \neq 0$, então existe uma curva α:]a, b[$\to \mathbb{R}^2$ de classe C^1, com $\alpha(t_0) = P_0$, $\alpha'(t_0) \neq 0$, tal que $\alpha($]a, b[$)$ está contido na curva de nível $f(P) = f(P_0)$.

3.5.5. Prove que as relações seguintes definem funções diferenciáveis $z = f(x, y)$, com $z_0 = f(x_0, y_0)$: calcule $f'(x_0, y_0)$:

a) $x^2yz + 2xy^2z^3 - 3x^3y^3z^5 = 0,$ $\quad (x_0, y_0, z_0) = (1, 1, 1);$

b) $e^z - z^2 - x^2 - y^2 = 0,$ $\quad (x_0, y_0, z_0) = (1, 0, 0);$

c) $x^2e^z + yz^2 + xy - 1 = 0,$ $\quad (x_0, y_0, z_0) = (0, 1, 1).$

3.5.6. $xy - z \ln y + e^{xy} = 1$ define uma função diferenciável $z = f(x, y)$? $y = g(x, z)$?

3.5.7. Mostre que o sistema, a seguir, define funções diferenciáveis $u(x, y)$, $v(x, y)$ tais que $u(x_0, y_0) = u_0$, $v(x_0, y_0) = v_0$. Calcule u_x, u_y, v_x, v_y.

a) $\begin{cases} u + v - x - y = 0, \\ xu + yv - 1 = 0, \end{cases} \quad (x_0, y_0, u_0, v_0) = (1, 0, 1, 0);$

b) $\begin{cases} x - 2y + u + v - 3 = 0, \\ x^2 - 2y^2 - u^2 + v^2 - 1 = 0, \end{cases} \quad (x_0, y_0, u_0, v_0) = (1, 0, 1, 1);$

c) $\begin{cases} x + y + u + v - 2 = 0, \\ x^2 + y^2 + u^2 + v^2 - 4 = 0, \end{cases} \quad (x_0, y_0, u_0, v_0) = (0, 0, 0, 2).$

3.5.8. Examine o Teorema 3.5.2' no caso

$$
\begin{aligned}
&F_1(x, y_1, y_2, \ldots, y_n) = 0 \\
&F_2(x, y_1, y_2, \ldots, y_n) = 0 \\
&\vdots \\
&F_n(x, y_1, y_2, \ldots, y_n) = 0,
\end{aligned}
$$

supondo $\partial(F_1, F_2, \ldots, F_n)/\partial(y_1, y_2, \ldots, y_n) \neq 0$ em $(x_0, y_1^0, \ldots, y_n^0)$, e conclua que ficam definidas funções diferenciáveis $y_1, \ldots, y_n$ tais que $y_i(x_0) = y_i^0$ e

$$\frac{dy_1}{dx} = -\frac{\dfrac{\partial(F_1, \ldots, F_n)}{\partial(x, y_2, \ldots, y_n)}}{\dfrac{\partial(F_1, \ldots, F_n)}{\partial(y_1, \ldots, y_n)}},$$

$$\frac{dy_2}{dx} = -\frac{\dfrac{\partial(F_1, \ldots, F_n)}{\partial(y_1, x, \ldots, y_n)}}{\dfrac{\partial(F_1, \ldots, F_n)}{\partial(y_1, \ldots, y_n)}} \text{ etc.}$$

3.5.9. Aplique o exercício anterior nos casos

[aqui $y = y(x)$, $z = z(x)$, $y(x_0) = y_0$, $z(x_0) = z_0$]

a) $\begin{cases} x + y + z = 1, \\ x^2 + y^2 + z^2 = 1, \end{cases} \quad (x_0, y_0, z_0) = (0, 0, 1)$;

b) $\begin{cases} xyz = 1, \\ x + y + z = 3, \end{cases} \quad (x_0, y_0, z_0) = (1, 1, 1)$.

Nota. É bom visualizar geometricamcnte o que se passa. Nos casos a e b acima, o sistema nos define a intersecção de duas superfícies, que é, em geral, uma curva. Essa curva, nos casos a e b acima, está sendo dada localmente por α: $x \to (x, y(x), z(x))$. Para entender isso, basta observar que, pelo Teorema 3.5.2', deve suceder, digamos, para o caso a,

$$\begin{cases} x + y(x) + z(x) = 1, \\ x^2 + y^2(x) + z^2(x) = 1, \end{cases} \quad a < x < b,$$

o que quer dizer que $\alpha([a, b])$ está no plano $x + y + z = 1$ e na esfera $x^2 + y^2 + z^2 = 1$, isto é, na sua intersecção (Fig. 3-28).

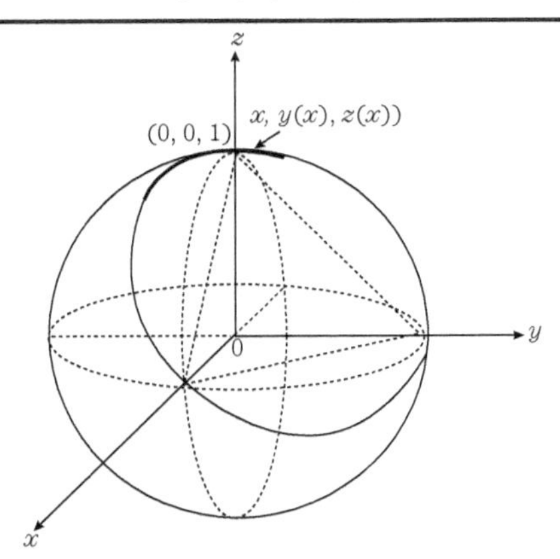

Figura 3.28

3.6 O TEOREMA DA FUNÇÃO INVERSA

Considere a função f: $D_f \subset \mathbb{R} \to \mathbb{R}$ cujo gráfico é mostrado na Fig. 3-29. f não é inversível, isto é, não existe função inversa de f. No entanto, ela é localmente inversível em x_0, isto é, existe $A \subset D_f$, com $x_0 \in A$, tal que $f|_A$ é inversível.[22] Considere, agora, o seguinte resultado:

Seja f: $D_f \subset \mathbb{R} \to \mathbb{R}$ de classe C^1, com $f'(x_0) \neq 0$. Então f é localmente inversível em x_0.

Prova. Suponha $f'(x_0) > 0$, ficando o outro caso como exercício. Então, como f' é contínua em x_0, existe um intervalo aberto U centrado em x_0 no qual $f'(x) > 0$. Então $f|_I$, é inversível (Vol. 1, Proposição 4.2.2).

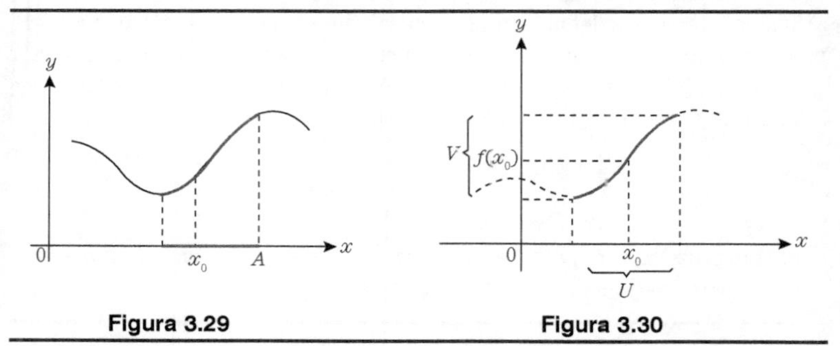

Figura 3.29 **Figura 3.30**

Observemos, agora, que podemos dizer mais na conclusão acima. Usando o Teorema do Valor Intermediário, pode-se provar que $V = f(I)$ é um intervalo aberto. Pela Proposição 4.2.2 do Vol. 1 acima referida, ainda se tem

$$\left(f|_A^{-1}\right)(f(x)) = \frac{1}{f'(x)} \quad \text{para todo} \quad x \in U.$$

Podemos, então, enunciar

Seja f: $D_f \subset \mathbb{R} \to \mathbb{R}$ de classe C^1 com $f'(x_0) \neq 0$. Então existem abertos U e V, $x_0 \in U$, $f(x_0) \in V$, tais que $f|_U : U \to V$ tem inversa, $f|_U^{-1} : V \to U$, a qual é diferenciável, e

$$\left(f|_U^{-1}\right)(f(x)) = \frac{1}{f'(x)} \quad \text{para todo} \quad x \in U.$$

Para facilitar o enunciado acima, introduzimos a definição (Fig. 3-31):

[22] Relembremos que $f|_A$ é a restrição de f a A, isto é, $f|_A(x) = f(x)$ para todo $x \in A$.

> Sejam $f: D_f \subset \mathbb{R}^n \to \mathbb{R}^n$, $P_0 \in D_f$ e $k \in \mathbb{Z}$, $k \geq 1$. f é dito um *difeomorfismo local em* P_0 *de classe* C^k se existem abertos U, contendo P_0, V contendo $f(P_0)$, tais que $f|_U : U \to V$ é de classe C^k, e tem inversa $f|_U^{-1} : V \to U$ também de classe C^k.[23] ($f|_U^{-1}$ será referida como inversa local de f em P_0).

Com esta definição, o resultado acima fica:

Seja $f: D_f \subset \mathbb{R} \to \mathbb{R}$ de classe C^1, com $f'(x_0) \neq 0$. Então f é um difeomorfismo local em x_0 de classe C^1. Se $g: V \to U$ é a inversa local de f em x_0, vale

$$g'(f(x)) = \frac{1}{f'(x)} \quad \text{para todo} \quad x \in U.$$

O que vamos ver, a seguir, é uma versão n-dimensional do resultado acima, conhecida por Teorema da Função Inversa.

Teorema 3.6.1. (Teorema da Função Inversa). Sejam $f: D_f \subset \mathbb{R}^n \to \mathbb{R}^n$ de classe C^1, $P_0 \in D_f$, tais que $\det f'(P_0) \neq 0$. Então f é um difeomorfismo local em P_0 de classe C^1.

Sendo g a inversa local de f em P_0, tem-se

$$g'(f(P)) = (f'(P))^{-1} \quad \text{para todo} \quad P \in g.$$

Prova. Façamos no caso $n = 2$ (Fig. 3-32).

O caso n qualquer é análogo. Suponha $f = (f_1, f_2)$, $P_0 = \left(x_0^1, x_0^2\right)$, e considere $F_1, F_2: \mathbb{R}^2 \times D_f \subset \mathbb{R}^4 \to \mathbb{R}$ dadas por

$$F_1(y_1, y_2, x_1, x_2) = y_1 - f_1(x_1, x_2)$$
$$F_2(y_1, y_2, x_1, x_2) = y_2 - f_2(x_1, x_2),$$

as quais são de classe C^1, $F_1\left(y_1^0, y_2^0, x_1^0, x_2^0\right) = F_2\left(y_1^0, y_2^0, x_1^0, x_2^0\right) = 0$, onde $y_i^0 = f_i\left(x_1^0, x_2^0\right)$, $i = 1, 2$, e

[23] Poderíamos fazer o seguinte: definir um *difeomorfismo de classe* C^k como sendo uma função $f: D_f \subset \mathbb{R}^n \to \mathbb{R}^n$ de classe C^k, que tem inversa $f^{-1}: f(D_f) \to D_f$ de classe C^k. Então poderíamos definir um difeomorfismo local em P_0 de classe C^k como sendo $f: D_f \subset \mathbb{R}^n \to \mathbb{R}^n$, tal que exista $U \subset D_f$, aberto, tal que $f|_U$ é difeomorfismo de classe C^k.

$$\frac{\partial(F_1, F_2)}{\partial(x_1, x_2)} = \begin{vmatrix} \frac{\partial F_1}{\partial x_1} & \frac{\partial F_1}{\partial x_2} \\ \frac{\partial F_2}{\partial x_1} & \frac{\partial F_2}{\partial x_2} \end{vmatrix} = \begin{vmatrix} -\frac{\partial f_1}{\partial x_1} & \frac{\partial f_1}{\partial x_2} \\ -\frac{\partial f_2}{\partial x_1} & \frac{\partial f_2}{\partial x_2} \end{vmatrix} = \det f'(P_0) \neq 0.$$

Podemos aplicar, então, o Teorema das Funções Implícitas (Teorema 3.5.2) para concluir que x_1 e x_2 podem ser resolvidas em função de y_1 e y_2 na relação

$$F_1(y_1, y_2, x_1, x_2) = y_1 - f_1(x_1, x_2) = 0,$$
$$F_2(y_1, y_2, x_1, x_2) = y_2 - f_2(x_1, x_2) = 0.$$

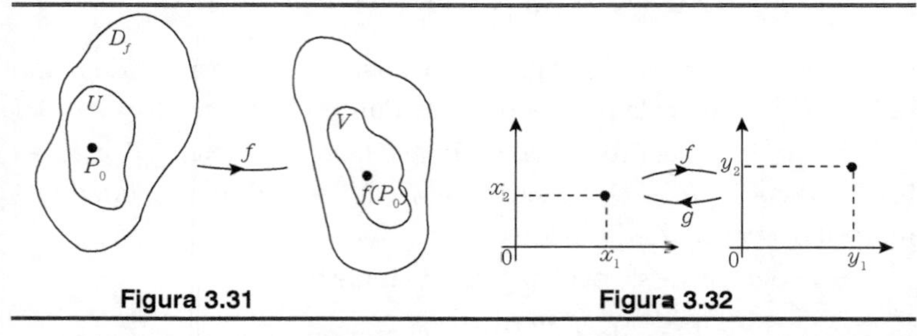

Figura 3.31 **Figura 3.32**

A grosso modo, aí está a prova do teorema. O que precisamos, agora, é acertar alguns detalhes. Usando com melhor precisão o Teorema das Funções Implícitas, podemos dizer que existem $g_1, g_2: V \subset \mathbb{R}^2 \to \mathbb{R}^2$, de classe C^1, onde V é um quadrado aberto centrado em $f(P_0) = (y_1^0, y_2^0)$, tais que $g_1(y_1^0, y_2^0) = x_1^0$, $g_2(y_1^0, y_2^0) = x_2^0$, e, para todo $(y_1, y_2) \in K$ tem-se (Fig. 3-33)

$$F_1(y_1, y_2, g_1(y_1, y_2), g_2(y_1, y_2) = y_1 - f_1(g_1(y_1, y_2), g_2(y_1, y_2)) = 0,$$

$$F_2(y_1, y_2, g_1(y_1, y_2), g_2(y_1, y_2) = y_2 - f_2(g_1(y_1, y_2), g_2(y_1, y_2)) = 0.$$

Sendo $g = (g_1, g_2)$, essas relações significam que $f \circ g = i_V$, onde i_V: $V \to V$ é dada por $i_V(P) = P$.

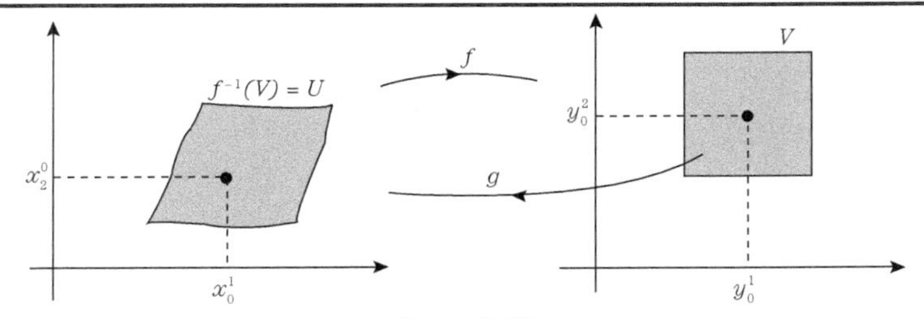

Figura 3.33

A f sendo contínua, $U = f^{-1}(V)$ é aberto[24] e contém $\left(x_1^0, x_2^0\right)$. Considere $f|_U : U \to V$. Como f é de classe C^1, também $f|_U$ é de classe C^1. Temos $g = f|_U^{-1}$;[25] logo, $f|_U^{-1}$ é de classe C^1. Resta provar a fórmula do enunciado, que sai imediatamente da relação $g \circ f|_U = i_u$, por aplicação da regra da cadeia, onde i_U: $U \to U$ é dada por $i_U(P) = P$.

$$g'\left(f(P)\right)f'(P) = i_U'(P) = \text{matriz-identidade } n \times n.$$

Exemplo 3.6.1. Seja f: $\mathbb{R}^2 \to \mathbb{R}^2$ dada por $f(r, \theta) = (r\cos\theta, r\,\text{sen}\,\theta)$, claramente de classe C^1. Temos

$$f'(r, \theta) = \begin{bmatrix} \cos\theta & -r\,\text{sen}\,\theta \\ \text{sen}\,\theta & r\cos\theta \end{bmatrix} \therefore \det f'(r, \theta) = r.$$

Então, se $r \neq 0$, f é um difeomorfismo local de classe C^1.

Esse exemplo nos mostra que a passagem de coordenadas polares para retangulares é "boa" localmente, desde que $r \neq 0$.

Exemplo 3.6.2. Seja f: $\mathbb{R}^2 \to \mathbb{R}^2$ dada por $f(x, y) = (e^x \cos y, e^x\,\text{sen}\,y)$. Temos

$$f'(x, y) = \begin{bmatrix} e^x \cos y & -e^x\,\text{sen}\,y \\ e^x\,\text{sen}\,y & e^x \cos y \end{bmatrix} \therefore \det f'(x, y) = e^{2x} \neq 0.$$

Então f é um difeomorfismo local em *qualquer* $P_0 \in \mathbb{R}^2$.

[24] Veja o Exercício 3.2.9.

[25] De $f \circ g = i_V$ resulta $f|_U \circ g = i_V$, pois $U = g(V)$, e, daí, $f|_U$ é inversível: se $f|_U(P) = f|_U(P')$, como $P = g(Q)$, $f|_U\left(g(Q)\right) = f|_U\left(g(Q')\right) \therefore Q = Q'$. Então $\left(f|_U\right) \circ \left(f|_U^{-1}\right) = i_V$, o que, pela unicidade de g, implica $g = f|_U^{-1}$.

Exemplo 3.6.3. Seja $f: \mathbb{R}^2 \to \mathbb{R}^2$ dada por $f(x, y) = (x^4 + y^4, x^4 - y^4)$, claramente de classe C^1. Temos

$$f'(x, y) = \begin{bmatrix} 4x^3 & 4y^3 \\ 4x^3 & -4y^3 \end{bmatrix} \quad \text{e} \quad \det f'(x, y) = -32x^3y^3,$$

que será $\neq 0$ se $xy \neq 0$. Então, em cada (x, y) que não esteja nos eixos, f é um difeomorfismo local.

Será interessante observar que, neste caso, podemos explicitar a função inversa local, dependendo da escolha do ponto (x, y). De fato, escrevendo $f(x, y) = (u, v)$, então

$$\begin{cases} u = x^4 + y^4 \\ v = x^4 - y^4 \end{cases}$$

e, daí,

$$\begin{cases} x^4 = \dfrac{u+v}{2} \\ y^4 = \dfrac{u-v}{2}. \end{cases}$$

Então, escolhido (x_0, y_0) com $x_0 > 0$, $y_0 > 0$, digamos $x_0 = 1 = y_0$, temos $f(x_0, y_0) = f(1, 1) = (2, 0) = (u_0, v_0)$ e da relação anterior devemos ter,

$$\begin{cases} x = \sqrt[4]{\dfrac{u+v}{2}} \\ y = \sqrt[4]{\dfrac{u-v}{2}}, \end{cases}$$

que nos dão a inversa local de f, u e v, variando num aberto conveniente. Se tivéssemos escolhido $(x_0, y_0) = (-1, 1)$, então $f(x_0, y_0) = (2, 0)$; mas, agora, devemos ter

$$\begin{cases} x = -\sqrt[4]{\dfrac{u+v}{2}} \\ y = -\sqrt[4]{\dfrac{u-v}{2}}, \end{cases}$$

(pois $x_0 = -\sqrt[4]{\dfrac{u_0+v_0}{2}}$).

Calculamos, agora, a derivada da inversa local g de f. De acordo com o Teorema 3.6.1,

$$g'(f(P)) = (f'(P))^{-1}.$$

Então,

$$g'(f(P)) = g'(x^4 + y^4,\ x^4 - y^4) = \begin{bmatrix} 4x^3 & 4y^3 \\ 4x^3 & -4y^3 \end{bmatrix}^{-1} =$$

$$= \frac{1}{-32x^3y^3}\begin{bmatrix} -4y^3 & -4y^3 \\ -4x^3 & 4x^3 \end{bmatrix} = \begin{bmatrix} \dfrac{1}{8x^3} & \dfrac{1}{8x^3} \\ \dfrac{1}{8y^3} & -\dfrac{1}{8y^3} \end{bmatrix} = \begin{bmatrix} \dfrac{\partial x}{\partial u} & \dfrac{\partial x}{\partial v} \\ \dfrac{\partial y}{\partial u} & \dfrac{\partial y}{\partial v} \end{bmatrix}.$$

Por exemplo, se $x = y = 1$,

$$g'(2, 0) = \begin{bmatrix} \dfrac{1}{8} & \dfrac{1}{8} \\ \dfrac{1}{8} & -\dfrac{1}{8} \end{bmatrix}.$$

Nota. Para calcular g' sem decorar a fórmula acima referida, você pode proceder assim:

$$\begin{cases} u = x^4 + y^4, \\ v = x^4 - y^4. \end{cases}$$

Derivando essas equações em relação a u e v, considerando $x = x(u, v)$, $y = y(u, v)$, vem

$$1 = 4x^3\frac{\partial x}{\partial u} + 4y^3\frac{\partial y}{\partial u}; \qquad 0 = 4x^3\frac{\partial x}{\partial v} + 4y^3\frac{\partial y}{\partial v}$$

$$0 = 4x^3\frac{\partial x}{\partial u} - 4y^3\frac{\partial y}{\partial u}; \qquad 1 = 4x^3\frac{\partial x}{\partial v} - 4y^3\frac{\partial y}{\partial v}.$$

Agora é só resolver um sistema linear. Das duas equações da esquerda saem $\partial x/\partial u$, $\partial y/\partial u$ e das duas da direita $\partial x/\partial v$, $\partial y/\partial v$.

Notas. 1. No caso unidimensional ($n = 1$), se $f'(x) \neq 0$ para todo $x \in D_f$, e f é de classe C^1, podemos afirmar que f é (globalmente) inversível, pois $f'(x)$ não pode mudar de sinal (se mudar tem de se anular, pelo Teorema de Bolzano); logo, $f'(x) > 0$ ou $f'(x) < 0$ e o resultado segue da Proposição 4.2.2, Vol. 1. Agora, se $n > 1$, isso não ocorre: $\det f'(P) \neq 0$, para todo $P \in D_f$, não implica que f seja inversível. Basta observar o Exemplo 3.6.2 e notar que $f(x, y + 2k\pi) = f(x, y)$ para $k \in \mathbb{Z}$.

2. O Teorema da Função Inversa subsiste se, no seu enunciado, substituirmos o símbolo C^1 por C^k, $k \geq 1$.

3. Se f é de classe C^1 e $\det f'(P_0) = 0$, a inversa local pode existir,[26] mas certamente não será diferenciável: de $f|_U \circ f|_U^{-1} = i_v$ resultaria, se fosse diferenciável $f|_U^{-1}$, que

$$\left(f|_U\right)'\left(f|_U^{-1}(P)\right)f'(P_0) = \text{matriz identidade } n \times n;$$

logo, tomando determinantes, e lembrando que $\det AB = \det A \det B$, resultaria $\det\left(f|_U\right)'\left(f|_U^{-1}(P_0)\right)\det f'(P_0) = 1$, ou seja, $0 = 1$!

Exemplo 3.6.4. Prove que se $f: D_f \subset \mathbb{R}^n \to \mathbb{R}^r$ é de classe C^1 com $\det f'(P) \neq 0$ para todo $P \in D_f$, então $f(D_f)$ é aberto.

De fato, seja $Q \in f(D_f)$. Então $Q = f(P)$, onde $P \in U$. Como $f'(P) \neq 0$, f é um difeomorfismo local em P, de classe C^1 e, portanto, existe um aberto $V \subset D_f$, com $P \in V$, $f(V)$ é aberto, e $f|_V : V \to f(V)$ é difeomorfismo. Ora, $f(V)$ contém $Q = f(P)$ e $f(V) \subset f(D_f)$; logo, Q é ponto interior de $f(D_f)$. Como Q é qualquer ponto de $f(D_f)$, resulta $f(D_f)$ aberto.

EXERCÍCIOS

3.6.1. Verifique que as hipóteses do Teorema da Função Inversa estão satisfeitas e calcule a derivada em $f(P_0)$ da inversa local de f, nos casos:

a) $f(x, y) = (x^2 - y^2, 2xy)$, $P_0 \neq (0, 0)$;

b) $f(x, y) = (e^{x+y}, e^{x-y})$, $P_0 \in \mathbb{R}^2$, qualquer;

c) $f(x, y) = (x - xy, xy)$ $P_0 = (x_0, y_0), x_0 \neq 0$;

d) $f(x, y) = \left(\dfrac{x}{1+x+y}, \dfrac{y}{1+x+y}\right)$, $P_0 = (x_0, y_0)$, $x_0 + y_0 + 1 \neq 0$.

e) $f(x,y,z) = \dfrac{1}{x^2+y^2+z^2}(x,y,z)$ $P_0 = (0, 1, 2)$;

f) $f(r, \theta, \varphi) = (r \operatorname{sen} \varphi \cos \theta, r \operatorname{sen} \varphi \operatorname{sen} \theta, r \cos \varphi)$, $P_0 = (1, \pi, \pi/2)$.

3.6.2. As aplicações $L: (x, y) \to (u(x, y), v(x, y))$ e $M: (r, s) \to (f(r, s), g(r, s))$ de $\mathbb{R}^2$ em $\mathbb{R}^2$ sendo diferenciáveis, mostre que

$$\frac{\partial(f \circ L, g \circ L)}{\partial(x, y)} = \frac{\partial(f, g)}{\partial(r, s)} \circ L \cdot \frac{\partial(u, v)}{\partial(x, y)}$$

---

[26] Por exemplo, $f: \mathbb{R} \to \mathbb{R}$, $f(x) = x^3$, $x_0 = 0$.

Calcule $\dfrac{\partial(f \circ L, g \circ L)}{\partial(x, y)}, \dfrac{\partial(f, g)}{\partial(r, s)} \circ L$ e $\dfrac{\partial(u, v)}{\partial(x, y)}$ no caso em que $u(x, y) = x^2 + y - 1$, $v(x, y) = y$, $f(r, s) = r + s$, $g(r, s) = r - s^2$.

3.6.3 Seja $f: D_f \subset \mathbb{R}^n \to \mathbb{R}^n$. Mostre que f é um difeomorfismo de classe C^1 se, e somente se, f é de classe C^1, injetora e $\det f' \neq 0$.

3.7 O MÉTODO DOS MULTIPLICADORES DE LAGRANGE

• *Exemplos de problemas a serem considerados*

Com o auxílio do Teorema das Funções Implícitas vamos provar um resultado que é devido a Lagrange, e que orienta o método dos multiplicadores de Lagrange. Esse método diz respeito à procura de máximos e mínimos condicionados de funções, a qual exemplificamos a seguir.

1) Qual a menor distância da superfície esférica $(x - 1)^2 + (y - 3)^2 + z^2 = 1$ ao ponto $(9, 9, 10)$? Este problema pode ser colocado assim: ache o mínimo de $f: \mathbb{R}^3 \to \mathbb{R}$, sendo

$$f(x, y, z) = \sqrt{(x-9)^2 + (y-9)^2 + (z^2 - 10)^2}$$

(distância de $P = (x, y, z)$ a $P_0 = (9, 9, 10)$, sujeito à condição que P pertença à superfície esférica, isto é, que

$$\Phi(x, y, z) = (x-1)^2 + (y-3)^2 + z^2 - 1 = 0.$$

2) Observe a Fig. 3-34: um indivíduo parte de A com um balde, vai até um rio em linha reta (ponto M), apanha água, e a leva até um ponto B. Qual é o ponto M tal que o percurso é mínimo, sendo A e B fixos?

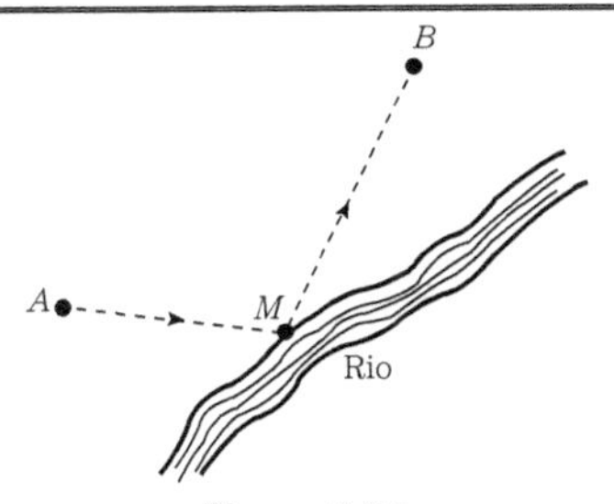

Figura 3.34

Este problema pode ser formulado assim: tomado um sistema cartesiano de coordenadas, sejam

$$A=(x_0,\ y_0),\ B=(x_1,\ y_1),\ M=(x,\ y),$$

e digamos que as coordenadas da margem do rio satisfaçam a equação

$$\Phi(x,\ y)=0.$$

Queremos, então, minimizar

$$f:\mathbb{R}^2\to\mathbb{R},\ f(x,\ y)=d(A,\ M)+d(M,\ B)=$$
$$=\sqrt{(x-x_0)^2+(y-y_0)^2}+\sqrt{(x-x_1)^2+(y-y_1)^2},$$

sujeita à condição $\Phi(x,\ y)=0.$

3) Um outro exemplo, parecido com o primeiro, seria: ache a distância entre o conjunto A dado por

$$\begin{cases}\Phi(x,\ y,\ z)=0\\ \psi(x,\ y,\ z)=0\end{cases}$$

e o ponto $P_0=(x_0,y_0,z_0)$ (Fig. 3-35).

Nesse caso, quer-se minimizar $f:\mathbb{R}^3\to\mathbb{R}$,

$$f(x,\ y,\ z)=\sqrt{(x-x_0)^2+(y-y_0)^2+(z-z_0)^2}$$

com a condição

$$\begin{cases}\Phi(x,\ y,\ z)=0,\\ \psi(x,\ y,\ z)=0.\end{cases}$$

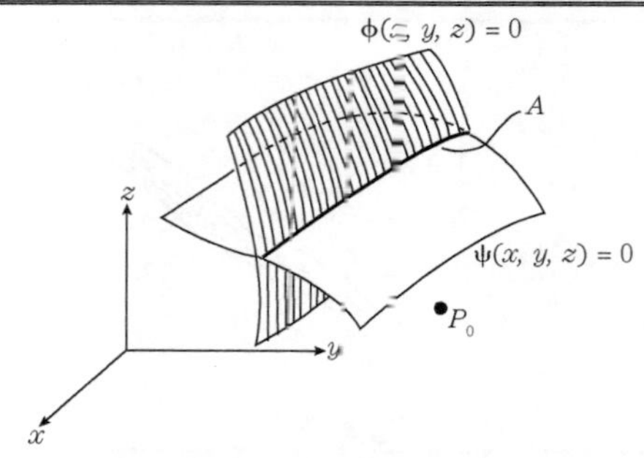

Figura 3.35

Em geral, podemos dizer que se trata de maximizar ou minimizar uma função $f: D_f \subset \mathbb{R}^n \to \mathbb{R}$, sujeita a m condições[27]

$$\Phi_1(x_1, x_2, \dots, x_n) = 0$$
$$\Phi_2(x_1, x_2, \dots, x_n) = 0$$
$$\vdots$$
$$\Phi_m(x_1, x_2, \dots, x_n) = 0.$$

(Costuma-se chamar essas equações de *vínculos*).

- ***Motivação intuitivo-geométrica do resultado que induz o método***

Considere o seguinte problema: achar o máximo de $f: \mathbb{R}^2 \to \mathbb{R}$ sujeito à condição $\Phi(x, y) = 0$. Você pode imaginar que $f(x, y)$ é a altura de uma montanha, e $\Phi(x, y) = 0$ determina uma curva nessa montanha (veja a Fig. 3-36 para compreender isso), que podemos interpretar como uma estrada. Então o problema anterior corresponde a achar a máxima altitude que um indivíduo alcança ao percorrer a estrada.

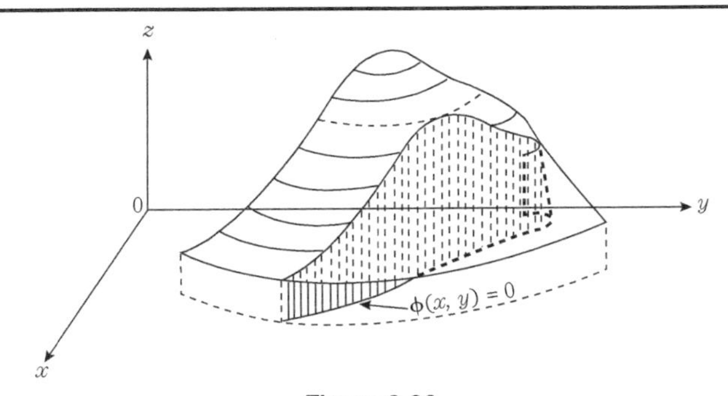

Figura 3.36

Considere a projeção no plano XY da estrada e das curvas de mesma altura, que são, respectivamente, o gráfico de $\Phi(x, y) = 0$ e as curvas de nível de f. Queremos que você entenda intuitivamente o

[27] É claro que é aconselhável supor $m < n$ senão o conjunto de equações poderia determinar um ponto e, aí, o problema fica trivial.

seguinte: se o máximo procurado é atingido em $P_0 = (x_0, y_0)$, então a curva $\Phi(x, y) = 0$ e a curva de nível $f(x, y) = f(x_0, y_0)$ que passa por esse ponto devem ser tangentes nesse ponto (Fig. 3-37). De fato, se a curva $\Phi(x, y) = 0$ "cruza" uma curva de nível, é sinal de que a função (ao longo da primeira) ou vai aumentar ou vai diminuir. (Pense!).

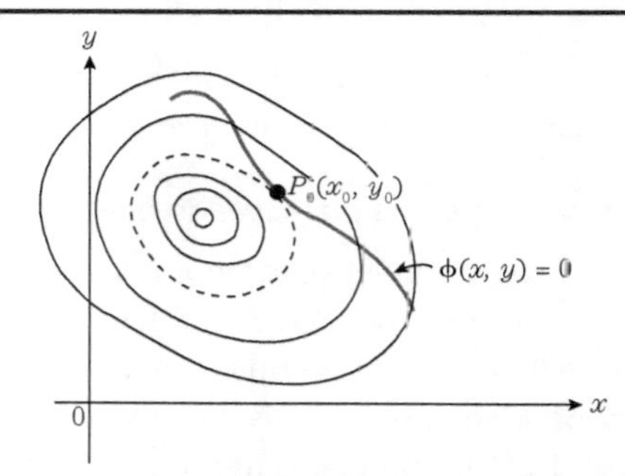

Figura 3.37

Então, como se sabe que $\nabla f(P_0)$ é perpendicular à curva de nível por P_0, podemos dizer que $\nabla f(P_0)$ é perpendicular à curva $\Phi(x, y) = 0$. Admitindo que a curva $\Phi(x, y) = 0$ tenha tangente em P_0, então $\nabla\Phi$ é normal a ela em P_0 (pois $\nabla\Phi(P_0)$ é normal à curva de nível $\Phi(x, y) = 0$). Então existe $\lambda \in \mathbb{R}$ tal que (Fig. 3-37)

$$\nabla f(P_0) = \lambda \qquad \nabla\Phi(P_0).$$

Este λ é chamado multiplicador de Lagrange (relativo ao problema em questão).

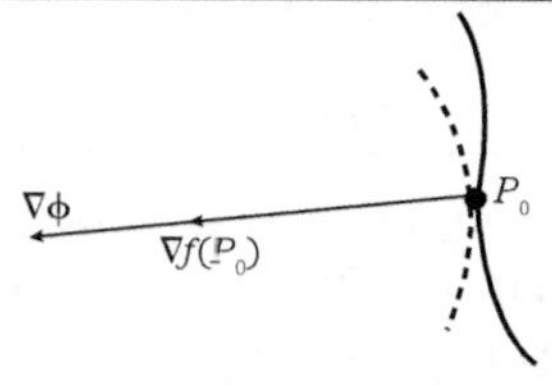

Figura 3.38

Nota. As considerações acima não foram cuidadosas no aspecto rigor. Por exemplo, se $\nabla\Phi(P_0) = 0$, pode muito bem suceder $\nabla f(P_0) \neq 0$, e a relação acima é falsa. Mas isso será considerado no enunciado do próximo teorema.

Teorema 3.7.1. Se $f: D_f \subset \mathbb{R}^2 \to \mathbb{R}$ de classe C^1 tem um máximo ou mínimo em $P_0 = (x_0, y_0)$ sujeito à condição $\Phi(x, y) = 0$,[28] onde Φ é de classe C^1 com $\nabla\Phi(P_0) \neq 0$, então existe $\lambda_0 \in \mathbb{R}$ tal que

$$\nabla f(P_0) = \lambda_0 \ \nabla\Phi(P_0).$$

Prova (esboço). A ideia é simples. De $\nabla\Phi(P_0) \neq 0$ resulta ou $(\partial\Phi/\partial x)$ $(P_0) \neq 0$ ou $(\partial\Phi/\partial y)$ $(P_0) \neq 0$. Suponhamos esta última condição, por exemplo. Então podemos, de $\Phi(x, y) = 0$, "tirar" o valor de y, $y = g(x)$, onde g é uma função de classe C^1 (de acordo com o Teorema das Funções Implícitas) e

$$g'(x) = -\frac{\dfrac{\partial\Phi}{\partial x}}{\dfrac{\partial\Phi}{\partial y}}. \qquad (\alpha)$$

Então a função $x \mapsto f(x, g(x))$ tem máximo ou mínimo em x_0, logo sua derivada deve ser nula em x_0, ou seja,

$$\frac{\partial f}{\partial x}(x_0, y_0) + \frac{\partial f}{\partial y}(x_0, y_0) \cdot g'(x_0) = 0. \qquad (\beta)$$

Substituindo $g'(x_0)$ por seu valor dado em (α), resulta

$$\frac{\partial f}{\partial x}(x_0, y_0) - \frac{\partial f}{\partial y}(x_0, y_0) \frac{\dfrac{\partial\Phi}{\partial x}(x_0, y_0)}{\dfrac{\partial\Phi}{\partial y}(x_0, y_0)} = 0, \qquad (\gamma)$$

[28] Se você tem dúvida sobre a frase "sujeito à condição $\Phi(x, y) = 0$", eis uma formulação melhor: Seja $E = \{(x, y) \in \mathbb{R}^2 | (x, y) \in D_f \ \ e \ \ \Phi(x, y) = 0\}$. O enunciado pode ser dado assim: Sejam $f: D_f \subset \mathbb{R}^2 \to \mathbb{R}$ de classe C^1 e Φ: $D_\Phi \subset \mathbb{R}^2 \to \mathbb{R}$ de classe C^1, com $\nabla\Phi(P_0) \neq 0$; Se $f|_E$ tem máximo ou mínimo em P_0, então existe $\lambda \in \mathbb{R}$ tal que $\nabla f(P_0) = \lambda\nabla\Phi(P_0)$.

Chamando

$$\lambda_0 = \frac{\dfrac{\partial f}{\partial y}(x_0, y_0)}{\dfrac{\partial \Phi}{\partial y}(x_0, y_0)}, \qquad (\delta)$$

vem

$$\frac{\partial f}{\partial y}(x_0, y_0) = \lambda_0 \frac{\partial \Phi}{\partial y}(x_0, y_0) \qquad (\varepsilon)$$

e de (γ) vem, tendo em vista (δ), que

$$\frac{\partial f}{\partial x}(x_0, y_0) = \lambda_0 \frac{\partial \Phi}{\partial x}(x_0, y_0). \qquad (\varphi)$$

De (ε) e (φ) vem a tese:

$$\nabla f(P_0) = \lambda_0 \nabla \Phi(P_0).$$

Notas. 1. Escrevemos "esboço" depois da palavra "prova" porque não quisemos, com detalhes técnicos, desviar a sua atenção da ideia da prova. Nos exercícios faremos uma sugestão para acertar a prova.

2. O que acontece se $\nabla\Phi(P_0) = 0$? Pode suceder que P_0 seja ponto de máximo, ponto de mínimo, ou nenhuma coisa nem outra.

3. Pondo F: $D_f \times \mathbb{R} \to \mathbb{R}$ $F(x, y, \lambda) = f(x, y) - \lambda\Phi(x, y)$, a condição do teorema fica, simplesmente, $\nabla F(x_0, y_0, \lambda_0) = 0$.

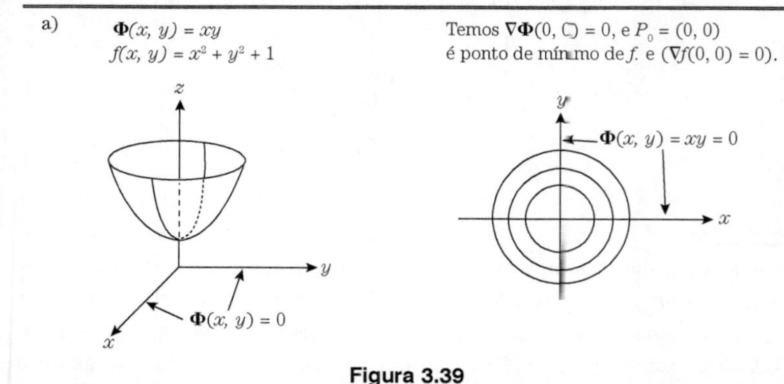

Figura 3.39

b) $\Phi(x, y) = \sqrt[3]{x^2 - y}$

$f(x, y) = y + 1$

Temos $\nabla\Phi(0, 0) = 0$, e $P_0 = (0, 0)$ é ponto de máximo de f (e $\nabla f(0, 0) \neq 0$). Observe que neste caso não existe λ_0 como no teorema anterior.

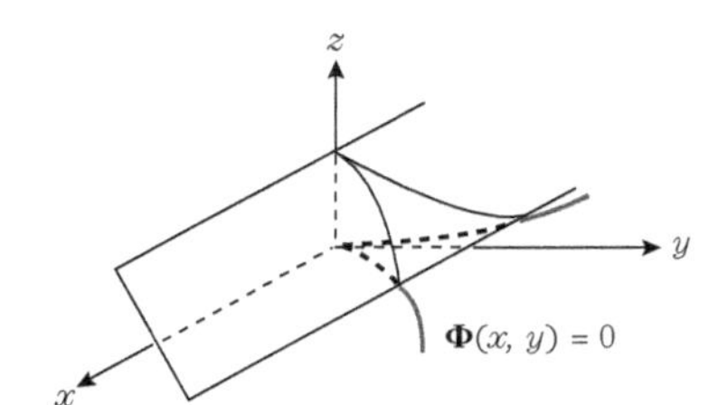

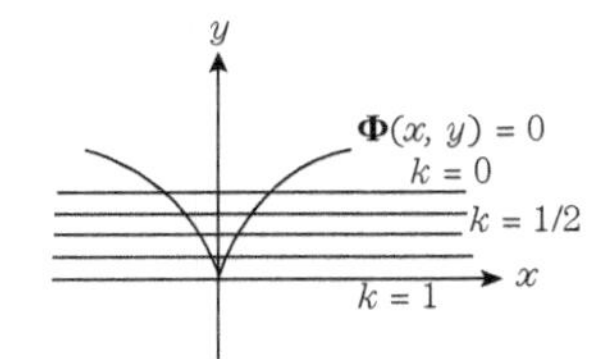

c) $\Phi(x, y) = xy$

$f(x, y) = -y + 1$

Temos $\nabla\Phi(0, 0) = 0$, e $P_0 = (0, 0)$ não é nem ponto de máximo nem é de mínimo.

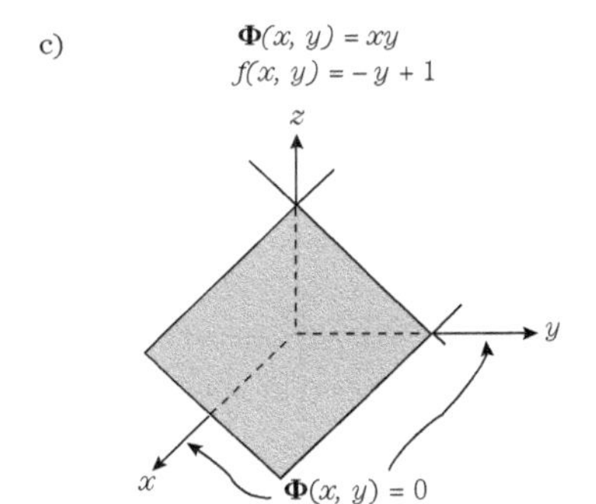

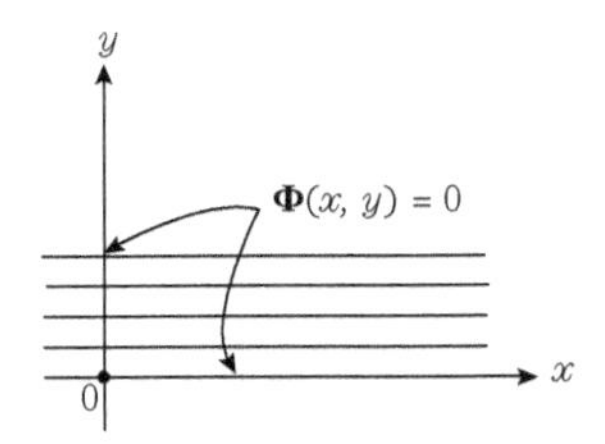

Figura 3.39

- *O Método dos multiplicadores*

Considere o problema: minimizar ou maximizar f sujeita ao vínculo $\Phi(x, y) = 0$, f e Φ como no teorema anterior. Se existe P_0, como afirma o teorema, então existe $\lambda_0 \in \mathbb{R}$, tal que

$$\nabla f(P_0) = \lambda_0 \nabla\Phi(P_0). \tag{1}$$

Essa relação nos fornece duas equações a três incógnitas x_0, y_0, λ_0. Porém, também temos a relação

$$\Phi(x_0, y_0) = 0. \tag{2}$$

que, em princípio, nos permitirá, juntamente com (1), achar x_0, y_0, λ_0. Teremos, assim, um *candidato* a ponto de máximo ou de mínimo, a saber $P_0(x_0, y_0)$. Isso porque, em geral, não se sabe se existe ou não um tal ponto.

Exemplo 3.7.1. Ache os pontos do círculo unitário cujas coordenadas têm produto máximo e aqueles cujas coordenadas têm produto mínimo.

Este é um enunciado enfeitado para dizer: minimizar ou maximizar f: $\mathbb{R}^2 \to \mathbb{R}$, $f(x, y) = xy$ sujeita à condição $\Phi(x, y) = x^2 + y^2 - 1 = 0$. Temos[29]

$$\nabla f(x, y) = \lambda \nabla \Phi(x, y) \Leftrightarrow \begin{cases} y = \lambda 2x \\ x = \lambda 2y \end{cases} \tag{1}$$

e

$$\Phi(x, y) = x^2 + y^2 - 1 = 0. \tag{2}$$

De (1) e (2) resultam as soluções[30]

$$x = \frac{\sqrt{2}}{2}, \quad y = \frac{\sqrt{2}}{2}, \quad (\lambda = 1/2);$$

$$x = -\frac{\sqrt{2}}{2}, \quad y = -\frac{\sqrt{2}}{2}, \quad (\lambda = 1/2);$$

$$x = \frac{\sqrt{2}}{2}, \quad y = -\frac{\sqrt{2}}{2}, \quad (\lambda = -1/2);$$

$$x = -\frac{\sqrt{2}}{2}, \quad y = \frac{\sqrt{2}}{2}, \quad (\lambda = -1/2);$$

[29] Na prática não usaremos os índices 0 de x_0, y_0, λ_0.

[30] Substituindo x da segunda equação na primeira equação de (1) vem $\gamma(4\lambda^2 - 1) = 0$. Mas $y = 0 \Rightarrow x = 0$ e $\Phi(x, y) = 0$ não se verifica. Logo, $4\lambda^2 - 1 = 0$ e, daí, $\lambda = \pm 1/2$. Substituindo em (1), vem $x = \pm$ y. Substitua, agora, em $\Phi(x, y) = 0$.

(Observe que $\nabla\Phi(x, y) = (2x, 2y)$ não se anula nesses pontos, e estamos, assim, nas condições do teorema anterior). Temos

$$f\left(\frac{\sqrt{2}}{2}, \frac{\sqrt{2}}{2}\right) = f\left(-\frac{\sqrt{2}}{2}, -\frac{\sqrt{2}}{2}\right) = \frac{1}{2}$$

e

$$f\left(\frac{\sqrt{2}}{2}, -\frac{\sqrt{2}}{2}\right) = f\left(-\frac{\sqrt{2}}{2}, \frac{\sqrt{2}}{2}\right) = -\frac{1}{2};$$

e, como f é contínua no compacto $x^2 + y^2 - 1 = 0$, assume, aí, seu máximo e seu mínimo, que só podem ser 1/2 e −1/2, respectivamente.

Resposta. $\left(\frac{\sqrt{2}}{2}, \frac{\sqrt{2}}{2}\right), \left(-\frac{\sqrt{2}}{2}, -\frac{\sqrt{2}}{2}\right)$ e $\left(\frac{\sqrt{2}}{2}, -\frac{\sqrt{2}}{2}\right), \left(-\frac{\sqrt{2}}{2}, \frac{\sqrt{2}}{2}\right)$.

Nota. É muito interessante encararmos a solução desse problema à luz da interpretação geométrica, a qual foi dada quando falamos sobre a motivação intuitivo- geométrica do Teorema 3.7.1. De acordo com o que foi dito, devemos procurar, para achar os pontos de máximo e de mínimo de f sujeita ao vínculo $\Phi = 0$, os pontos de tangência das curvas de nível de f com a circunferência $x^2 + y^2 = 1$. Veja, na Fig 3-40, a situação.

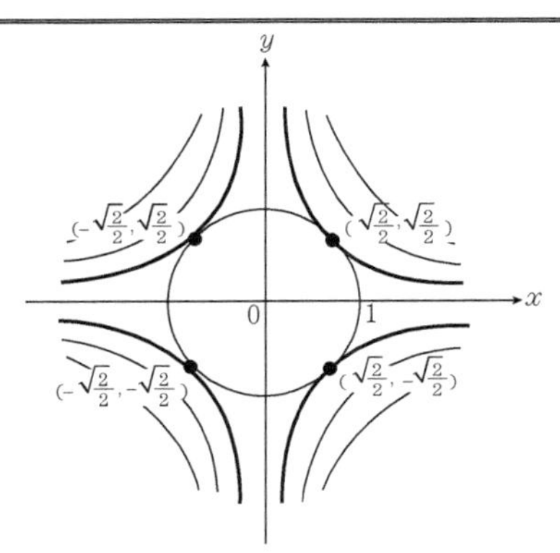

Figura 3.40

Isso nos sugere um outro método de solução para esse problema. Devemos achar as soluções de

$$\begin{cases} x^2 + y^2 = 1, \\ xy = k \end{cases}$$

que dão tangência. Ora, da segunda equação, $y = k/x$; substituindo na primeira equação vem $x^4 - x^2 + k^2 = 0$. Mas, dada a simetria das curvas de nível, $x^2 = \left(1 \pm \sqrt{1 - 4k^2}\right)/2$ deve ser único $\therefore 1 - 4k^2 = 0$, $x^2 = 1/2$, daí $x = \pm\sqrt{2,2}$ etc.

Exemplo 3.7.2. Vejamos uma situação na qual temos um problema do tipo visto na Secção 3.9, e que o método dos multiplicadores de Lagrange se torna útil.

Achar o máximo e o mínimo de $f: D_f \subset \mathbb{R}^2 \to \mathbb{R}$ dada por $f(x, y) = x$, onde D_f é a região fechada limitada pela elipse $5x^2 - 6xy + 5y^2 - 32 = 0$, isto é, $D_f = \left\{(x, y) \in \mathbb{R}^2 \middle| 5x^2 - 6xy + 5y^2 - 32 \leq 0\right\}$.

Bem, seguindo as regras vistas na Secção 3.9, calculamos $\nabla f(x, y) =$ $= (1, 0)$, e vemos que $\nabla f(x, y) = (0, 0)$ não tem solução; logo, o máximo e o mínimo ocorrem na fronteira.[31] Se seguíssemos o caminho indicado na Secção 3.9, deveríamos parametrizar a elipse, ou tentar achar y como função de x, ou x como função de y; em suma, estaríamos com trabalho à vista. Ao invés disso, observemos que a questão se põe assim: maximizar e minimizar f com a condição $\Phi(x, y) = 5x^2 -$ $- 6xy + 5y^2 - 32 = 0$. Então,

$$\nabla f(x, y) = \lambda \nabla \Phi(x, y) \Leftrightarrow \begin{cases} 1 = \lambda(10x - 6y) \\ 0 = \lambda(-6x + 10y) \end{cases} \quad (1)$$

e como se vê, na primeira equação, que $\lambda \neq 0$, resulta da segunda:

$$x = \frac{5}{3}y,$$

que, substituído em

$$\Phi(x, y) = 5x^2 - 6xy + 5y^2 - 32 = 0, \quad (2)$$

[31] O máximo e o mínimo da função existem: ela é contínua num conjunto limitado e fechado.

fornece

$$y = \pm\frac{3\sqrt{10}}{5},$$

que levado na expressão de x acima dá

$$x = \pm\sqrt{10}.$$

Temos, então, as soluções de (1) – (2):

$$x = \sqrt{10}, \qquad y = \frac{3}{5}\sqrt{10};$$

$$x = -\sqrt{10}, \qquad y = -\frac{3}{5}\sqrt{10}.$$

Como $f\left(\sqrt{10},\ 3/5\sqrt{10}\right) = \sqrt{10}$ *e* $f\left(-\sqrt{10},\ -3/5\sqrt{10}\right) = -\sqrt{10}$, resulta que o máximo procurado é $\sqrt{10}$, e o mínimo $-\sqrt{10}$.

Exemplo 3.7.3. Ache os semi eixos da elipse $5x^2 - 6xy + 5y^2 - 32 = 0$ (de centro na origem).

Devemos minimizar e maximizar f_1: $\mathbb{R}^2 \to \mathbb{R}$ dada por $f_1(x, y) = \sqrt{x^2 + y^2}$ com a condição $\Phi(x, y) = 5x^2 - 6xy + 5y^2 - 32 = 0$. É fácil ver que podemos substituir f_1 por f: $\mathbb{R}^2 \to \mathbb{R}$, $f(x, y) = x^2 + y^2$. Então

$$\nabla f(x, y) = \lambda\nabla\Phi(x, y) \Leftrightarrow \begin{cases} 2x = \lambda(10x - 6y) \\ 2y = \lambda(-6x + 10y) \end{cases} \tag{1}$$

e

$$\Phi(x, y) = 5x^2 - 6xy + 5y^2 - 32 = 0. \tag{2}$$

De (1) e (2) resulta, após cálculos,

$$x = y = \sqrt{8} \qquad \therefore f_1\left(\sqrt{8}, \sqrt{8}\right) = 4,$$

$$x = y = -\sqrt{8} \qquad \therefore f_1\left(-\sqrt{8}, -\sqrt{8}\right) = 4,$$

$$x = y = \sqrt{2} \qquad \therefore f_1\left(\sqrt{2}, -\sqrt{2}\right) = 2,$$

$$x = -y = -\sqrt{2} \qquad \therefore f_1\left(-\sqrt{2}, \sqrt{2}\right) = 2.$$

Resposta. 4 e 2.

- *A forma geral do Teorema 3.7.1.*

Teorema 3.7.1. Se $f\colon D_f \subset \mathbb{R}^n \to \mathbb{R}$ de classe C^1 tem um máximo ou mínimo em P_0 sujeito às condições

$$\Phi_1(P) = 0, \quad \Phi_2(P) = 0, \ldots, \Phi_m(P) = 0,$$

com $m < n$, onde as $\Phi_i\colon D_f \to \mathbb{R}$ são de classe C^1, tais que, para uma sequência de índices $1 \le i_1 < i_2 < \ldots < i_m \le m$,

$$\left|\begin{matrix} \dfrac{\partial \Phi_1}{\partial x_{i_1}} & \dfrac{\partial \Phi_1}{\partial x_{i_2}} & \dfrac{\partial \Phi_1}{\partial x_{i_m}} \\ \dfrac{\partial \Phi_2}{\partial x_{i_1}} & \dfrac{\partial \Phi_2}{\partial x_{i_2}} & \dfrac{\partial \Phi_2}{\partial x_{i_m}} \\ \vdots & \vdots & \vdots \\ \dfrac{\partial \Phi_m}{\partial x_{i_1}} & \dfrac{\partial \Phi_m}{\partial x_{i_2}} & \dfrac{\partial \Phi_m}{\partial x_{i_m}} \end{matrix}\right|_{P_0} \neq 0,$$

então existem $\lambda_1^0, \ldots, \lambda_m^0 \in \mathbb{R}$, tais que

$$\nabla f(P_0) = \lambda_1^0 \nabla \Phi_1(P_0) + \cdots + \lambda_m^0 \nabla \Phi_m(P_0)$$

Nota. Num exemplo, talvez fique mais claro o que se afirma, acima, a respeito do determinante.

Seja $f(x, y, z, t)$, e $\Phi_1(x, y, z, t) = 0$, $\Phi_2(x, y, z, t) = 0$, $(m = 2, n = 4)$. Então exige-se que ou

$$\left|\begin{matrix} \dfrac{\partial \Phi_1}{\partial x} & \dfrac{\partial \Phi_1}{\partial y} \\ \dfrac{\partial \Phi_2}{\partial x} & \dfrac{\partial \Phi_2}{\partial y} \end{matrix}\right|_{P_0} \neq 0, \text{ ou } \left|\begin{matrix} \dfrac{\partial \Phi_1}{\partial x} & \dfrac{\partial \Phi_1}{\partial z} \\ \dfrac{\partial \Phi_2}{\partial x} & \dfrac{\partial \Phi_2}{\partial z} \end{matrix}\right|_{P_0} \neq 0, \text{ ou}$$

$$\left|\begin{matrix} \dfrac{\partial \Phi_1}{\partial x} & \dfrac{\partial \Phi_1}{\partial t} \\ \dfrac{\partial \Phi_2}{\partial x} & \dfrac{\partial \Phi_2}{\partial t} \end{matrix}\right|_{P_0} \neq 0, \text{ ou}$$

$$\left|\begin{matrix} \dfrac{\partial \Phi_1}{\partial y} & \dfrac{\partial \Phi_1}{\partial z} \\ \dfrac{\partial \Phi_2}{\partial y} & \dfrac{\partial \Phi_2}{\partial z} \end{matrix}\right|_{P_0} \neq 0, \text{ ou } \left|\begin{matrix} \dfrac{\partial \Phi_1}{\partial y} & \dfrac{\partial \Phi_1}{\partial t} \\ \dfrac{\partial \Phi_2}{\partial y} & \dfrac{\partial \Phi_2}{\partial t} \end{matrix}\right|_{P_0} \neq 0, \text{ ou } \left|\begin{matrix} \dfrac{\partial \Phi_1}{\partial z} & \dfrac{\partial \Phi_1}{\partial t} \\ \dfrac{\partial \Phi_2}{\partial z} & \dfrac{\partial \Phi_2}{\partial t} \end{matrix}\right|_{P_0} \neq 0.$$

Recomendamos ao leitor interessado na prova deste teorema o livro de T. Apostol, *Mathematical Analysis*, p. 153, Teorema 7.10, ed. 1965, Addison-Wesley.

Exemplo 3.7.4. Usando o método dos multiplicadores de Lagrange, ache o ponto P sobre a reta r dada por $\begin{cases} x+y+z=0, \\ x-y=0 \end{cases}$ e cuja distância à origem é mínima.

Temos que minimizar f: $\mathbb{R}^3 \to \mathbb{R}$,

$$f(x, y, z) = x^2 + y^2 + z^2$$

sujeita às condições

$$\Phi_1(x, y, z) = x + y + z - 1 = 0,$$
$$\Phi_2(x, y, z) = x - y = 0.$$

Como

$$\begin{vmatrix} \dfrac{\partial \Phi_1}{\partial x} & \dfrac{\partial \Phi_1}{\partial y} \\ \dfrac{\partial \Phi_2}{\partial x} & \dfrac{\partial \Phi_2}{\partial y} \end{vmatrix} = \begin{vmatrix} 1 & 1 \\ 1 & -1 \end{vmatrix} \neq 0$$

podemos dizer que, se existe o mínimo, existem $\lambda_1, \lambda_2 \in \mathbb{R}$, tais que

$$\nabla f(P) = \lambda_1 \nabla \Phi_1(P) + \lambda_2 \Phi_2(P),$$

ou seja,

$$(2x, 2y, 2z) = \lambda_1(1, 1, 1) + \lambda_2(1, -1, 0),$$

de onde resulta

$$\begin{cases} 2x = \lambda_1 + \lambda_2, \\ 2y = \lambda_1 - \lambda_2, \\ 2z = \lambda_1, \end{cases}$$

que, juntamente com

$$\begin{cases} x + y + z - 1 = 0, \\ x - y = 0, \end{cases}$$

formam um sistema cuja solução é

$$x = y = z = 1/3 \quad (\lambda_1 = 2/3, \lambda_2 = 0).$$

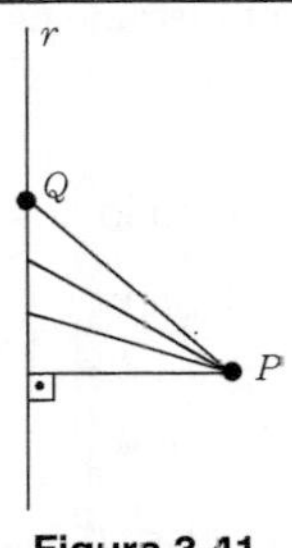

Figura 3.41

Que é efetivamente um ponto de mínimo, isso podemos concluir, por exemplo, lançando mão da Geometria: a distância entre um ponto P e um ponto Q de uma reta passa por um mínimo.

EXERCÍCIOS

3.7.1. Ache o máximo e o mínimo de $f(x, y) = x + 2y$ sobre o círculo $x^2 + y^2 = 1$. Faça um gráfico como o da Fig. 3-40.

3.7.2. Idem para $f(x, y) = x^2 + y^2$, sobre $x + y = 2$.

3.7.3. Idem, sobre o segmento $x + y = 2, x \geq 0, y \geq 0$.

3.7.4. Ache os pontos de máximo local e mínimo local de $f(x, y) = 1/x + 1/y$ sobre a curva $1/x^2 + 1/y^2 = 1/2$.

3.7.5. Idem para $f(x, y) = xy$, a) na reta $2x + y - 2 = 0$; b) no segmento $2x + y - 2 = 0, x \geq 0, y \geq 0$.

3.7.6. Ache o máximo e o mínimo de $f(x, y) = x^2 + y^2$ sobre a curva $x^4 + y^4 = 1$.

3.7.7. Ache o máximo e o mínimo de $f(x, y, z) = x - 2y + 2z$ com o vínculo $x^2 + y^2 + z^2 \leq 9$.

3.7.8. Ache as dimensões do paralelepípedo reto-retângulo de maior volume, inscrito no elipsoide $x^2/a^2 + y^2/b^2 + z^2/c^2 = 1, a > 0, b > 0, c > 0$.

Sugestão. Maximizar $V = 2x \cdot 2y \cdot 2z = 8xyz$ sujeito à condição $x^2/a^2 + y^2/b^2 + z^2/c^2 = 1$.

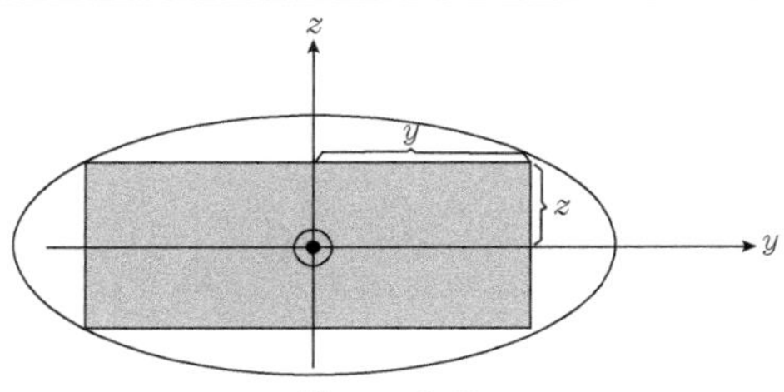

Figura 3.42

3.7.9. Ache o máximo e mínimo da função distância da origem a um ponto do elipsoide $x^2 + y^2/9 + z^2/4 = 1$.

3.7.10. Ache o máximo e o mínimo de $f(x, y, z) = x^3 + y^3 + z^3$ sujeito à condição $x^4 + y^4 + z^4 = 1, x \geq 0, y \geq 0, z \geq 0$.

3.7.11. Ache a distância de $P_0 = (x_0, y_0, z_0)$ ao plano $ax + by + cz + d = 0$ $(a^2 + b^2 + c^2 \neq 0)$.

3.7.12. Ache a maior distância de um ponto sobre a superfície $2x^2 + 3y^2 + 2z^2 + 2xz - 6 = 0$ ao plano OXY.

3.7.13. Ache o máximo e o mínimo de $f(x, y, z) = x + 2y + z + \sqrt{2}$ sujeita aos vínculos $x^2 + y^2 = 1$ e $y + z = 1$.

3.7.14. Ache o máximo e o mínimo da distância da origem a um ponto do conjunto $\left\{(x, y, z) \in \mathbb{R}^3 \middle| 2x + y - z = 0 \text{ e } x^2 + y^2 = 1\right\}$.

Nota. Esse conjunto é uma elipse, intersecção de um plano e uma superfície cilíndrica.

3.7.15. Ache os semieixos da elipse $5x^2 + 5y^2 + 6xy - 8 = 0$.

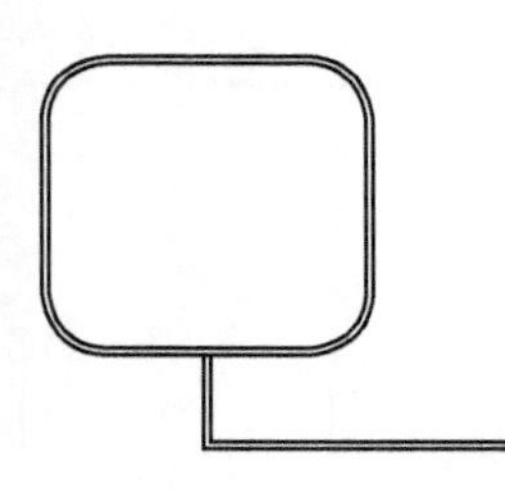

Apêndices

A) ALGUNS CONTRAEXEMPLOS

1. Uma função de duas variáveis que não possui limite na origem, mas que tem limite através de qualquer reta pela origem:

$$f(x, y) = \begin{cases} \dfrac{x^3 y}{x^5 + y^3} & \text{se} \quad (x, y) \neq (0, 0), \\ 0 & \text{se} \quad (x, y) = (0, 0). \end{cases}$$

Se $y = kx$,

$$\lim_{x \to 0} f(x, kx) = \lim_{x \to 0} \frac{kx}{x^2 + k^3} = 0.$$

Se $x = 0$, ou $y = 0$ a função é nula; logo,

$$\lim_{y \to 0} f(0, y) = 0, \ \lim_{x \to 0} f(x, 0) = 0.$$

No entanto, se $y = x^2$,

$$\lim_{x \to 0} f(x, x^2) = \lim_{x \to 0} \frac{1}{1 + x} = 1 \neq 0$$

e, daí, não existe $\lim_{x,\, y \to 0} f(x, y)$.

2. Uma função de duas variáveis que é contínua separadamente em cada variável, mas não é contínua:

$$f(x, y) = \begin{cases} \dfrac{xy}{x^2 + y^2} & \text{se} \quad (x, y) \neq (0, 0), \\ 0 & \text{se} \quad (x, y) = (0, 0). \end{cases}$$

Para cada y fixo $x \mapsto f(x, y)$ é claramente contínua, bem como para cada x fixo, $y \mapsto f(x, y)$. No entanto, $\lim_{x \to 0} f(x, x) = \lim_{x \to 0} 1/2 = 1/2$; logo, não ocorre $\lim_{x,\, y \to 0} f(x, y) = f(0, 0)$, e f não é contínua.

3. Uma função de duas variáveis que possui todas as derivadas direcionais, mas que não é contínua e, portanto, não é diferenciável: a função dada no n. 1. De fato, fora da origem a função tem todas as derivadas direcionais. Na origem, sendo $H = (h, k)$, $|H| = 1$, vem

$$\frac{\partial f}{\partial H}(0, 0) = \lim_{t \to 0} \frac{f(0 + tH) - f(0)}{t} = \lim_{t \to 0} \frac{f(th, tk)}{t} =$$

$$= \lim_{t \to 0} \frac{h^3 k}{t^2 h^5 + k^3} = 0, \text{ se } h \neq 0 \text{ e } k \neq 0.$$

Se $k = 0$ ($\therefore h = \pm 1$) ou $h = 0$ ($\therefore k = \pm 1$), então $h^3k/(t^2h^5 + k^3) = 0$ de modo que $\partial f/\partial H\ (0,0) = 0$. Mas já vimos que f não é contínua em $(0,0)$.

4. Uma função de duas variáveis, contínua, que não é diferenciável:

$$f(x, y) = \sqrt{|xy|}.$$

f é claramente contínua. Além disso,

$$\frac{\partial f}{\partial x}(0, 0) = \left.\frac{d}{dx}\right|_{x=0} \sqrt{|x \cdot 0|} = 0$$

$$\frac{\partial f}{\partial y}(0, 0) = \left.\frac{d}{dy}\right|_{y=0} \sqrt{|0 \cdot y|} = 0,$$

de forma que, se f fosse diferenciável em $(0,0)$, teríamos

$$\sqrt{|xy|} = x\varphi(x, y) + y\psi(x, y)$$

com $\lim\limits_{x, y \to 0} \varphi(x, y) = \varphi(0, 0) = 0$, $\lim\limits_{x, y \to 0} \psi(x, y) = \psi(0, 0) = 0$, para todo (x, y) numa bola aberta centrada em $(0,0)$. Em particular, para $y = x$ nessa bola, $x > 0$,

$$x = x\big(\varphi(x, x) + \psi(x, x)\big),$$

logo,

$$1 = \varphi(x, x) + \psi(x, x)$$

e, daí, fazendo $x \to 0+$:

$$1 = 0!$$

5. Uma função de duas variáveis que é diferenciável e não é de classe C^1:

$$f(x, y) = \begin{cases} x^2 \text{ sen } \dfrac{1}{x} + y^2 \text{ sen } \dfrac{1}{y}, & \text{se } x \neq 0 \text{ e } y \neq 0; \\ x^2 \text{ sen } \dfrac{1}{x}, & \text{se } x \neq 0 \text{ e } y = 0; \\ y^2 \text{ sen } \dfrac{1}{y}, & \text{se } x = 0 \text{ e } y \neq 0; \\ 0, & \text{se } x = 0 \text{ e } y = 0. \end{cases}$$

Calculando, resulta que

$$\frac{\partial f}{\partial x}(x, y) = \begin{cases} 2x \text{ sen } \dfrac{1}{x} - \cos \dfrac{1}{x}, & \text{se } x \neq 0, \\ 0, & \text{se } x = 0. \end{cases}$$

$$\frac{\partial f}{\partial y}(x, y) = \begin{cases} 2y \text{ sen } \dfrac{1}{y} - \cos \dfrac{1}{y}, & \text{se } y \neq 0, \\ 0, & \text{se } y = 0. \end{cases}$$

essas funções não são contínuas em (0, 0). No entanto, f é diferenciável. De fato, o é, obviamente, fora da origem. Examinemos na origem. Como a função

$$g(x) = \begin{cases} x^2 \text{ sen } \dfrac{1}{x}, & \text{se } x \neq 0, \\ 0, & \text{se } x = 0. \end{cases}$$

é derivável em $x = 0$, ela é diferenciável em $x = 0$, logo

$$g(h) = g(0) + g'(0)h + \varphi(h)h = \varphi(h)h$$

com $\lim_{h \to 0} \varphi(h) = \varphi(0) = 0$, para todo h de um intervalo aberto contendo 0.

$$g(k) = \varphi(k)k, \text{ com } \lim_{k \to 0} \varphi(k) = \varphi(0) = 0.$$

Daí,

$$f(0+h, 0+k) - f(0, 0) = f(h, k) = g(h) + g(k) = \varphi(h)h + \psi(k)k,$$

o que mostra que f é diferenciável em (0,0).

6. Uma função f de duas variáveis com

$$\frac{\partial^2 f}{\partial x \partial y}(P_0) \neq \frac{\partial^2 f}{\partial y \partial x}(P_0):$$

$$f(x, y) = \begin{cases} y^2 \text{ sen } \dfrac{x}{y}, & \text{se} \quad y \neq 0; \\ 0, & \text{se} \quad y = 0. \end{cases}$$

Temos:

a) se $y \neq 0$,

$$\frac{\partial f}{\partial x}(0, y) = \lim_{x \to 0} \frac{f(x, y) - f(x, 0)}{x} = \lim_{x \to 0} \frac{y^2 \text{ sen } \dfrac{x}{y}}{x} = \lim_{x \to 0} \frac{\text{sen } \dfrac{x}{y}}{\dfrac{x}{y}} y = y.$$

Se y = 0,

$$\frac{\partial f}{\partial x}(0, 0) = \lim_{x \to 0} \frac{f(x, 0) - f(0, 0)}{x} = \lim_{x \to 0} \frac{0 - 0}{x} = \lim_{x \to 0} 0 = 0.$$

b) $$\frac{\partial f}{\partial y}(x, 0) = \lim_{y \to 0} \frac{f(x, y) - f(x, 0)}{y} = \lim_{y \to 0} \frac{y^2 \text{ sen } \dfrac{x}{y}}{y} = \lim_{y \to 0} y \text{ sen } \frac{x}{y} = 0;$$

c) $$\frac{\partial^2 f}{\partial y \partial x}(0, 0) = \frac{\partial}{\partial y}\left(\frac{\partial f}{\partial x}\right)(0, 0) = \lim_{y \to 0} \frac{\dfrac{\partial f}{\partial x}(0, y) - \dfrac{\partial f}{\partial x}(0, 0)}{y} \overset{(a)}{=} \lim_{y \to 0} \frac{y - 0}{y} = \lim_{y \to 0} 1 = 1;$$

d) $$\frac{\partial^2 f}{\partial x \partial y}(0, 0) = \frac{\partial}{\partial y}\left(\frac{\partial f}{\partial y}\right)(0, 0) = \lim_{x \to 0} \frac{\dfrac{\partial f}{\partial y}(x, 0) - \dfrac{\partial f}{\partial y}(0, 0)}{x} \overset{(b)}{=} \lim_{x \to 0} \frac{0 - 0}{x} = \lim_{x \to 0} 0 = 0.$$

c) e d) mostram o que queremos.

7. Uma função de duas variáveis, diferenciável, tendo a origem como ponto-sela, mas cuja restrição a qualquer reta pela origem tem mínimo na origem:

$$f(x, y) = (y - x^2)(y - 4x^2).$$

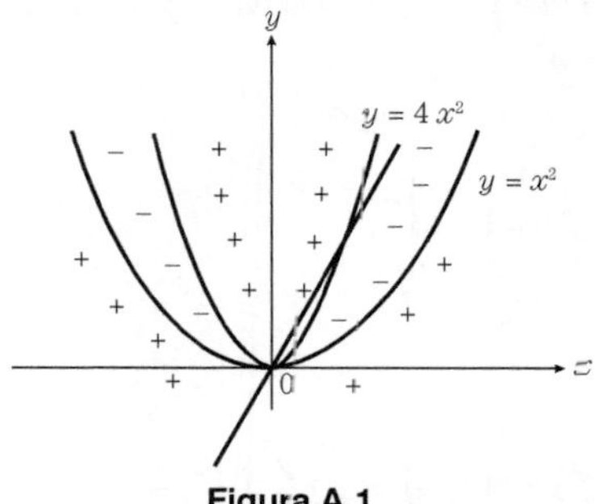

Figura A.1

Pela Fig. A-1, onde são mostradas as regiões onde f é positiva e onde é negativa, vemos que qualquer reta pela origem está numa região onde $f > 0$ (exceto a origem, onde f se anula). No entanto, tomando-se uma curva que passa pela origem na região onde f é negativa (por exemplo $y = 2x^2$), f é negativa em seus pontos (excetuada a origem). Assim, f tem as propriedades afirmadas.

B) PROVA DO TEOREMA 2.9.3

1.[1] a) Dados $A \subset \mathbb{R}$, $a \in \mathbb{R}$, a se diz *limitação*[2] *superior* [inferior] de A se, para todo $x \in A$, se tem $x \leq a$ [$x \geq a$]. Nesse caso A se diz *limitado*[2] *superiormente* [inferiormente]. Chama-se *supremo* [ínfimo] de A e indica-se sup A [inf A] à menor [maior] das limitações, superiores [inferiores] de A. b) Vale o seguinte resultado:[3]

Se $A \in \mathbb{R}$, $A \neq \varnothing$, é limitado superiormente [inferiormente] então existe sup A [inf A].

---

[1] Neste item, daremos uma revisão de conceitos do Apêndice A do Vol. 1.

[2] *Limitação* e *limitado* são, respectivamente, palavras sinônimas de *restrição* e *restrito*.

[3] No Vol. 1, um dos resultados foi tomado como axioma.

Exemplos

$$\sup\,[0,1] = \sup\,[0,1[= 1;$$
$$\inf\,[0,1] = \inf\,]0,1] = 0;$$
$$\sup\left\{1, \frac{1}{2}, \frac{1}{3}, \ldots\right\} = 1;$$
$$\inf\left\{1, \frac{1}{2}, \frac{1}{3}, \ldots\right\} = 0.$$

É claro que, se $A \subset B$ e existe $\sup B$, então existe $\sup A$ e $\sup A \le \sup B$.

c) Se $f\colon D_f \to \mathbb{R}$, e $S \subset D_f$, define-se

$$\sup_S f = \sup f(S) \quad \left[\inf_S f = \inf f(S)\right].$$

Indica-se $\sup\limits_{D_f} f$ $\left[\inf\limits_{D_f} f\right]$ simplesmente por $\sup f$ $[\inf f]$.

Exemplos. Se $f\colon]-1, 2] \to \mathbb{R}$, dada por $f(x) = x^2$, então

$$\sup_{]-1,1]} f = 1, \quad \inf_{]-1,1]} f = 0;$$
$$\sup_{[0,2]} f = 4, \quad \inf f = 0;$$
$$\sup_{]-1,0[} f = 1, \quad \inf_{]-1,0[} f = 0.$$

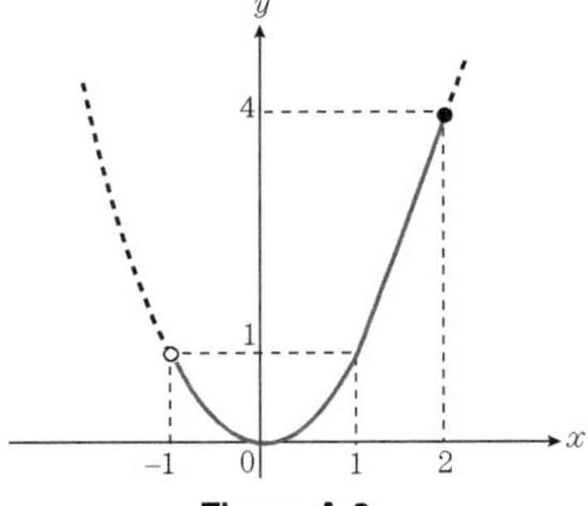

Figura A.2

É claro que se $S \subset T \subset D_f$ e existe $\sup f$, então existe $\sup\limits_S f$ e $\sup\limits_S f \le \sup\limits_T f$, pois $\{f(x) | x \in S\} \subset \{f(x) | x \in T\}$.

$f\colon D_f \to \mathbb{R}$ se diz limitada se $f(D_f)$ é limitado ($\therefore \Leftrightarrow$ o existe $\sup f$).

2. a) *Teorema* (dos Intervalos Encaixantes, $n = 1$). Se $[a_n, b_n] \subset \mathbb{R}$, $n = 1, 2, ...$, são tais que $a_i \leq a_{i+1} \leq b_{i+1} \leq b_i$, $i = 1, 2, ...$ e $\lim_{n\to\infty}(b_n - a_n) = 0$, então existe (único) $c \in \mathbb{R}$, comum a todos os intervalos $[a_n, b_n]$. (Cf. Vol. 1, Exercício A.3.2).

Prova. De fato, qualquer b_n é limitação superior de $A = \{a_i | i \in \mathbb{N}\}$, logo, existe $\sup A \leq b_n$, para todo n. Então, $\sup A \leq \inf B$, onde $B = \{b_i | i \in \mathbb{N}\}$, por definição de inf. Em suma,

$$a_n \leq \sup A \leq \sup B \leq b_n,$$

$$\therefore \sup B - \sup A \leq b_n - a_n. \qquad (\alpha)$$

Fazendo $n \to \infty$, vem

$$\sup A = \sup B.$$

Chamando de c esse número, resulta, em (α),

$$a_n \leq c \leq b_n, \text{ para todo } n \in \mathbb{N}$$

Exercício. Prove a unicidade enunciada.

b) *Teorema* (dos Intervalos Encaixantes, $n \in \mathbb{N}$ qualquer). Sendo

$$I_k = \left[a_1^k, b_1^k\right] \times \cdots \times \left[a_n^k, b_n^k\right] \subset \mathbb{R}^n, \; k = 1, 2, \ldots,$$

tais que $I_k \subset I_{k-1}$, e, se $\lim_{k\to\infty} \text{diag } I_k = 0$, onde

$$\text{diag } I_k = \sqrt{\left(a_1^k - b_1^k\right)^2 + \cdots + \left(a_n^k - b_n^k\right)^2},$$

então existe (único) $c \in \cap_{k=1}^{\infty} I_k$, isto é, c pertence a todos os I_k.

Prova. De fato, se $n = 1$, é o resultado a). Senão, no k-ésimo eixo coordenado teremos uma situação como em a): $a_i^k \leq a_{i+1}^k \leq b_{i+1}^k \leq b_i^k$ e $\lim_{k\to\infty}\left(b_i^k - a_i^k\right) = 0$, sendo que este último resultado decorre de $0 \leq b_i^k - a_i^k \leq \text{diag } I_k$. Então existe $c^k \in \cap_{i=1}^{\infty}\left[a_i^k, b_i^k\right]$; logo, $c = \left(c^1, \ldots, c^n\right) \in \cap_{k=1}^{\infty} I_k$.

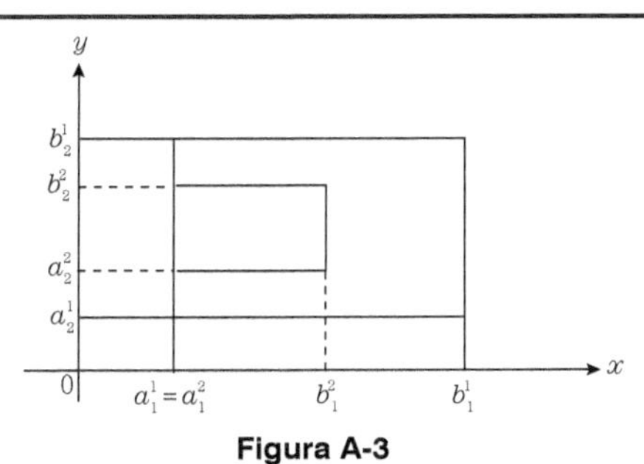

Figura A-3

3. *Teorema*. Seja $F \subset \mathbb{R}^n$. Então F é fechado $\Leftrightarrow F' \subset F$.

Prova. De fato, se F é fechado, $\complement_{\mathbb{R}^n} F$ é aberto: então se $P \in F'$ deve-se ter $P \in F$, caso contrário $P \in \complement_{\mathbb{R}^n} F$, e existe $r > 0$, tal que $B(P, r) \subset \complement_{\mathbb{R}^n} F$, contradizendo o suposto de que $P \in F'$. Por outro lado, se $F' \subset F$, então $\complement_{\mathbb{R}^n} F$ é aberto (o que prova a tese), pois se $P \in \complement_{\mathbb{R}^n} F$ e, para todo $\varepsilon > 0$, $B(P, r) \cap F \neq \varnothing$, então $P \in F'$ e, pela hipótese, $P \in F$, contra o suposto de que $P \in \complement_{\mathbb{R}^n} F$.

4. a) *Teorema*. Seja f: $D_f \subset \mathbb{R}^n \to \mathbb{R}$, onde $D_f \neq \varnothing$ é limitado. Então, se f não é limitada superiormente [inferiormente] existe $P_0 \in \mathbb{R}^n$, tal que

(i) $P_0 \in D'_f$, e

(ii) qualquer que seja $\varepsilon > 0$, $f|_{B(P_0, \varepsilon) \cap D_f}$ não é limitada superiormente [inferiormente].

Prova. De fato: seja $Q_0 \subset \mathbb{R}^n$ um quadrado n-dimensional[4] tal que $D_f \subset Q_0$. Divida Q_0 em 2^n quadrados congruentes. Em, pelo menos, um deles a função não é limitada, seja ele Q_1[5] $f|_{Q_1 \cap D_f}$ não é limitada e $Q_1 \cap D_f \neq \varnothing$. Divida Q_1 em 2^n quadrados congruentes. Em pelo menos um deles f não é limitada, seja ele f $f|_{Q2 \cap D_f}$ não é limitada e $Q_2 \cap D_f \neq \varnothing$; e assim por diante.

[4] $Q_0 = \underbrace{I \times I \times \cdots I}_{n}$ onde $I = [a, b]$, $a < b$.

[5] Se houver vários, faça a escolha mediante uma regra qualquer; por exemplo, olhe para os seus centros. Se as primeiras coordenadas não são todas iguais, tome aquele quadrado cujo centro tem a maior primeira coordenada. Se todas são iguais, olhe para as segundas coordenadas, e repita o procedimento.

Obtém-se uma sequência de "intervalos encaixantes" Q_n como em b): $Q_k \subset Q_{k-1}$ e lim diag $Q_k = 0$. Então, pelo que demonstramos no n. 2, existe $P_0 \in \cap_{k=0}^{\infty} Q_k$. Temos que $P_0 \in D'_f$, pois, tomado $\varepsilon > 0$, existe k suficientemente grande tal que $Q_k \subset B(P_0, \varepsilon)$ e como $Q_k \cap D_f \neq \emptyset$, existe $P \in D_f$, tal que $P \in B(P_0, \varepsilon)$ e $P \neq P_0$.[6] Por outro lado, $f|_{B(P_0, \varepsilon)\cap D_f}$ não é limitada superiormente, pois $Q_k \cap D_f \subset B(P_0, \varepsilon) \cap D_f$ e $f|_{Q_k \cap D_f}$ não é limitada superiormente.

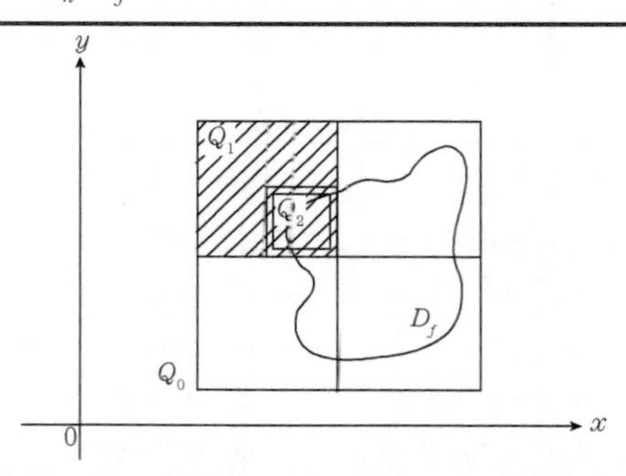

Exercícios. 1. Faça a prova no caso "limitada inferiormente".

2. Prove o seguinte: seja $f: D_f \subset \mathbb{R}^n \to \mathbb{R}$, onde $D_f \neq \emptyset$ limitado, e suponha f limitada superiormente; então existe $P_0 \in \mathbb{R}^n$, tal que

(i) $P_0 \in D'_f$, e

(ii) $\sup f|_{B(P_0, \varepsilon)\cap D_f} = \sup f$, para todo $\varepsilon > 0$.

5. a) *Teorema*. Se $f: D_f \subset \mathbb{R}^n \to \mathbb{R}$ é contínua, D_f é limitado e fechado, então f é limitada.

Prova. De fato, se f não é limitada, pelo n. 4, α, existe $P_0 \in D_f$ ou $P_0 \in D'_f$ tal que, em qualquer bola aberta centrada em P_0, f não é limitada.[7] Por D_f ser fechado, podemos supor, pelo n. 3, que $P_0 \in D_f$. Mas sendo f contínua em P_0, existe uma bola centrada em P_0 na qual f é localmente limitada,[8] em contradição com o que foi dito anteriormente.

---

[6] Se não existisse $P \neq P_0$, quer dizer, se $B(P_0, \varepsilon) \subset \complement_{\mathbb{R}^n} D_f$, como $Q_k \subset B(P_0, \varepsilon)$, P_0 seria o único elemento de $Q_k \cap D_f$ e $f|_{Q_k \cap D_f}$ seria limitada!

[7] Quer dizer, a restrição de f à intersecção da bola com D_f não é limitada.

[8] Quer dizer, a restrição de f à intersecção da bola com D_f é limitada.

b) (*Teorema* 2.9.3). Se $f: D_f \subset \mathbb{R}^n \to \mathbb{R}$ é contínua, D_f é limitado e fechado, então f assume seu máximo e seu mínimo, isto é, existem $P_1, P_2 \in D_f$ tais que

$$f(P_1) \leq f(P) \leq f(P_2)$$

para todo $P \in D_f$.

Prova. De fato, mostraremos que $\inf f = f(P_1)$ e $\sup f = f(P_2)$ para algum P_1 e D_f e algum P_2 e D_f. Se, digamos, $f(P) \neq \sup f$ para todo $P \in D_f$, então a função $g: Df \to \mathbb{R}$, dada por $g(P) = 1/[\sup f - f(P)]$, é contínua; logo, deve ser limitada; de acordo com o que vimos na parte *a*. Mas isto é absurdo, pois $\sup f - f(P)$ pode ser tomado arbitrariamente pequeno para P conveniente, pela própria definição de $\sup f$, e daí g não seria limitada.[9] Chegaremos a um absurdo semelhante se supusermos $f(P) \neq \inf f$ para todo $P \in D_f$.

[9] Formalmente: Dado $M > 0$, considere $1/M > 0$; então, por definição de supremo, existe $P \in D_f$, tal que $\sup f - 1/M < f(P)$ e, daí, $g(P) = 1/[\sup f - f(P)] > M$.

Respostas dos exercícios

Capítulo 0

0.1.1. a) $\{2, 5, 7, 1\}$; $\{3, 100\}$; b) $\mathbb{R}$; $\{x \in \mathbb{R} | x \geq 0\}$;

c) $\mathbb{R}^2$; $\{z \in \mathbb{R} | z \geq 0\}$; d) A; $\{z \in \mathbb{R} | z > 0\}$.

0.1.2. Não, no Exercício 0.1.1, a), um contradomínio é $\{3, 4, 100\}$ (outro poderá ser $\mathbb{R}$), e a imagem $f(\{2, 5, 7, 1\}) = \{3, 100\}$.

0.2.1. a) $(-2, 4, 2, 6)$, b) $(4, -4, 0, -4)$,

c) $(-2, 4, 3, 5)$, d) $(4, -4, 1, -5)$.

e) $(-5, 8, 3, 11)$. f) $(8, -8, 3, -11)$.

0.2.4. $P = -2E_1 + 3E_2 + 5E_3 + E_5$.

0.2.5. a) 2; b) 4; c) 32.

0.2.7. a) $\sqrt{5}$; b) $\sqrt{6}$; c) 2.

0.2.10. a) $\sqrt{10}$; b) $2\sqrt{2}$; c) $2\sqrt{2}$.

0.2.13. c) $-\dfrac{2}{\sqrt{13}}$; $\quad 0$; $\quad \dfrac{5}{2\sqrt{51}}$.

0.3.2. a, d, c, g, i, j.

0.3.3. abertos: a, b, g, h, i; fechados: c, d, e, f, j.

0.3.4. c, d, e, f, g, i.

Capítulo 1

1.1.1.

a)

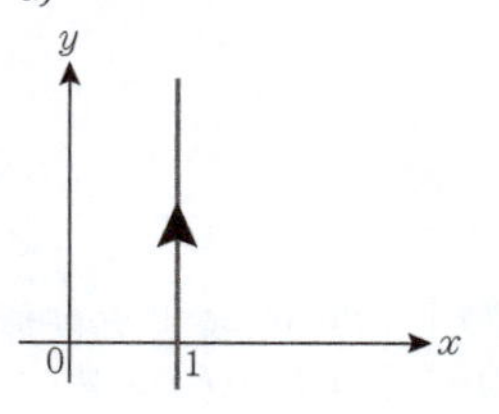

b)

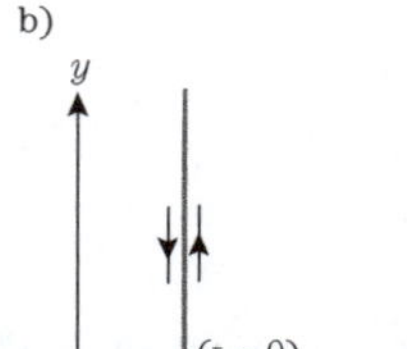

c)

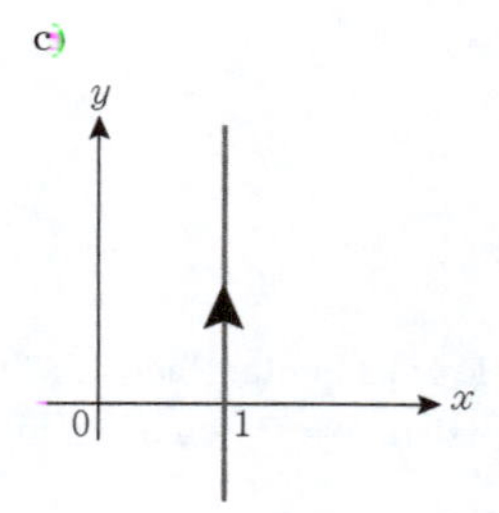

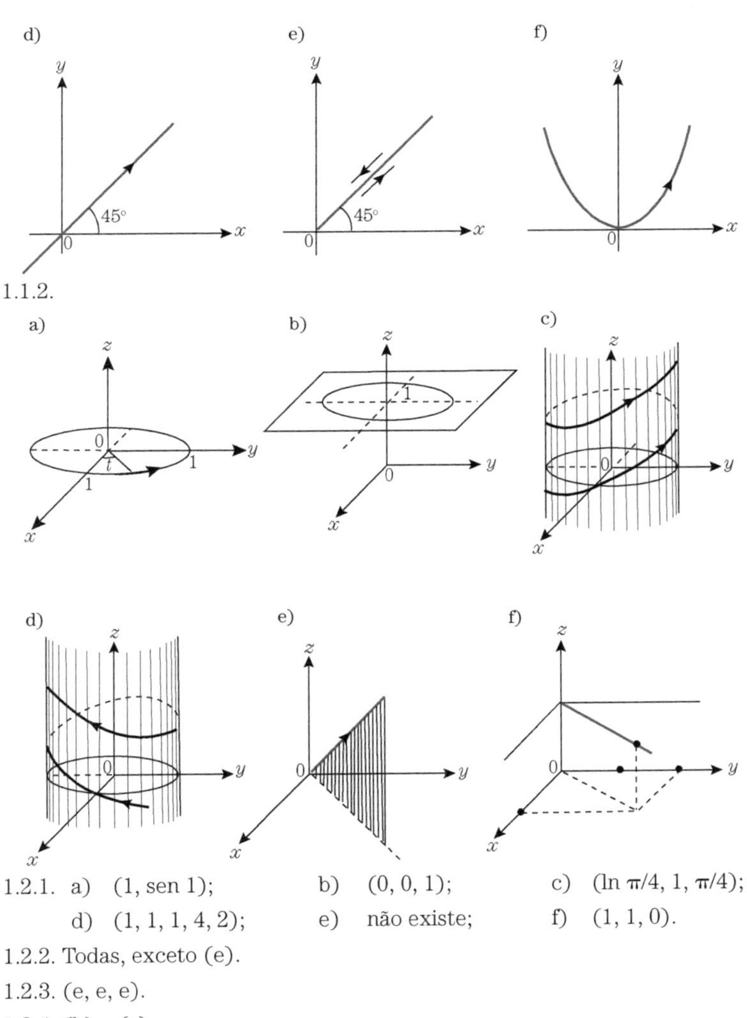

1.2.1. a) (1, sen 1); b) (0, 0, 1); c) (ln π/4, 1, π/4);
d) (1, 1, 1, 4, 2); e) não existe; f) (1, 1, 0).

1.2.2. Todas, exceto (e).

1.2.3. (e, e, e).

1.2.4. (b) e (c).

1.2.5. a) $(t + \cos t, t^2 + \operatorname{sen} t, t^3 + t)$.

b) $(t - \cos t, t^2 - \operatorname{sen} t, t^3 - \mathrm{t})$.

c) $(e^{t^2} \cos t, e^{t^2} \operatorname{sen} t, e^{t^2} t)$.

d) $t \cos t + t^2 \operatorname{sen} t + t^4$.

e) $(t^3 \operatorname{sen} t - t^3, t^2 - t^3 \cos t, t^2 \cos t - t \operatorname{sen} t)$.

f) É o oposto do vetor em *e*.

1.3.1. *b* e *c*.

1.3.2. a) $f'(t) = (1, \cos t), t \in \mathbb{R}$;

b) $f'(t) = (1 + \cos t, 1 - \cos t, - \operatorname{sen} t), t \in \mathbb{R}$;

c) $f'(t) = \left(\frac{1}{t}, -\operatorname{cossec}^2 t, 1\right), t > 0, t \neq k\pi.$

f) $f'(t) = \left(\frac{t \cos t - \operatorname{sen} t}{t^2}, \frac{te^t - e^t + 1}{t^2}, \frac{1}{2\sqrt{t}}\right), t > 0.$

1.3.3. Equações paramétricas:

$x = 2 \cos t - 2\lambda \operatorname{sen} t$;

$y = 2 \operatorname{sen} t + 2\lambda \cos t, \quad \lambda \in \mathbb{R}$;

$z = t + \lambda$.

1.4.1. $(f \times g)'(0) = (0, 0, 0)$.

1.4.2. $\frac{1}{\sqrt{2}}(0, 1, 1); \frac{1}{\sqrt{6}}(-2, -1, 1); \frac{1}{\sqrt{3}}(1, -1, 1)$.

Capítulo 2

2.1.1. a) 0; b) $\frac{2}{3}$; c) 0; d) $\frac{2(a+b)}{4+a^2+b^2}$.

2.1.2. a) $-\frac{13}{12}$; b) 1.

2.1.3. $V = \frac{\pi}{3}(g^2 h - h^3)$; domínio $= \{(g, h) \in \mathbb{R}^2 \mid g > 0, h > 0\}$.

2.1.4. $-\frac{16}{27}$.

2.1.5. $f(x, y) = \frac{y^2 - x^2}{4}$.

2.1.6. a) $\{P \in \mathbb{R}^2 \mid P \neq 0\}$; b) $\{(x, y) \mid x^2 + y^2 \leq 4\}$;

c) $\{(x, y) \in \mathbb{R}^2 \mid x \neq y\}$; d) $\mathbb{R}^2$;

e) veja *b*; f) $\{(x, y) \in \mathbb{R}^2 \mid x > y\}$;

g) $\left\{(x, y) \in \mathbb{R}^2 \mid \frac{x^2}{4} + \frac{y^2}{16} < 1\right\}$;

h) $\left\{(x, y) \in \mathbb{R}^2 \middle| x + y \neq k\pi + \frac{\pi}{2}, k \in \mathbb{Z}\right\}$;

i) $\left\{(x, y) \in \mathbb{R}^2 \middle| x > 0 \text{ e } y > x + 1\right\} \cup \left\{(x, y) \in \mathbb{R}^2 \middle| x < 0 \text{ e } x < y < x + 1\right\}$;

j) $\left\{(x, y) \in \mathbb{R}^2 \middle| 0 \leq y \leq \frac{1}{x^2 + 1}\right\}$;

l) $\left\{(x, y, z) \in \mathbb{R}^3 \middle| x > 0, y > 0, z > 0\right\}$; m) $\left\{P \in \mathbb{R}^4 \middle| 1 < |P| \leq 4\right\}$.

2.2.1.

a)

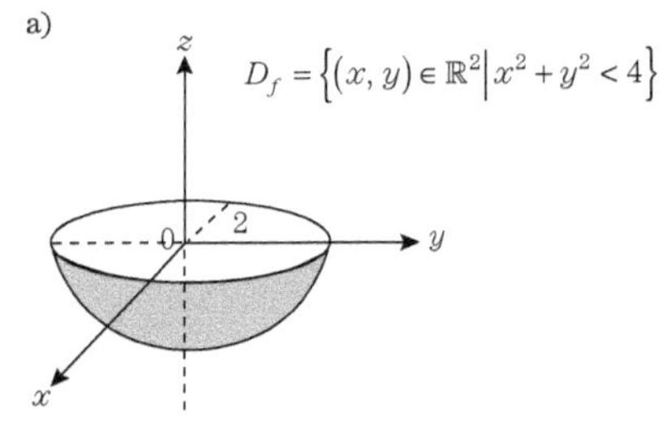

b)

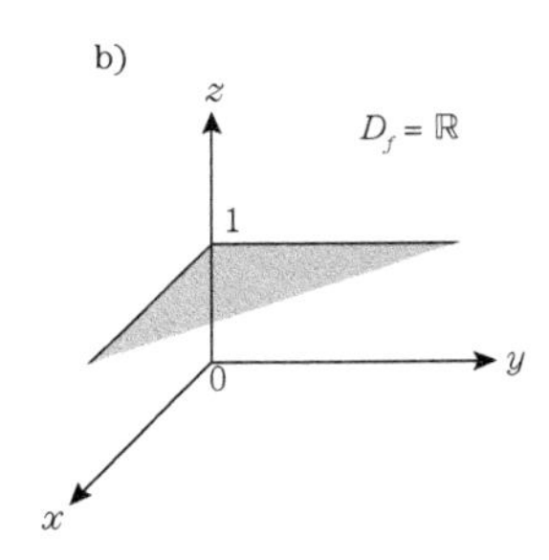

c)

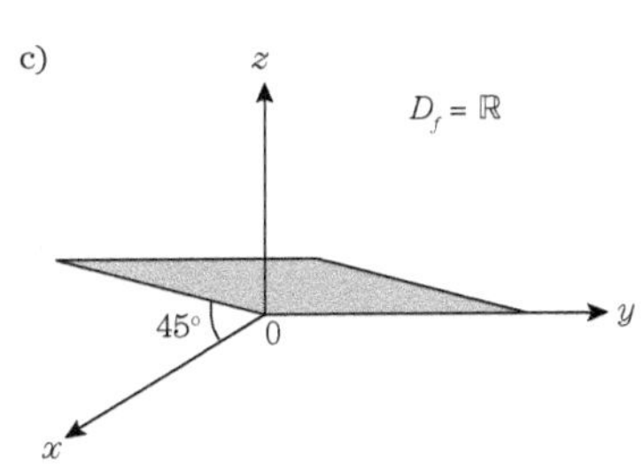

d)

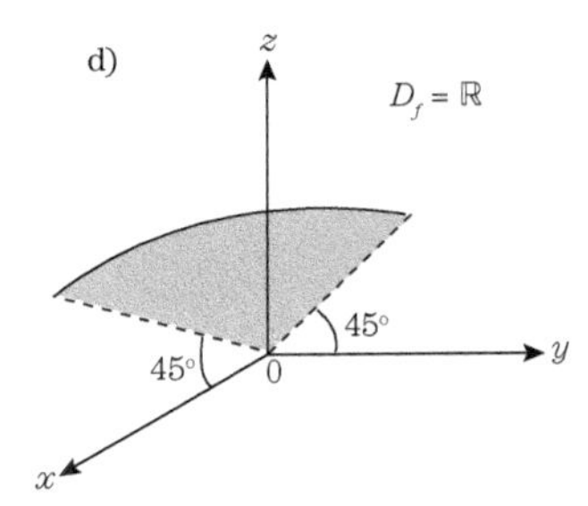

e)

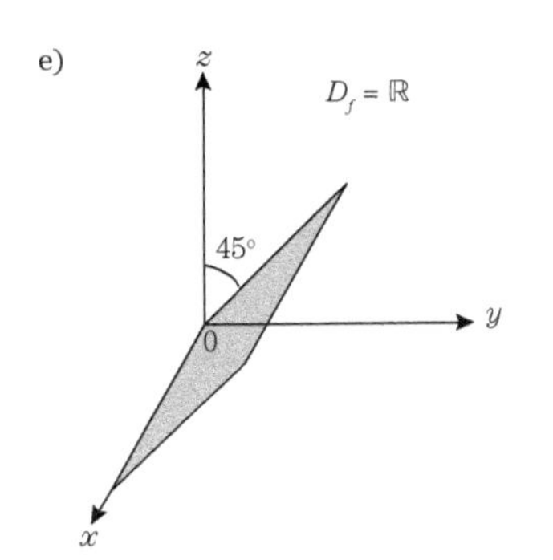

f)

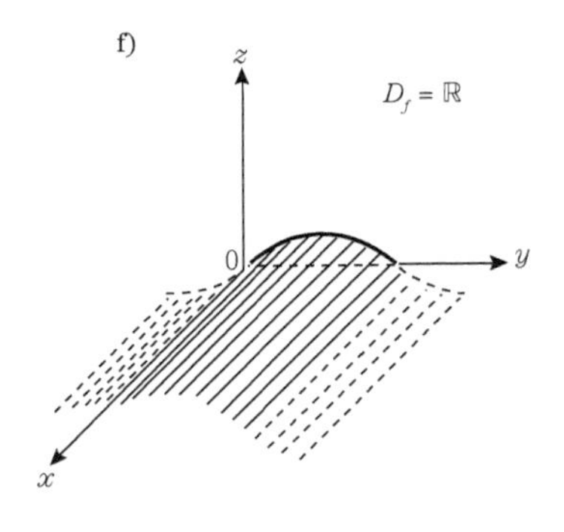

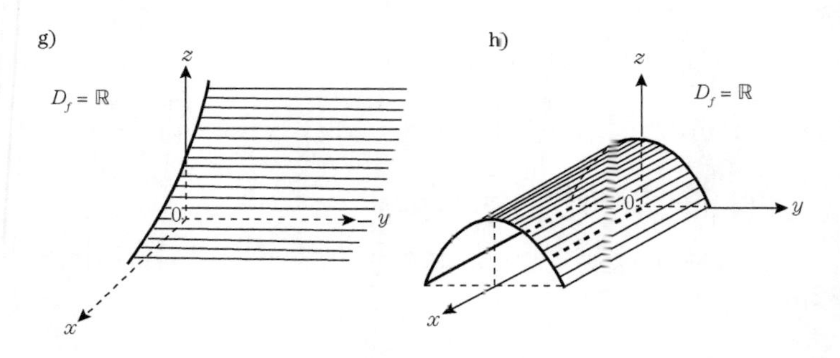

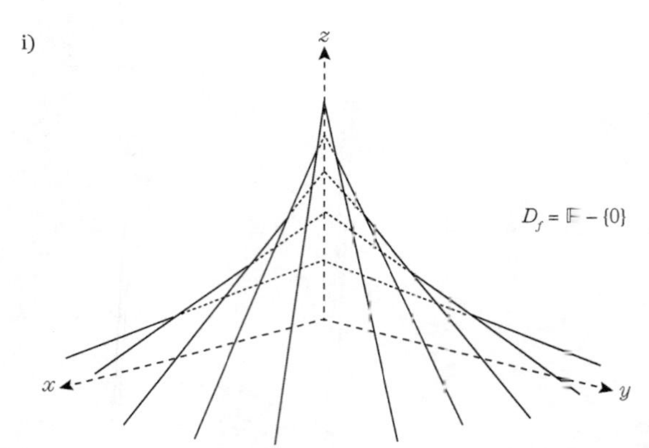

2.2.2.

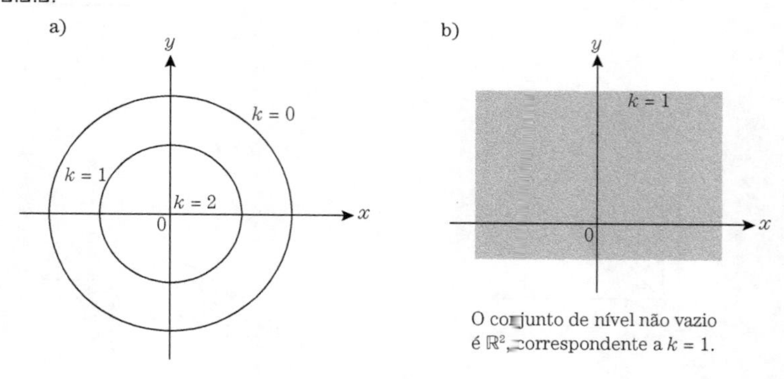

O conjunto de nível não vazio é $\mathbb{R}^2$, correspondente a $k = 1$.

c)

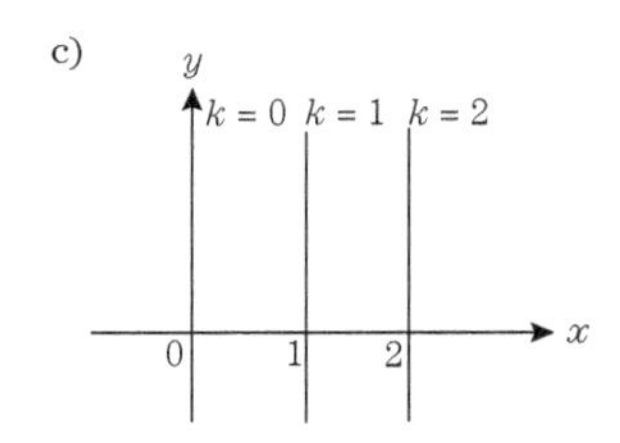

d)

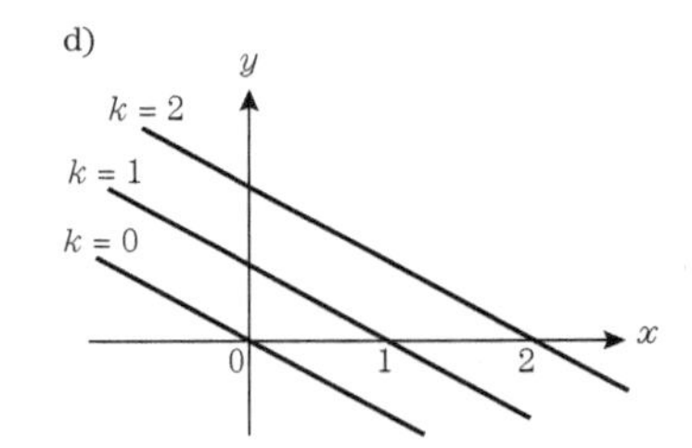

e)

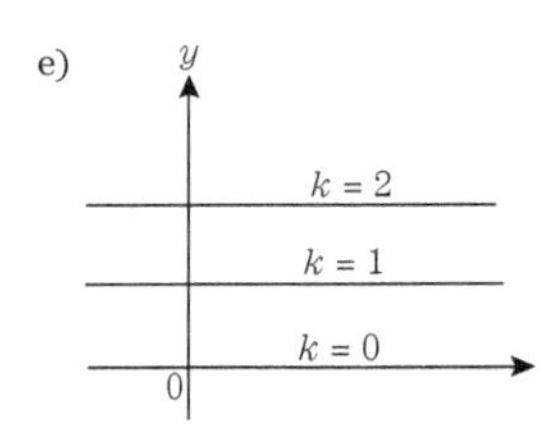

f)

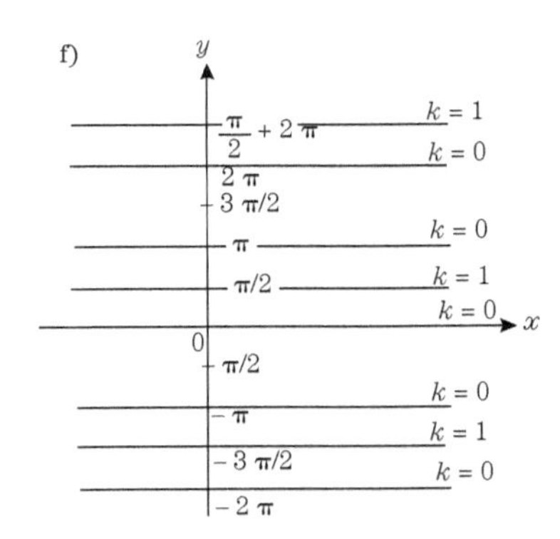

g)

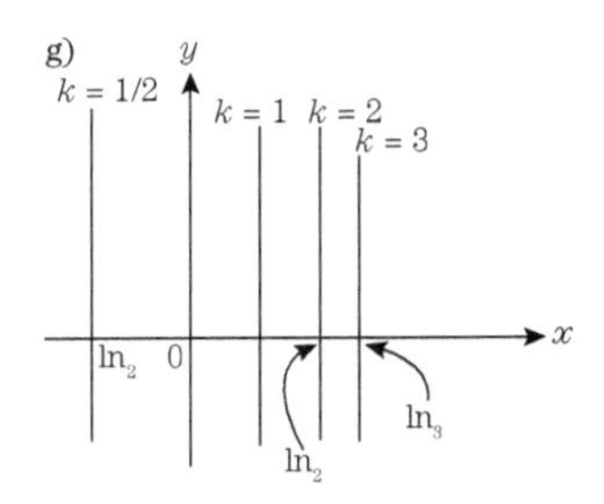

h)

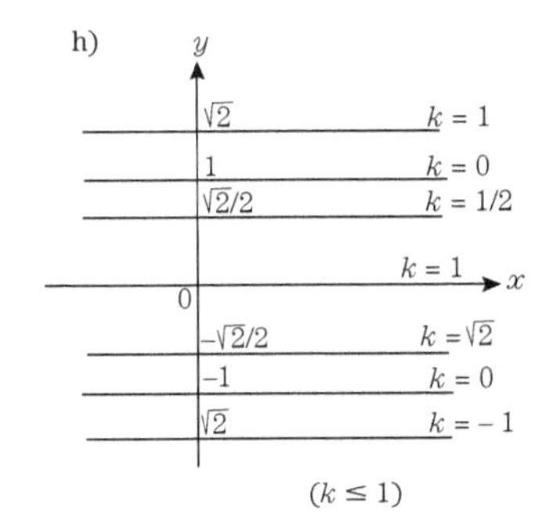

$(k \leq 1)$

i)

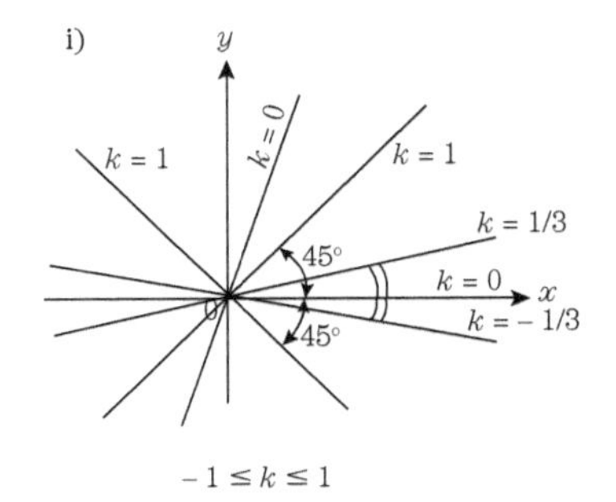

$-1 \leq k \leq 1$

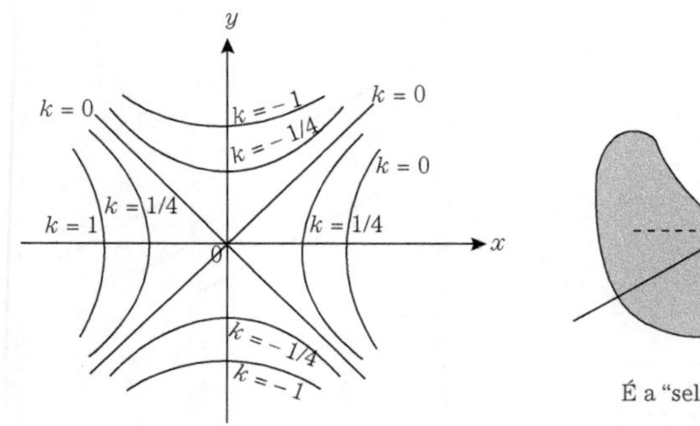

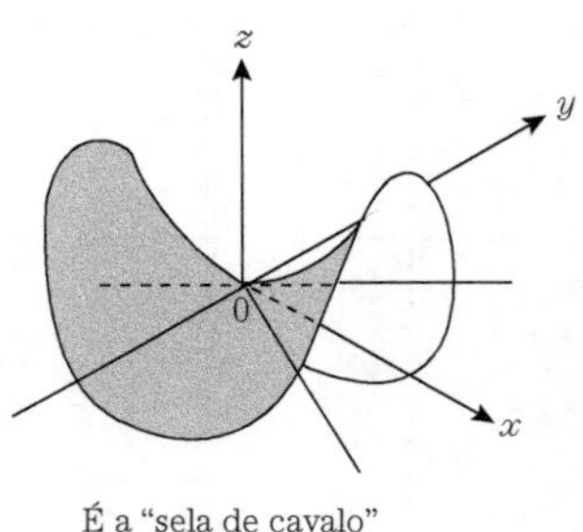

É a "sela de cavalo"

2.2.4. a) $N_k = \left\{ (x, y, z) \in \mathbb{R}^3 \middle| x^2 + y^2 + z^2 = \left(\dfrac{e^k - 1}{e^k + 1} \right)^2 \right\}$. É uma superfície esférica se $k \neq 0$, um ponto se $k = 0$.

b) $N_k = \left\{ (x, y, z) \in \mathbb{R}^3 \middle| x + y + z = k \right\}$. São planos.

c) $N_k = \left\{ (x, y, z) \in \mathbb{R}^3 \middle| x + y + z = \text{sen } k \right\}$. São planos.

2.2.5. É o elipsoide $x^2 + y^2/9 + z^2/4 = 1$; a temperatura é zero.

2.2.6. É a figura do exemplo 2.2.5.

2.3.5. $a = 2$.

2.3.6. Todas.

2.3.7. a) $\dfrac{\ln 2}{4}$; b) $\dfrac{\pi}{6}$; c) 0; d) −6.

2.3.11. a) 0; b) 0.

2.4.1. a) $\dfrac{\sqrt{6}}{2}$; b) 4.

2.4.2. a) $3(x^2 - y)$; $3(y^2 - x)$; b) $3x^2y - y^3$; $x^3 - 3y^2x$;

c) $\dfrac{2y}{(x+y)^2}$; $-\dfrac{2x}{(x+y)^2}$; d) $\dfrac{2x}{x^2+y^2}$; $\dfrac{2y}{x^2+y^2}$;

e) $\dfrac{-y}{x^2+y^2}$; $\dfrac{x}{x^2+y^2}$; f) $\dfrac{y^2}{(x^2+y^2)^{3/2}}$; $-\dfrac{xy}{(x^2+y^2)^{3/2}}$;

g) $\dfrac{\sqrt[3]{y}}{3x\left(\sqrt[3]{x} - \sqrt[3]{y}\right)}$; $\dfrac{\sqrt[3]{x}}{3y\left(\sqrt[3]{y} - \sqrt[3]{x}\right)}$;

h) $-\dfrac{y}{x^2}\, e^{\text{sen}\, y/x} \cos \dfrac{y}{x};\ \dfrac{1}{x}\, e^{\text{sen}\, y/x} \cos \dfrac{y}{x};$

i) $\dfrac{3}{x \ln y}\left(1+\dfrac{\ln x}{\ln y}\right)^2;\ -\dfrac{3 \ln x}{\ln^2 y}\left(1+\dfrac{\ln x}{\ln y}\right)^2;$

j) $yx^{y-1};\ x^y \ln x.$

2.4.3. a) $yz;\ xz;\ xy;$

b) $\left(3x^2+y^2+z^2\right) e^{x\left(x^2+y^2+z^2\right)};\ 2xy\, e^{x\left(x^2+y^2+z^2\right)};\ 2xz\, e^{x\left(x^2+y^2+z^2\right)};$

c) $\dfrac{y}{z}\, x^{y/z-1};\ \dfrac{1}{z} x^{y/z} \ln x;\ -\dfrac{y}{z^2}\, x^{y/z} \ln x.$

2.4.7. 0; 0. Não.

2.5.2. Não.

2.5.3. Não.

2.5.4. a) $(2x, 2y);\ 2xdx + 2ydy;$

b) $(1, 1);\ dx + dy;$

c) $(3x^2 - 3y, 2y - 3x);\ (3x^2 - 3y)dx + (2y - 3x)dx;$

d) $\dfrac{4}{\left(x^2+y^2\right)^2}\left(xy^2, -x^2y\right);\ \dfrac{4}{\left(x^2+y^2\right)^2}\left(xy^2dx - x^2ydy\right);$

e) $(3x^2y + y^2e^{xy^2}, x^3 + 2xye^{xy^2});\ (3x^2y + y^2e^{xy^2})dx + (x^3 + 2xye^{xy^2})dy.$

2.5.5. a) $(yz, zx, xy);$

b) $(2x, 2y, 2z);$

c) $\dfrac{1}{\sqrt{x^2+y^2+z^2}}(x, y, z);$

d) $(-a \text{ sen } (ax - by), b \text{ sen } (ax - by), 0);$

e) $(\text{cotg}(x - 2y), -2 \text{ cotg}(x - 2y), 1);$

f) $x^{zy-1}(yz, zx \ln x, xy \ln x).$

2.5.6. a) -2; b) $-\dfrac{9\sqrt{3}}{2}$; c) $-\dfrac{90}{7}$; d) $\sqrt{2}$; e) $-\dfrac{\sqrt{3}+2}{4}$.

2.5.8. a) Sendo $H = (\cos \alpha, \text{sen}\, \alpha)$, $0 \le \alpha \le 2\pi$, devemos ter $\pi/2 \le \alpha \le 3\pi/2$. O máximo se dá para $\alpha = \pi$, que dá a direção do gradiente.

b) $0 \le \alpha < \pi/2$, ou $3\pi/2 < \alpha < 2\pi$. A direção de maior frio é dada por $\alpha = 0$, que é a do oposto do gradiente.

2.5.9. Sendo $H = (\cos \alpha, \text{sen}\, \alpha)$, devemos ter $0 < \alpha \le 60°$, ou $120° \le \alpha < 180°$.

2.5.10. a) 2; b) 1.

2.5.11. a) $2x + 2y - z - 1 = 0$;

b) $2x - 4y - z - 5 = 0$;

c) $x + z + 1 = 0$;

d) $z = 0$.

2.5.12. $\left(\frac{1}{4}, \frac{1}{4}, \frac{1}{2}\right)$.

2.6.4. a) $e^u u'(x, y, z)$; b) $e^{\text{sen}\, u} \cos u \cdot u'(x, y, z)$;

c) $-\text{sen}\,(u^2 + 1)u'(x, y, z)$; d) $-\frac{2u}{u^4 + 2u^2 + 2} u'(x, y, z)$.

2.6.5. a) $2x(t)x'(t) + 6y(t)y'(t)$;

b) $2x(t)y^4(t)x'(t) + 4x^2(t)y^3(t)y'(t)$;

c) $\cos\,(x(t) + y^2(t)) + [\cos\,(x(t) + y^2(t)]\, 2y(t)y'(t)$.

2.6.6. a) $e^{x(t)} \cos\,(y(t) + z(t))x'(t) - e^{x(t)} \,\text{sen}\,(y(t) + z(t))y'(t) - e^{x(t)} \,\text{sen}\,(y(t) + z(t))z'(t)$;

b) $\frac{x'(t)}{\cos(z(t)+2)} + \frac{x(t)\,\text{sen}\, z(t)\, z'(t)}{(\cos z(t)+2)^2}$.

2.6.7. $2t \frac{\partial f}{\partial x}(t^2, \text{sen}\, t) + \cos t \frac{\partial f}{\partial y}(t^2, \text{sen}\, t)$.

2.6.9. a) 7; c) 3; d) $-\frac{1}{2}$; c) 0.

2.6.13. Aumentando, à razão de $\frac{dP}{dt} = \frac{2}{15}$.

2.6.14. Aumentando: $\frac{\partial h}{\partial H} = \frac{1}{\sqrt{5}} > 0$, onde $H = (-1, 2)$.

2.7.1. As respostas são, respectivamente, para $\partial^2 f/\partial x^2$, $\partial^2 f/\partial x \partial y$, $\partial^2 f/\partial z^2$. Em todos os casos $\partial^2 f/\partial x \partial y = \partial^2 f/\partial y \partial x$.

a) $\frac{y^2}{(x^2+y^2)^{3/2}}; -\frac{xy}{(x^2+y^2)^{3/2}}; \frac{x^2}{(x^2+y^2)^{3/2}}$;

b) $\frac{2(y-x^2)}{(x^2+y)^2}; -\frac{2x}{(x^2+y)^2}; -\frac{1}{(x^2+y^2)^2}$;

c) $\frac{2x^2+y^2}{\sqrt{x^2+y^2}}; \frac{xy}{\sqrt{x^2+y^2}}; \sqrt{x^2+y^2}$;

d) $-\dfrac{x}{3\left(x^2+y^2\right)^{3/2}}; -\dfrac{y}{3\left(x^2+y^2\right)^{3/2}}; \dfrac{x^3+\left(x^2-y^2\right)\sqrt{x^2+y^2}}{\left(x^2+y^2\right)^{3/2}\left(x+\sqrt{x^2+y^2}\right)^2};$

e) $\dfrac{2xy}{\left(x^2+y^2\right)^2}; \dfrac{y^2-x^2}{\left(x^2+y^2\right)^2}; \dfrac{-2xy}{\left(x^2+y^2\right)^2};$

f) $8\cos\left[2(2x+y)\right]; 4\cos\left[2(2x+y)\right]; 2\cos\left[2(2x+y)\right];$

g) $\dfrac{xy^3}{\sqrt{\left(1-x^2y^2\right)^3}}; \dfrac{1}{\sqrt{\left(1-x^2y^2\right)^3}}; \dfrac{x^3y}{\sqrt{\left(1-x^2y^2\right)^3}}.$

2.7.4. $60x^2y^3z^4$.

2.7.7. $\dfrac{\partial^3 f}{\partial x^3}, \dfrac{\partial^3 f}{\partial x^2\partial y}, \dfrac{\partial^3 f}{\partial x\partial y^2}, \dfrac{\partial^3 f}{\partial y^3} =$

a) $0; 0; \dfrac{4}{9y^2\sqrt[3]{y}}; -\dfrac{28x}{27y^3\sqrt[3]{y}};$

b) 6; 2; 0; 6.

2.8.1. $f(1+h, 2+k) = -9+9h-21k+3h^2+3hk-12k^2+h^3-2k^3$.

2.8.2. $f(-2+h, 1+k) = 4-h^2+2hk+3k^2$.

2.8.3. $1+\dfrac{1}{2}\left(x^2+y^2\right)$.

2.8.4. $(x+y)+\dfrac{1}{6}\left(-x^3+3x^2y+3xy^2-y^3\right)$.

2.8.5. $y+xy+\dfrac{3x^2y-y^3}{6}$.

2.8.6. $1-\dfrac{x^2+y^2}{2}+\dfrac{x^4+6x^2y^2+y^4}{24}$.

2.8.7. $\dfrac{1}{2}+\dfrac{1}{2}(h+k)-\dfrac{1}{4}\left(h^2-2hk+k^2\right)+R_2$, onde $h = x-\dfrac{\pi}{4}$, $k = y-\dfrac{\pi}{4}$, e

$$R_2 = -\frac{1}{6}\Big(\cos\bar{x}\cos\bar{y}\cdot h^3+3\,\text{sen}\,\bar{x}\cdot\cos\bar{y}\cdot h^2k+3\cos\bar{x}\cdot\text{sen}\,\bar{y}\cdot hk^2+$$

$+\text{sen}\,\bar{x}\cos\bar{y}\cdot k^3\Big)$, $(\bar{x}, \bar{y})$ no segmento aberto de extremos $\left(\dfrac{\pi}{4}, \dfrac{\pi}{4}\right)$ e (x, y).

2.8.8. $1+x+2y+R_1$, onde

$$R_1 = \frac{1}{2}\left(-x^2e^{\bar{y}}\cos\bar{x}-2xye^{\bar{y}}\,\text{sen}\,\bar{x}+y^2e^{\bar{y}}\cos\bar{x}\right), (\bar{x}, \bar{y})\in]O, (x, y)[.$$

2.8.9. $1+R_2$, onde $R_2 = \dfrac{1}{6}\left[8\theta^3x^3y^3\,\text{sen}\left(\theta^2xy\right)-12\theta x^2y^2\cos\left(\theta^2xy\right)\right]$, sendo θ um número do intervalo $]0, 1[$.

	Pontos de máximo local	Pontos de mínimo local	Pontos-sela
2.9.1.	(0, 0)	(2, 0)	(1, 1), (1, –1)
2.9.2.		$\frac{2}{3}, \frac{4}{3}$	(0, 0)
2.9.3.		$\left(\sqrt{2}, -\sqrt{2}\right), \left(-\sqrt{2}, \sqrt{2}\right),$	(0,0)[1]
2.9.4.	(–1, –2)	(1, 2)	(–1, 2), (1, –2)
2.9.5.	(–2, –1)	(2, 1)	(1, 2), (–1, –2)
2.9.6.		$\left(\frac{\sqrt{2}}{8}, \frac{\sqrt{2}}{4}\right), \left(-\frac{\sqrt{2}}{8}, -\frac{\sqrt{2}}{4}\right)$	(0, 0)
2.9.7.	$\left(0, \frac{1}{2}\right)$		(1, 1), (–1, 1)

2.9.10. a) (0, 0); mínimo local (na verdade, são de mínimo);

b) (0, 0); sela;

c) Todos os pontos da forma $(x, \pm x)$, $x \in \mathbb{R}$. São de mínimo local (na verdade, são de mínimo).

2.9.12. A origem é ponto de mínimo local.

2.9.13. $a = \frac{a}{3} + \frac{a}{3} + \frac{a}{3}$.

2.9.15. $x = y = z = \frac{2}{3}p$.

2.9.16. $\left(\frac{\sqrt{2}}{2}, \frac{\sqrt{2}}{2}\right); \left(-\frac{\sqrt{2}}{2}, -\frac{\sqrt{2}}{2}\right)$.

2.9.17. 3; 0.

2.9.18. $\frac{4}{3\sqrt{6}}; -\frac{4}{3\sqrt{6}}$.

[1] Para decidir isso, tome $y = x$, e $y = 0$ em $f(x, y)$.

2.9.19. a) $a = 1, b = \dfrac{1}{3}$;

b) $$\begin{vmatrix} x & y & 1 \\ \sum_{i=1}^{n} x_i & \sum_{i=1}^{n} y_i & n \\ \sum_{i=1}^{n} x_i^2 & \sum_{i=1}^{n} x_i y_i & \sum_{i=1}^{n} x_i \end{vmatrix} = 0.$$

2.9.20. $x + \dfrac{y}{2} + z = 3.$

2.9.23. 1/2.

Capitulo 3

3.1.1.

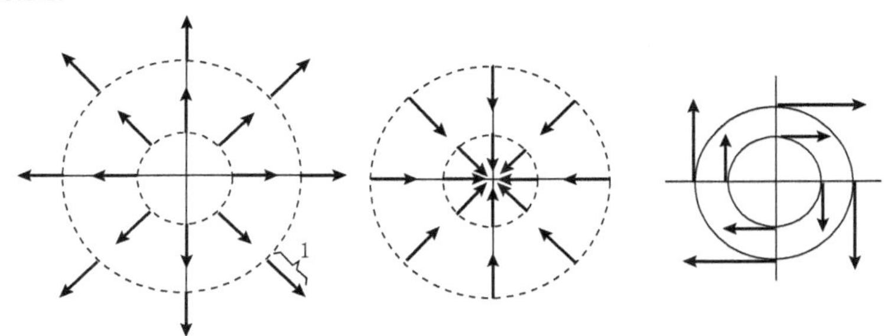

3.1.2. (1, 1, –1).

3.1.3.

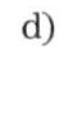
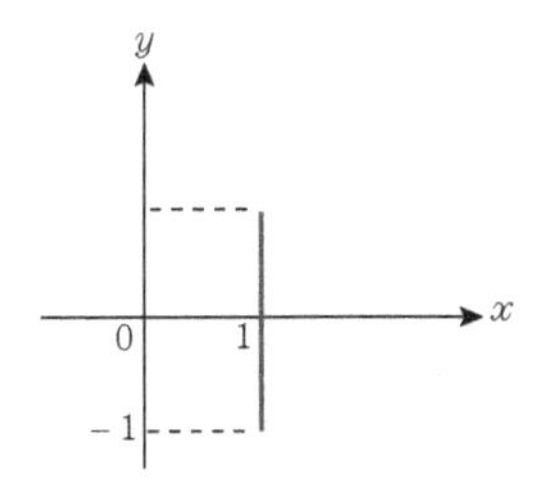

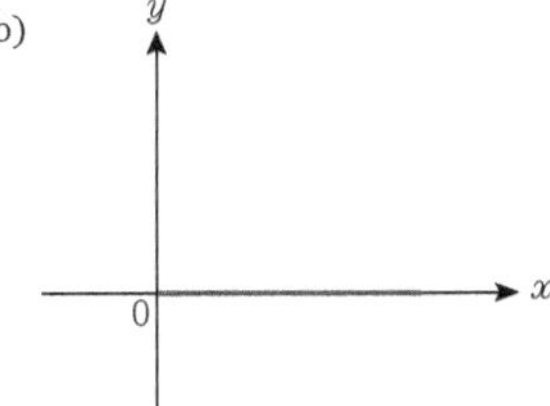

3.1.4.

a)

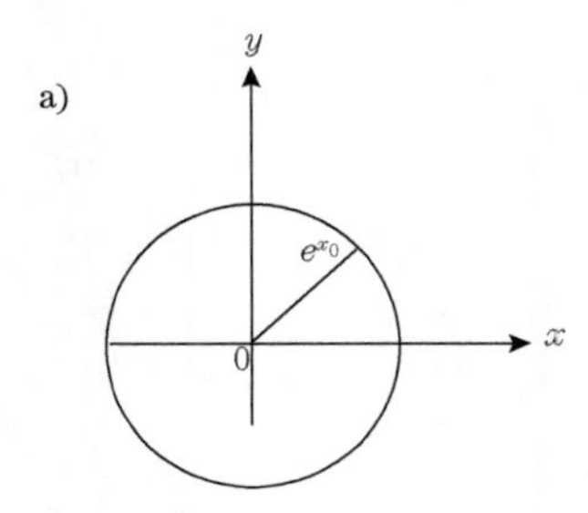

b)

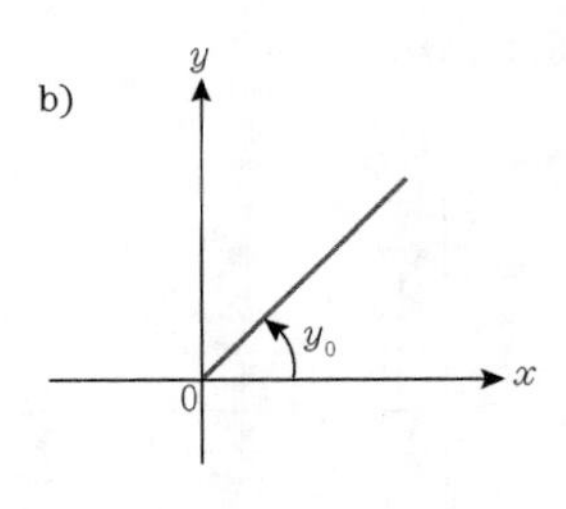

3.1.5. $f(P) = P, f(x, y) = (y, -x)$

3.1.7. a) rotação de α, sentido anti-horário;

b) simetria em relação à reta $y = x$;

c) simetria cm relação à reta $x = 0$;

d) rotação de α em torno do eixo OZ, de OX para OY.

3.2.1. a) $D_f = \mathbb{R}^3$; contínua;

b) $D_f = \mathbb{R}^2$; contínua;

c) $D_f = \mathbb{R}^2$; contínua;

d) $D_f = \{(x, y, z, t) \in \mathbb{R}^4 | t > 0\}$; contínua;

e) $D_f = \mathbb{R}^3$; não é contínua;

f) $D_f = \{(x, y, z) \in \mathbb{R}^3 | xy \neq 0\}$; contínua.

3.2.2. a) $(1, -1, 2)$;

b) $(0, 0, 0, 0)$;

c) $\left(1, 0, \sqrt{\dfrac{\pi}{2}}\right)$;

d) $(0, e, 1)$;

e) $(0, 0, 0)$;

f) $(1, 0)$.

3.2.4. a) $a = 0$, b) $a = -1$.

3.2.5. $D_f = \{(x, y) \in \mathbb{R}^2 | x^2 + y^2 \leq 1\} = D_{2f}$;

$D_g = \left\{(x, y) \in \mathbb{R}^2 \middle| x^2 + y^2 \leq \dfrac{1}{2}\right\}$;

$D_{f+g} = D_{f \cdot g} = D_{f \times g} = D_f \cap D_g = D_g$;

$$(f+g)(x, y) = \begin{bmatrix} 2x \\ 2y \\ \sqrt{1-x^2-y^2} + \sqrt{1-2x^2-2y^2} \end{bmatrix};$$

$$(f \cdot g)(x, y) = x^2 + y^2 + \sqrt{(1-x^2-y^2)(1-2x^2-2y^2)};$$

$$(f \times g)(0, 0) = \begin{bmatrix} E_1 & E_2 & E_3 \\ 0 & 0 & 1 \\ 0 & 0 & 1 \end{bmatrix} = (0, 0, 0) = -(g \times f)(0, 0).$$

3.2.6. $D_g = \left\{(u, v, w) \in \mathbb{R}^3 \middle| u^2 + v^2 + w^2 \leq 1\right\};$

$$D_{g \circ f} = \left\{(x, y) \in \mathbb{R}^2 \middle| |x| \leq \frac{1}{\sqrt{2}}\right\};$$

$$(g \circ f)(x, y) = \left(x^2 \cos y,\ x^2 \operatorname{sen} y \cos y,\ x^2 \operatorname{sen} y,\ \sqrt{1-2x^2}\right).$$

Sim

3.2.7. $D_f = \left\{(x, y, z) \in \mathbb{R}^3 \middle| x > y \text{ e } z > 0\right\};$

$D_g = \mathbb{R}^2;$

$D_{g \circ f} = D_f;$

$(g \circ f)(x, y, z) = \left(\dfrac{x-y}{z}, \sqrt{z}\right).$

O limite vale (2, 1).

3.3.2. a) $\begin{bmatrix} 2x & 2y & 4 \\ 2x & -2y & 0 \end{bmatrix}; \begin{bmatrix} 2xdx + 2ydy + 4dz \\ 2xdx - 2ydy \end{bmatrix};$

b) $\begin{bmatrix} -\operatorname{sen} x & 0 \\ 0 & -\operatorname{sen} y \end{bmatrix}; \begin{bmatrix} -\operatorname{sen} x\, dx \\ -\operatorname{sen} y\, dy \end{bmatrix};$

c) $\begin{bmatrix} 2 & 1 & 0 \\ 1 & 0 & 1 \\ 1 & 3 & 5 \end{bmatrix}; \begin{bmatrix} 2dx + dy \\ dx + dz \\ dx + 3dy + 5dz \end{bmatrix};$

d) $\begin{bmatrix} -\operatorname{sen}(x+y) & -\operatorname{sen}(x+y) \\ \cos(x-y) & -\cos(x-y) \end{bmatrix}; \begin{bmatrix} -\operatorname{sen}(x+y)dx - \operatorname{sen}(x+y)dy \\ \cos(x-y)dx - \cos(x-y)dy \end{bmatrix}.$

3.3.3. $\begin{bmatrix} 0 & 0 & 1 \\ 1 & 0 & 0 \end{bmatrix}; \begin{bmatrix} 1 \\ 0 \end{bmatrix}.$

3.3.4. Não.

3.4.7. $u\dfrac{\partial z}{\partial u} - z = 0.$

3.4.8. $\dfrac{\partial z}{\partial u} = 0.$

3.5.1. a) 1; b) –1; c) –1; d) 0.

3.5.2. a) sim; b) sim; c) sim; d) não.

3.5.3. a) $\dfrac{e^x \operatorname{sen} y + e^y \operatorname{sen} x}{e^y \cos x - e^x \cos y}$;

b) $\dfrac{x+2}{y-1}$;

c) $2\dfrac{\cos x}{\operatorname{sen} y}$.

3.5.5. a) $\left(-\dfrac{5}{8}, -\dfrac{1}{2}\right)$;

b) $(2, 0)$;

c) $\left(-\dfrac{1}{2}, -\dfrac{1}{2}\right)$.

3.5.6. Sim. Sim.

3.5.7. a) $-\dfrac{u+y}{x-y}; -\dfrac{v+y}{x-y}; \dfrac{u+x}{x-y}; \dfrac{v+x}{x-y}$;

b) $\dfrac{x-v}{u+v}, 2\dfrac{v-y}{u+v}, -\dfrac{x+u}{u+v}, 2\dfrac{u+y}{u+v}$

c) $\dfrac{v-x}{u-v}; \dfrac{v-y}{u-v}; \dfrac{x-u}{u-v}; \dfrac{y-u}{u-v}$.

3.5.9. a) $\dfrac{dy}{dx} = \dfrac{x-z}{z-y}; \dfrac{dz}{dx} = \dfrac{y-x}{z-y}$;

b) $\dfrac{dy}{dx} = \dfrac{y(z-x)}{x(y-z)}; \dfrac{dz}{dx} = \dfrac{z(x-y)}{x(y-z)}$.

3.6.1. a) $g'(x^2 - y^2, 2xy) = \begin{bmatrix} \dfrac{x}{2(x^2+y^2)} & \dfrac{y}{2(x^2+y^2)} \\ \dfrac{-y}{2(x^2+y^2)} & \dfrac{x}{2(x^2+y^2)} \end{bmatrix}$;

b) $g'\left(e^{x+y}, e^{x-y}\right) = \begin{bmatrix} \dfrac{e^{-x-y}}{2} & \dfrac{e^{y-x}}{2} \\ \dfrac{e^{-x-y}}{2} & -\dfrac{e^{y-x}}{2} \end{bmatrix}$;

c) $g'(x - xy, xy) = \begin{bmatrix} 1 & 1 \\ -\dfrac{y}{x} & \dfrac{1-y}{x} \end{bmatrix}$;

d) $g'\left(\dfrac{x}{1+x+y}, \dfrac{y}{1+x+y}\right) = \begin{bmatrix} (1+x+y)(1+x) & (1+x+y)x \\ (1+x+y)y & (1+x+y)(1+y) \end{bmatrix}$.

e) $g' = \left(0, \dfrac{1}{5}, \dfrac{2}{5}\right) = \begin{bmatrix} 5 & 0 & 0 \\ 0 & 3 & -4 \\ 0 & 4 & 3 \end{bmatrix}$;

f) $g' = (-1, 0, 0) = \begin{bmatrix} -1 & 0 & 0 \\ 0 & -1 & 0 \\ 0 & 0 & -1 \end{bmatrix}$.

3.6.2. $\dfrac{\partial(f \circ L, g \circ L)}{\partial(x, y)} = -4\,xy - 2x$, $\dfrac{\partial(f,\ g)}{\partial(r, s)} \circ L = -2y - 1$, $\dfrac{\partial(u, v)}{\partial(x, y)} = 2x$.

3.7.1 $\sqrt{5}$; $-\sqrt{5}$.

3.7.2. Não há máximo; mínimo 2.

3.7.3. 4; 2.

3.7.4. (2, 2); (–2, –2).

3.7.5. a) ponto de máximo local $(\frac{1}{2}, 1)$; não há ponto de mínimo local.

b) ponto de máximo: $(\frac{1}{2}, 1)$; ponto de mínimo: (1, 0), (0, 2).

3.7.6. $\sqrt{2}$; 1.

3.7.7. 9; –9.

3.7.8. $\dfrac{2a}{\sqrt{3}}, \dfrac{2b}{\sqrt{3}}, \dfrac{2c}{\sqrt{3}}$.

3.7.9. 3; 1.

3.7.10. $\sqrt[4]{3^3}$; 1.

3.7.11. $\dfrac{|ax_0 + by_0 + cz_0 + d|}{\sqrt{a^2 + b^2 + c^2}}$.

3.7.12. 6.

3.7.13. $1 + 2\sqrt{2}$; 1.

3.7.14. 6; 1.

3.7.15. 1 e 2.